8S
9767

LA SAUVAGINE EN FRANCE

Nos Oiseaux de mer, de rivière et de marais

par

LOUIS TERNIER

CHASSE, DESCRIPTION ET HISTOIRE NATURELLE DE TOUTES LES ESPÈCES VISITANT NOS CONTRÉES

OUVRAGE ORNÉ DE 125 GRAVURES D'APRÈS NATURE

PAR

E. THIVIER, M. MOISAND ET L'AUTEUR

MAISON DIDOT, 56, rue Jacob, PARIS

LA SAUVAGINE
EN FRANCE

*Droits de traduction et de reproduction réservés
pour tous les pays
y compris la Suède et la Norvège.*

TYPOGRAPHIE FIRMIN-DIDOT ET Cⁱᵉ. — MESNIL (EURE).

UN VOLIER DE CANARDS, D'APRÈS UN DESSIN DE M. E. BELLECROIX

LOUIS TERNIER

Nos Oiseaux
de mer, de rivière et de marais

LA SAUVAGINE
EN FRANCE

Chasse, description et histoire naturelle de toutes les espèces
visitant nos contrées

OUVRAGE ORNÉ DE 125 GRAVURES D'APRÈS NATURE

PAR ÉMILE THIVIER, MAURICE MOISAND ET PAR L'AUTEUR

MAISON DIDOT

FIRMIN-DIDOT ET Cⁱᵉ, IMPRIMEURS-ÉDITEURS

56, RUE JACOB, PARIS

PRÉFACE

L'ornithologie ne compte pas aujourd'hui, en France, autant d'adeptes que d'autres branches de l'histoire naturelle, que l'entomologie, la conchyliologie ou la botanique, par exemple; j'ai eu souvent l'occasion de le constater avec regret, et je me suis maintes fois demandé pourquoi les oiseaux, qui jouent dans la nature un rôle économique si considérable, qui tiennent une place importante dans notre faune et qui se recommandent, pour la plupart, par la beauté de leur plumage, la grâce de leurs allures et l'originalité de leurs mœurs, étaient moins en faveur que les insectes, les coquilles ou les plantes. Cela tient, dit-on, aux soins que réclament la préparation et la conservation des spécimens destinés aux collections et à la place qu'exige une série d'exemplaires un peu nombreuse; mais ces difficultés, que l'on a d'ailleurs singulièrement exagérées, n'arrêtent pas les Anglais, les Allemands et les Américains qui étudient avec ardeur non seulement les oiseaux de leurs pays, mais ceux des autres contrées et qui leur consacrent de magnifiques ouvrages. D'ailleurs, pour connaître les oiseaux, il n'est pas absolument nécessaire de posséder une collection personnelle et les observations prises sur le vif, dans les champs, dans les bois, sur les montagnes ou le long des grèves, peuvent être aisément complétées par quelques visites dans nos Musées, dont les portes sont toujours largement ouvertes. C'est précisément ce qu'a fait M. Ternier qui, depuis plusieurs années, étudie les oiseaux avec la passion d'un chasseur et la sagacité d'un naturaliste. Après avoir réuni ses notes, il est venu au Jardin des Plantes, il a contrôlé ses descriptions en les comparant avec les spécimens de l'admirable collection que M. le Dr Marmottan a cédée au Muséum. Ses amis et lui-même ont photographié et dessiné les types les plus remarquables et, de cette façon, le livre qu'il publie aujourd'hui, sans avoir la sécheresse désespérante de certains traités didactiques, offre une rigueur scientifique que l'on ne rencontre pas toujours dans les ouvrages cynégétiques et que l'on trouve encore moins dans la plupart des ouvrages populaires. Des livres comme celui de M. Ternier sont propres à réveiller dans notre pays le goût de l'ornithologie; mais nous espérons bien que l'auteur ne s'en tiendra pas là et fera paraître prochainement les nombreuses observations qu'il a recueillies sur les autres espèces de la catégorie du gibier à plume.

E. OUSTALET ✻

Juillet 1897.

professeur au Muséum d'Histoire
naturelle de Paris.

A MES FRÈRES EN SAINT HUBERT

Ce livre manquait.

Par goût d'abord et, plus tard par métier, je crois avoir lu tout ce qui s'est publié sur les choses de la chasse, sur le gibier et ses mœurs. Je n'ai pas reculé devant les indigestes traités de science pure, tout hérissés de noms barbares et de nomenclatures diaboliques, et j'ai poussé le sentiment du devoir professionnel jusqu'à me faire traduire les œuvres étrangères que je ne pouvais étudier convenablement dans le texte original.

Or, parmi tous ces ouvrages, l'un de ceux que j'ai lus avec le plus de plaisir, et j'ajoute avec le plus de fruit, est celui de M. Ternier.

Au contraire de tous ces fauteurs de plagiats éhontés, devenus légion, qui fabriquent leurs livres avec ceux des autres et, ne pouvant rien tirer de leur propre fonds, ont trouvé commode, sous prétexte d'histoire naturelle, de rééditer Buffon, Linnée, Temminck, Geoffroy Saint-Hilaire ou Pouchet, l'auteur de la Sauvagine n'a rien emprunté aux maîtres de la Science officielle, dont il s'est borné à adopter la classification.

Il n'a pas davantage, sous prétexte de chasse, paraphrasé les savantes ou spirituelles études de Blaze, de Lavallée, du comte d'Houdetot.

Le grand mérite de M. Ternier *est de n'avoir consigné dans son travail que ses observations personnelles, de s'être borné à* dire ce qu'il avait vu de ses yeux, ce qu'il avait fait ou vu faire. Ce n'est pas à lui qu'il faut vous adresser si vous êtes désireux d'apprendre comment se doit pratiquer la chasse de l'Aigle, ou bien encore avec quel numéro de plomb il convient de tirer la Frégate ou le Satanite. Je vous disais bien que j'avais tout lu.

Naturaliste savant en même temps que chasseur passionné, l'aimable écrivain a eu précisément la vertu rare de mettre une sourdine à sa passion et d'oublier à l'occasion qu'il était chasseur, de manière à pouvoir étudier à loisir les faits et gestes des oiseaux sédentaires ou migrateurs dont il voulait surprendre les secrets et connaître les mœurs. M. Ternier a l'honneur d'être de ceux qui estiment que, pour parler des bêtes avec hardiesse et loyauté, il ne suffit pas de les avoir étudiées dans les Cabinets d'Histoire naturelle ou dans les vieux bouquins, mais qu'il faut les avoir suivies dans tous les actes de leur vie intime, du jour de leur naissance à celui de leur mort. Aussi son œuvre est-elle remplie de peintures délicieuses telles que la Nature seule en tient en réserve pour ses admirateurs fervents.

La tâche de l'observateur qui n'entend pas s'en fier aux travaux de ses devanciers, mais prétend apporter son tribut personnel à l'œuvre du progrès, devient particulièrement délicate quand il lui arrive de se trouver en désaccord avec les Princes de la science, adversaires intimidants s'il en fut, parce qu'ils ont pour eux et contre les rebelles qui n'acceptent pas leurs décrets, une réputation bien et dûment établie, quoique parfois mal fondée.

M. Ternier ne s'est pas laissé arrêter par des scrupules de cet ordre, quand il s'est agi de rectifier des erreurs jusqu'à présent acceptées comme articles de foi. Lisez les pages qu'il consacre à la Marouette, au Râle d'eau, aux Goélands, aux Mouettes, pour ne citer que ceux-là, lisez le livre entier, et vous verrez tout à coup la question des mœurs d'une foule d'oiseaux de marais et de mer, encore mal observées, s'éclairer d'un jour limpide, qui nous les montre enfin tels que Dieu les a faits.

Et combien de sottises seraient depuis longtemps rentrées dans le néant, qui se sont propagées, si la moitié des écrivains cynégétiques qui ont peiné sur de gros livres, avaient eu la même probité, le même respect du lecteur, et avaient laissé leurs rapsodies au fond de l'écritoire ! Nous pouvions sans inconvénient rester dans l'ignorance sur la façon dont doit être chassé l'Aigle, et le besoin ne se faisait pas sentir de paraphraser en mauvais français M. de Buffon qui, du moins, parlait un langage magnifique.

Un autre service qu'aura rendu M. Ternier aux fidèles de notre confrérie sera de leur avoir permis de mettre un nom sur quelques-unes des victimes qui tombent accidentellement sous leurs coups ; grâce à lui, nous ne confondrons plus le jeune mâle avec la femelle du Goéland ou de la Mouette ; il en sera ainsi pour une foule d'autres espèces entre lesquelles nous ne savions pas toujours distinguer, et toutes ces variétés de rencontre qui jusqu'à ce jour étaient autant d'objets d'hésitations humiliantes pour un véritable homme de chasse, nous pourrons désormais les classer au premier coup d'œil, après avoir lu leur description méticuleuse et admiré les portraits sincères dont ce beau volume est rempli.

Le seul reproche qu'on puisse adresser à l'ouvrage de M. Ternier, et ce reproche ressemble fort à un éloge, est d'être trop court, étant de ceux qu'on lit avec fruit et qu'on ferme avec regret. Il manquait, vous disais-je. J'ajoute, sans crainte d'être contredit, que l'auteur ne s'est pas trompé en croyant avoir fait une œuvre utile.

Ernest BELLECROIX,
Rédacteur en chef de la *Chasse illustrée*.

AVANT-PROPOS

Plus heureux que bien d'autres, je n'ai pas besoin d'écrire une préface. Deux auteurs de grande notoriété, l'un comme savant, l'autre comme écrivain cynégétique, ont bien voulu, usant d'indulgence à l'égard d'un débutant, se charger du soin de présenter ce modeste ouvrage à ceux qui s'intéressent aux choses de la nature.

Mais il me paraît indispensable de dire à mes lecteurs, si toutefois j'en ai d'autres que ceux auxquels j'imposerai la tâche de parcourir les pages de ce livre, en le leur offrant comme souvenir d'une vieille amitié, quel a été mon but en publiant cette étude sur la Sauvagine en France.

J'ai passé une partie de ma jeunesse dans un petit port de mer de l'embouchure de la Seine, entouré de marais, situé à proximité des grands bancs qui enserrent l'estuaire de ce fleuve et des plages qui pendant longtemps furent inexplorées avant que la civilisation ait accompli son œuvre et deversé durant l'été ses touristes, avides d'air et de liberté, sur les stations balnéaires du littoral.

J'ai beaucoup chassé au marais et au bord de la mer. La diversité des oiseaux qui peuplent les marécages, la grande variété des migrateurs qu'un instinct raisonné amène tous les ans dans les eaux françaises et sur les grèves qu'abandonne le flot en se retirant, ont toujours vivement excité ma curiosité. J'ai cherché à connaître et à distinguer les différentes espèces qui composent la grande tribu des oiseaux de mer, de rivière et de marais, j'ai voulu m'instruire en chassant et je me suis trouvé arrêté dans mes recherches. Quelques-uns des oiseaux, hôtes habituels de nos contrées, étaient bien connus des chasseurs mes compagnons, quelques autres, la majorité, m'étaient désignés sous des appellations bizarres, toujours inexactes et variant avec chaque province, que dis-je, avec chaque canton. J'ai alors espéré trouver dans les publications cynégétiques des renseignements capables de me guider et de me permettre de donner à chacune des pièces qui tombaient sous mes plombs une qualification vraie. J'ai lu des ouvrages charmeurs, pleins de poésie et de considérations philosophiques présentées dans un style séduisant, en un français académique; j'ai dévoré des volumes qui ne faisaient qu'aviver mon désir de connaître sans le satisfaire, et j'en suis arrivé à cette conclusion, après bien des années, que, si en France il existe nombre d'ouvrages d'une valeur incontestable au point de vue cynégétique, le chasseur qui veut pouvoir se reconnaître au milieu des deux cents espèces qu'il est exposé à rencontrer en chassant le gibier d'eau, est obligé de se rabattre sur les ouvrages purement scientifiques.

Mais il trouve là un autre écueil. Les livres d'ornithologie, écrits pour les seuls savants, ne sont pas à la portée de tous. Les expressions techniques dont ils sont nécessairement remplis, la somme de connaissances nécessaire pour les comprendre, leur aridité, en interdisent la lecture aux chasseurs qui, tout en voulant savoir un peu, ne veulent point savoir trop. Ces ouvrages ne s'occupant que de science présentent en outre pour les chasseurs une lacune. Les oiseaux y sont étudiés sous tous leurs aspects, il y est question de leur naissance, de leurs mœurs, de leurs habitudes, mais il n'y est point parlé de leur mort ni des moyens de la leur donner, et c'est justement ce qui peut intéresser ceux auxquels j'ai l'intention de m'adresser.

J'ai donc cru faire une chose utile en permettant à mes lecteurs éventuels de bénéficier du résultat de mes observations personnelles et des études bien passionnantes, si elles sont abstraites, que je me suis imposé l'obligation de poursuivre pour mener à bien l'œuvre que j'ai entreprise.

Ayant beaucoup chassé, tué ou vu tuer et rencontré à peu près tous les oiseaux qui font partie de la Sauvagine, j'ai pu trouver dans mes seuls souvenirs et dans les notes que j'ai prises depuis longtemps sur les habitudes des oiseaux aquatiques de quoi alimenter la partie de ce livre qui a trait à la chasse proprement dite. J'ai évité autant que possible les réminiscences, à plus forte raison ai-je écarté, peut-être avec un peu trop de parti pris, tout ce que je n'ai point contrôlé moi-même et qu'on retrouve dans la plupart des traités de chasse parus depuis près d'un siècle.

Puisque ce mot de traité vient sous ma plume je m'empresse de déclarer que je n'ai pas entendu faire un traité de la chasse à la sauvagine.

Je ne parlerai qu'incidemment du fusil, sans le prendre à sa fabrication pour ne l'abandonner que sous la vitrine de l'armurier. Je laisserai à de plus compétents le soin de donner des avis sur l'aménagement d'un yacht de chasse. Je renverrai aux gens de profession ceux qui désirent des renseignements sur des vêtements réunissant toutes les qualités d'élégance ou de rusticité requises par les exigences de chaque chasseur. Des conseils, je n'en donnerai point, et me contenterai d'indiquer ce qui m'a le mieux réussi pour arriver au but que je me proposais en poursuivant le gibier que j'avais en vue. Mon seul désir, je le répète, a été de permettre aux curieux de pouvoir, autant que possible, donner aux oiseaux qu'ils auront la chance d'abattre ou de rencontrer *leur véritable nom*.

En ce qui concerne la partie scientifique de cet ouvrage, j'ai fait appel à la bienveillance d'un savant qui fait autorité, le même, qui poussant la courtoisie à l'excès, a bien voulu me prêter ici le prestige qui s'attache à toute publication sur laquelle figure son nom. J'ai trouvé dans Mr Oustalet, professeur au Muséum d'histoire naturelle de Paris, directeur du service ornithologique de cet établissement, un savant éclairé, un conseiller précieux. Grâce à lui, les magnifiques collections du Muséum ont été mises à ma disposition et j'ai pu étudier à loisir, au milieu de trésors trop inconnus du public malheureusement, les oiseaux que j'avais rencontrés en chasse, terrain qui ne laisse pas à l'observateur la libre possession de toutes ses facultés.

Toutes les descriptions qui vont suivre sont faites d'après les sujets de la collection Marmottan qui englobe toutes les espèces des oiseaux d'Europe. Mais j'ai voulu être complet, et il m'a semblé qu'une description écrite ne suffisait point pour permettre une distinction rapide entre les individus qui constituent ce groupe considérable nommé la Sauvagine. J'ai prié deux artistes de talent, M. E. Thivier dont la réputation comme peintre n'est plus à faire et M. Moisand, un des dessinateurs de *la Chasse illustrée*, de copier, d'après nature, un certain nombre des oiseaux que je voulais faire connaître. J'ai moi-même complété par des figures qui n'ont d'autre mérite que celui de l'exactitude, la collection des dessins qui accompagnent le texte de ma publication. Nous n'avons pu, à cause des exigences de la mise en pages, conserver la proportion entre les divers genres d'oiseaux. J'indique donc leur taille qui permettra de faire la comparaison.

La taille comprend la longueur de l'oiseau du bec à l'extrémité de la queue. Elle n'est qu'approximative ; la grosseur et la longueur des individus d'un même genre variant beaucoup avec l'âge et le sexe.

Toutes les espèces d'oiseaux de mer, de rivière et de marais susceptibles d'être rencontrées en France, d'une façon même accidentelle, se trouvent, je crois, comprises dans celles qui m'ont fourni la matière de ce livre. J'ai laissé de côté les variétés qui, bien qu'européennes, ne fréquentent point nos parages.

Je donne l'appellation des oiseaux en anglais. Les chasseurs de grèves sont souvent exposés à se trouver en rapports avec nos voisins qui ont le goût de l'histoire naturelle et des sports poussé à ses plus extrêmes limites et il peut quelquefois être utile si on chasse avec l'un d'eux ou au cours de recherches dans les auteurs anglais, de connaître le nom qu'ils appliquent à tous les oiseaux.

J'ai jusqu'à présent rencontré beaucoup de bienveillance en haut lieu, il me faut maintenant m'adresser à celle des chasseurs.

Qu'ils veuillent bien suivre l'exemple de M. E. Bellecroix, l'aimable rédacteur en chef de *la Chasse illustrée*, leur guide et leur conseiller à beaucoup, et me savoir gré des efforts que j'ai faits pour leur être de quelque utilité.

Le gracieux patronage de ceux qui ont bien voulu m'introduire auprès du public m'est un sûr garant de son indulgence et de la condescendance qu'il mettra à oublier les imperfections de l'ouvrage pour ne se souvenir que des intentions qui ont inspiré l'auteur.

Louis Ternier.

PREMIÈRE PARTIE

CONSIDÉRATIONS GÉNÉRALES SUR LA SAUVAGINE
ET SUR LES ENDROITS QU'ELLE VISITE
EN FRANCE

CHAPITRE PREMIER

LES MARAIS, LES PRAIRIES ET LES BANCS D'ALLUVION

Il me paraît intéressant, avant tout, de reconnaître les terrains sur lesquels nous allons rencontrer nos futurs adversaires, ceux sur lesquels évolue la Sauvagine.

Je commencerai par les marais.

Les marais sont encore assez communs en France, mais leur superficie est loin de présenter la même importance qu'autrefois.

La civilisation, l'ennemie du chasseur et du naturaliste, a su tirer parti de ces terrains, qui, au temps jadis, avaient aussi leur raison d'être au point de vue des ressources que l'homme peut tirer de tous les lieux les plus sauvages en apparence. Des drainages et des assèchements répétés ont fait de beaucoup de nos anciens marécages des champs cultivés qui ne donnent plus asile qu'au gibier sédentaire.

Il existe cependant encore de beaux marais en France.

Ce qu'on nomme marais peut se diviser selon moi en trois catégories : le marécage ou marais proprement dit, la prairie et les bancs d'alluvion.

Les marécages sont des endroits où l'eau séjourne en toute saison, qui n'assèchent jamais et qui seront encore longtemps, je l'espère, réfractaires aux avances des ingénieurs les plus entreprenants.

Sur une couche de tourbe, qui forme le terrain solide à une certaine profondeur, les marécages voient croupir continuellement un certain volume d'eau dormante qui laisse déposer du limon dans lequel prend racine une infinie variété de plantes aquatiques.

Le soleil échauffe rapidement les eaux stagnantes, aussi, sous l'influence de la chaleur et de l'humidité, voyons-nous les marécages se couvrir, en été, d'une végétation très active et très luxuriante.

Au premier aspect, un marais semble un lieu dépourvu de vie, un endroit désert et sauvage. Pour l'observateur superficiel, c'est le silence et la désolation.

Pour le naturaliste et le chasseur, c'est la vie et le mouvement.

Affrontons ce sol détrempé et pénétrons dans ses fourrés mystérieux. Il nous suffira de baisser les yeux pour comprendre que dans ce milieu à part doivent s'agiter des êtres particuliers destinés à vivre parmi les plantes singulières qui le tapissent ou ondoient au souffle du vent qui balaye sa surface verdoyante.

En été, éclatants dans leur fraîcheur humide, nous allons rencontrer des représentants du règne végétal inconnus partout ailleurs.

Point d'arbres, point de bois, mais quelles retraites pour le gibier, quelle variété présentent les sites des marécages dans leur uniformité apparente de terrains plats !

Les bois, sur les marais, sont remplacés par les roseaux.

Les roseaux de nos pays sont loin de présenter le volume de ceux qui croissent dans les régions tropicales, mais les fourrés qu'ils forment, bien qu'ils n'atteignent guère plus de trois à quatre mètres de hauteur, n'en sont pas moins inextricables.

Les roseaux, avec cette particularité d'être aux oiseaux

de marais un refuge comme de véritables boqueteaux, ont cet avantage de pouvoir être employés par l'homme à une foule d'usages. Ils servent de litière pour les bestiaux, de fourrage en temps de sécheresse pour remplacer le foin, de couverture de chaume pour les constructions rurales.

Mais au point de vue où nous devons nous placer, leur principal mérite est de donner un asile assuré à presque tous les oiseaux coureurs de marais parmi lesquels je ne citerai que les râles, les marouettes et les poules d'eau. C'est toujours là qu'ils reviendront pour échapper aux poursuites de l'homme et du chien.

Dans les grands massifs de roseaux, ne cherchez jamais à faire déloger ces coureurs. Vos chiens y resteront des heures entières et le gibier aussi. Ces fourrés sont entourés de clairières d'eau limpide à la surface, maculées de grandes plaques vertes qui ressemblent à du gazon. C'est la *sphaigne de marais*, petite plante aux feuilles ténues et délicates qui vient jeter un tapis vert ou pourpré sous les pas du chasseur qui enfonce jusqu'à mi-jambe dans ses moëlleux enchevêtrements. Sur les rameaux entrelacés à fleur d'eau de la sphaigne des marais viennent germer les laîches et autres plantes aquatiques qui, y prenant racine, transforment en peu de temps la physionomie de ces lieux où tout est véritablement imprévu et changement.

Plus loin, un massif de plantes aux larges feuilles ressemblant à des lames de sabre, d'où leur nom de *gladiolum* ou petit glaive. Ce sont des iris des marais ou glaieuls jaunes.

Bien peu de nemrods en quête de râles ou de bécassines se doutent qu'en écrasant ces grandes feuilles ils foulent aux pieds nos vieilles traditions : Le glaieul jaune, l'iris ou lis des marais, est celui dont la fleur figurait sur les armoiries des rois de France.

Les « fleurs de Lys » sont celles de l'Iris des marais. Autrefois,

Paris n'était qu'une bourgade assise sur les bords de la Seine dont les rives étaient couvertes de glaieuls. Les premiers rois prirent comme symbole la fleur qui croissait autour d'eux. Paris n'a plus ses lis, mais la France a encore des marais et c'est à profusion que sont répandus les glaieuls jaunes à la surface des marécages. Très vivace, cette plante végète par la partie antérieure alors que la partie immergée se pourrit et se décompose. Elle prend place parmi les végétaux qui cachent dans l'eau une tige horizontale qu'on nomme rhizome sur laquelle viennent se greffer annuellement les pousses qui meurent avec l'été.

La fleur est jaune, semblable à celle de l'Iris domestique dont la fleur violette est si suavement odorante.

« Marchez sur les cressons! vous dira quelquefois le guide chargé de vous éviter les mauvais pas; ils portent! » En effet, les larges espaces réfractaires à toute autre végétation sur lesquels se sont entrelacées les tiges des cressons sauvages sont recouverts par elles d'une espèce de natte tressée qui peut soutenir un homme de poids ordinaire. Mais il faudrait se garder de généraliser et de considérer les cressonnières comme des endroits sûrs. Les *vieux* cressons *seuls* présentent une résistance suffisante.

Si vous glissez, n'essayez pas de vous retenir à ces herbes allongées qui croissent sur tous les marais : les feuilles du paturin aquatique coupent, scient les doigts des imprudents qui les saisissent.

Vous avez failli choir, votre pied s'est pris dans de longs rubans flottants, dans les feuilles immergées de la sagittaire ou flèche d'eau dont le feuillage aérien lancéolé produit un si gracieux effet.

Encore sillonnées par les traces légères de la foulque voici les lentilles d'eau, puis le trèfle de marais.

Mais l'eau est moins profonde, nous entrons dans les joncs

aux feuilles cylindriques et dans les laîches, asile ordinaire des bécassines.

Les laîches ressemblent à de l'herbe aux gigantesques proportions; coupantes et résistantes elles ont pour les mains les mêmes inconvénients que le paturin aquatique. On les nomme en Normandie des *litières*. En été leurs feuilles sont vertes avec des reflets roux, en hiver elles tournent au roux-fauve.

Nous avons décelé notre présence sur le marais, et le clapotis de nos pas a troublé le silence. Mais arrêtons-nous un instant. Mille bruits mystérieux vont frapper nos oreilles. Nous avons contemplé la vie végétative, nous allons percevoir l'existence d'êtres organisés. Les râles et les marouettes barbottent et, avant de sortir des retraites où les a confinés la crainte de l'homme, poussent leur cri de ralliement. Le râle rouge, qui a couvé dans la partie la moins inondée de la prairie, fait entendre ses *cran! cran!* qui se déplacent sans cesse. Les hirondelles rasent le sommet des laîches en quête des moustiques qui nous torturent.

Dans quelques mois, la verdure aura disparu, les roseaux auront jauni, les glaieuls se seront affaissés. Leurs graines, réunies en faisceaux formant de longs cylindres bruns piqués à l'extrémité de tiges délicates, nous annonceront l'automne, et plus tard quand la végétation sera morte sur le marais la vie s'y manifestera sous la forme d'oiseaux migrateurs venus pour y chercher un abri contre les intempéries, sinon un refuge contre la poursuite des hommes.

Nous venons de visiter un terrain sauvage, un marécage. Passons aux prairies :

Les prairies classées comme marais sont de vastes étendues de pâturages légèrement humides, encloses de fossés remplis d'eau et garnis de roseaux. Un ou deux pouces d'eau à la suite de fortes pluies et les voilà disposées pour recevoir les bécassines, les pluviers, les vanneaux. Leurs fossés recèlent les râles et les poules d'eau ; de larges espaces dénudés et vaseux indiquent les endroits où seront en hiver les mares de gabion.

Trop bien drainées malheureusement, les prairies de nos jours et trop vite desséchées ! Sans les bestiaux qui, s'embourbant dans le sol détrempé, ménagent de petits trous d'eau où viennent pâturer les oiseaux migrateurs, elles ne seraient plus que de vulgaires prés impropres à répondre aux besoins de la sauvagine.

Mais si l'homme prend à tâche de supprimer les marais et les marécages, la nature semble avoir prévu aux exigences de ses créatures. A mesure que les marais disparaissaient la mer laissait à nu des bancs d'alluvion qui ont formé marécage et dans leurs eaux stagnantes ont donné asile aux germes des plantes aquatiques chassées de leurs anciens domaines. Ce sont les laîches, les roseaux et les douves, plantes qui se couvrent à l'automne d'un duvet blanchâtre et dont plus tard les graines s'attachent avec persistance aux vêtements de l'homme et au poil des chiens, qui ont surtout prospéré sur les bancs d'alluvion. Les bancs *neufs*, ceux qui sont nouvellement formés, sont, pendant les premières années, les meilleurs terrains de chasse à la sauvagine. Ils finissent avec le temps par être abandonnés par le gibier. Les bancs trop *vieux* ne peuvent faire prévoir que l'insuccès aux chasseurs d'oiseaux aquatiques.

Tous les endroits dont nous venons de parler sont plus ou moins dangereux. Un guide est nécessaire dans certains marécages. Il faut, cependant, si on veut se prémunir absolument contre les accidents, toujours tâter soigneusement du pied les lieux où on n'a pas encore pénétré. Si le sol résiste à une profondeur normale, on peut avancer ; s'il cède, on doit reculer prudemment, sans oublier qu'en cas d'immersion on doit se faire un appui du fusil posé en travers sur les herbes.

Pour parcourir les marais, de hautes bottes sont indispensables. Quelques chasseurs, en été, préfèrent des chaussures percées et entrent dans l'eau jusqu'à mi-jambe. Cette méthode a l'inconvénient, non pas de donner des rhumatismes à ceux qui n'ont point le tempérament rhumatisant, mais d'amollir les pieds et, après un certain temps, de les prédisposer aux écorchures et aux ampoules. Quant à ceux qui affrontent le marais nu-pieds et nu-jambes ils sont exposés à voir leur peau se couvrir de pustules et à souffrir de démangeaisons intolérables.

Pour chasser de jour dans les marais, le fusil qui me paraît devoir être préféré est le calibre 12, avec le canon cylindrique chargé de 5 gr. de poudre et de 35 gr. de plomb n° 8 ou 10 de Paris et le canon choke-bored renfermant une cartouche de plomb n° 4, en hiver, n° 6 en été.

Ainsi armé on peut faire face à toutes les éventualités et avoir autant de chance d'abattre les râles et les bécassines que les canards ou autres oiseaux de taille supérieure à la moyenne.

Le chasseur de marais doit avoir deux chiens : un cocker ou un épagneul habitué à faire lever les oiseaux coureurs et un chien de très haut nez pour chasser la bécassine. Sur les prairies un pointer sera même préférable pour ce gibier qui ne se laisse arrêter que de loin. J'indiquerai du reste, en étudiant chaque espèce de gibier, quel est le collaborateur qu'on doit choisir.

CHAPITRE II

LES ÉTANGS

Un grand marais situé au bord de la mer avec un bel étang, c'est là le lieu le plus propre à attirer toutes les espèces, sans exception, qui composent la sauvagine.

Mais les étangs les plus modestes avec une simple bordure marécageuse donnent au chasseur l'occasion de rencontrer un grand nombre d'oiseaux aquatiques. Les bords tapissés de laiches, de joncs et de roseaux servent de refuge aux râles, aux poules d'eau et aux bécassines. Les canards y couvent et la poursuite des halbrans n'est pas une des moindres distractions qu'offre aux passionnés le voisinage d'une grande nappe d'eau.

Il n'est point jusqu'à la chasse de nuit, la chasse à la hutte ou au gabion, qui ne soit réservée aux heureux propriétaires d'un étang situé à proximité de la mer ou d'un cours d'eau. Les roseaux immergés et les nénuphars sont un asile pour les foulques; les hérons et quelques chevaliers viennent animer les parties nues de la berge. Un étang est le complément indispensable de tout marais, sans lequel les canards, les grèbes et les mouettes ne paraîtront point. Aussi voyons-nous les immenses pièces d'eau, qui dans certaines provinces forment de véritables lacs, devenir le point de mire de toutes les ambitions des chasseurs fortunés. C'est sur leurs bords que se bâtissent ces gabions luxueux où viennent finir les pérégrinations de bandes entières de canards et de sarcelles sous le feu de véritables canons chargés à mitraille. Il n'est point de modeste mare, de vulgaire trou d'eau qui au moment des passages ne réservent des surprises à celui qui, le fusil en main, vient explorer leurs bords.

C'est sur les étangs que nous retrouverons beaucoup des oiseaux que je me propose d'examiner dans le cours de cet ouvrage.

Une visite sur leurs rives en toute saison, une excursion en barque sur leurs eaux tranquilles offriront toujours aux riverains des étangs l'occasion de faire parler la poudre et de recueillir des observations intéressantes sur les échassiers et les palmipèdes.

CHAPITRE III

LES FLEUVES ET LES RIVIÈRES

Sur les fleuves et les rivières navigables en France, la civilisation a, dans beaucoup d'endroits, simplifié la poursuite du gibier. On ne peut guère y chasser que l'hiver en bateau, leurs bords sont, ou marécageux et alors on y rencontre le même terrain que celui des marais, ou canalisés et on n'y voit que des routes.

Il existe cependant encore des cours d'eau dont les bords présentent des grèves de sable au moment des basses eaux. Les culs-blancs, les chevaliers, en été, quelques canards en hiver, peuplent ces berges dont l'aspect varie tellement qu'il serait impossible d'en parler d'une façon complète.

Je dirai seulement que la sauvagine, suivant toujours le cours des rivières ou des fleuves pour se répandre à l'intérieur, on peut, soit en explorant les bords, soit en suivant le courant en bateau, faire de temps en temps de bonnes rencontres.

Mais ce qui doit nous occuper ici un instant et ce qui mérite une digression comme terrain de chasse c'est le bord des petits cours d'eau, des rivières et des ruisseaux.

En hiver, quand il gèle, le moindre rivulet peut donner asile à un canard, à une poule d'eau, voire même à un héron. Un de mes amis en a tué deux un jour de neige sous un petit pont, près d'une route. C'est surtout au bord de la mer que s'affirme la supériorité des eaux courantes comme lieu de prédilection pour le gibier pendant les hivers rigoureux. L'embouchure des fleuves et des rivières est toujours l'objectif de la sauvagine. En temps de neige, celui qui remonte le cours des ruisseaux peut être à peu près certain d'y lever des canards, des poules d'eau, et si le lit en est profond, d'y tuer des grèbes et des castagneux. J'ai tiré des oies, au départ, sur une rivière de trois mètres de largeur. Il y a quelques années on a abattu cinq cygnes sur la Risle, qui est pourtant assez étroite et dont les bords sont loin d'être déserts.

Les eaux courantes, en temps de gelées, doivent toujours être explorées avec soin. L'eau est indispensable à la sauvagine. C'est sur ses bords qu'il faut la chercher.

CHAPITRE IV

LA MER ET SES RIVAGES

Nous avons parcouru jusqu'à présent des terrains à l'aspect plus ou moins monotone. Les rives des fleuves, la surface des marais présentent toujours à leurs explorateurs le même tableau. Avec la mer nous allons rencontrer la variété, le mouvement, le changement perpétuel des sites, la manifestation des forces de la nature.

Les marées transforment en quelques heures l'aspect des côtes. Là, où, à mer haute, déferlaient les vagues, sur un terrain temporairement interdit aux incursions de l'homme, nous trouverons à mer basse un vaste champ d'exploration dont le flux suivant viendra nous chasser pour nous faire sentir, qu'en nous permettant momentanément l'accès des grèves, la mer ne fait que nous prêter un territoire qui lui appartient et dont nous ne pouvons prescrire la possession.

Nous avons conquis sur la nature les continents à leur surface et dans leurs profondeurs; tous les jours, deux fois l'homme est contraint de reculer devant le flot qui revient occuper l'infime langue de terre qu'il nous abandonne pour y glaner les restes qu'il y dépose. Devant la mer tout s'arrête, et notre domination semble avoir trouvé là un écueil. Les colères de l'Océan rappellent à ceux qui affrontent son étendue que nous ne sommes à sa surface que des parasites et qu'il lui suffit de se secouer pour rejeter éventrés sur ses rives les vaisseaux les mieux construits, les machines de guerre les plus formidables.

Ceux auxquels les conventions sociales donnent le droit de réglementer la jouissance du terrain sur lequel sont appelés à vivre les hommes semblent avoir compris que leur pouvoir s'arrêtait aux limites qu'il a plu à la mer de s'imposer à elle-même, aussi, les lois relatives à la propriété, qui comprennent celles ayant trait au droit de chasse, restent-elles muettes en ce qui touche l'exercice de ce droit sur les rivages. Point d'ouverture ni de fermeture de la chasse sur la mer et ses bords. Le chasseur n'y rencontre d'autres obstacles que ceux qu'il plaît à l'Océan de lui susciter.

Devons-nous, nous autres chasseurs, nous plaindre de ce redoutable propriétaire? Il suffit d'avoir parcouru les grèves, le fusil à la main, pour reconnaître, au contraire, que jamais chasse bien aménagée ne fut régie d'une façon aussi profitable pour le chasseur. La mer, en se retirant périodiquement, sert à ses hôtes ailés un festin magnifique. De tous les points de l'horizon ils arrivent avec le reflux animer les vastes espaces que le flot abandonne. Profitant de cet « agrainage » préparé par la nature nous pouvons alors faire main-basse sur ces volatiles que le besoin de leur subsistance met à notre merci.

Et quand de nouveau la mer a repris possession de son domaine, ne nous est-il point permis, dans ses moments de condescendance et de calme, de poursuivre à sa surface les innombrables espèces qui ne quittent jamais les eaux salées? Là, tout est favorable pour le chasseur de sauvagine. Sur la mer, à marée haute, il peut, en barque, faire ample moisson des grands voiliers et des plongeurs; au moment du flux, il s'embusque pour attendre les bandes d'échassiers que le flot chasse devant lui; à mer baissante, les oiseaux qui arrivent se poser sur le rivage lui offrent l'occasion de tirer souvent. Faut-il ajouter que la sauvagine suit toujours les côtes pour opérer ses migrations et que telle bande de canards qui ira trouver la mort sur les étangs de la Sologne, a d'abord fait une station sur les rivages de la mer et sur les marais qui l'avoisinent. A part les oiseaux de la famille des Rallidés qui ne fréquentent que les marais, quelques-uns des membres du genre des butors et les bécassines, tout ce qui fait partie de la sauvagine se rencontre sur les bords de la mer. N'est-ce pas dire que c'est là que le chasseur doit chercher la variété et l'imprévu qui expliquent la ténacité de sa passion et le renouvellement continuel de ses espérances.

Les grèves, les rivages et les plages présentent des dispositions tellement variées qu'il est bien difficile de les passer toutes en revue.

Cependant on peut « classifier », pour ainsi dire, les terrains qui bordent la mer.

Nous y trouvons d'abord les berges remplies de galets dont l'amoncellement édifie de véritables collines où vient se briser le flot. Sur le plateau que forme leur dôme nous voyons une végétation singulière : des herbes à l'aspect désolé mourant de sécheresse à côté d'une immense étendue d'eau, des lichens desséchés, des liserons égarés sur ce terrain ingrat. Mais voici une herbe qui ressemble presque à une petite plante grasse; ses feuilles charnues rappellent celles de la christe-marine qui croît sur les bancs vaseux. Elle forme de grosses touffes d'un vert d'eau pâle, parsemées de petites fleurs vert jaunâtre. C'est le perce-pierre. Goûtez une de ces feuilles délicates : vous leur trouverez un parfum singulier et je soupçonne fort cette petite plante d'entrer dans la composition de diverses liqueurs. Si votre carnier n'est pas trop plein, prenez une touffe de perce-pierre, faites confire les feuilles dans le vinaigre et employez-les comme condiment.

C'est du haut du talus formé par les galets et en s'abritant de leur déclivité que le chasseur peut à mer haute tirer les bandes d'échassiers et de longipennes qui viennent picorer au bord du flot.

Devant les galets nous trouvons souvent une certaine étendue de plage couverte de cailloux tranchants et de rochers minuscules, c'est dans cet endroit que viendront à marée baissante s'abattre les courlis et les tournepierres.

Plus loin s'étend la plage proprement dite, la plage de sable fin, fauve tapis sur lequel se posent les mouettes et les goélands.

Tout au bord de la mer complètement retirée voici la vase, le lieu de prédilection de tous les oiseaux aquatiques, la vase que criblent les canards et tous les lamellirostres et que sondent les longirostres pour en retirer les vers de mer appelés « pelouses » en Normandie.

Changeons de pays, nous trouverons les dunes qu'il est superflu de décrire avec leurs ondulations rappelant les vagues de l'Océan.

Sur les rivages, le gibier est farouche. On le tire de loin. Le fusil cal. 12 peut certes satisfaire à toutes les exigences, mais un fusil cal. 10, permet avec une forte charge de poudre, d'atteindre ceux des oiseaux qui défient la portée des armes ordinaires. Pour le menu gibier, les bécasseaux et chevaliers, un coup chargé de plomb n° 8 ; pour les goélands, courlis et canards, une charge de plomb n° 2 répondront aux besoins du chasseur. C'est avec ce dernier numéro de plomb que j'ai toujours le mieux réussi. Dans les grandes bandes le n° 00 peut aussi faire merveille.

En mer, à côté de votre cal. 12 ayez un canardier cal. 4 ou 8, monté sur pivot et du système dit à tabatière, qui évite les inconvénients du système à bascule très incommode pour les armes fixées à l'avant du bateau.

Ainsi armé, vous pourrez faire face à toutes les éventualités et venir à bout de la sauvagerie toujours croissante des oiseaux de mer.

Faut-il un chien au chasseur qui parcourt les plages? Cette question est très controversée, je connais bien des partisans de la négative. Un chien mal dressé qui s'éloigne est en effet très nuisible. Son aide se réduit du reste à bien peu de chose sur les rivages où c'est le chasseur qui voit le gibier et cherche à ruser pour le tirer. Mais il y a la question du rapport à la mer. On est exposé à tirer beaucoup d'oiseaux qui tombent à l'eau et sans chien on est presque certain de les voir se débattre à quelques pas sans avoir la possibilité de les ramasser. C'est le véritable supplice de Tantale. J'ai perdu tant de pièces faute de chien que je me suis décidé à ne jamais me passer maintenant de ce précieux auxiliaire. Mais il faut, bien entendu, qu'il aille à l'eau comme un poisson, qu'il rapporte admirablement et qu'il soit habitué à ne jamais faire un pas devant son maître sans en avoir reçu l'ordre, qu'il reste « derrière » en un mot; il doit faire plus : dès qu'il voit celui qu'il accompagne se baisser et chercher à se dissimuler pour approcher le gibier, le chien doit se coucher et rester à la même place jusqu'à ce qu'il soit rappelé. Un chien intelligent finit du reste par comprendre. J'en ai un qui, quand je suis forcé de ramper sur les galets ou sur le sable, pour arriver à tirer une pièce à portée, fait absolument comme moi, et me suit en se traînant sur le ventre à moins que je ne lui ordonne de rester sans m'accompagner.

Tous les chiens peuvent être accoutumés à n'importe quel âge à ne pas craindre l'eau et à braver même les fortes lames qui les effraient tant dans le principe. C'est une affaire de patience, et le chasseur de grèves doit posséder cette qualité au plus haut point. Ne lui faut-il pas souvent rester des heures entières caché dans un trou pour attendre le gibier qu'il a en vue. La patience est toujours, à la mer, la condition indispensable du succès.

CHAPITRE V

LA SAUVAGINE

On est convenu d'appeler « Sauvagine » l'ensemble des oiseaux de mer, de rivière et de marais. Les espèces qui visitent plus ou moins régulièrement les côtes et les marécages de la France sont au nombre de cent soixante environ. On voit par ce chiffre que la chasse à la sauvagine doit présenter bien de la variété et ne peut point engendrer la satiété.

Les oiseaux sont sans contredit les privilégiés de la nature : à l'ordre qu'ils occupent dans la classification des êtres animés appartiennent à la fois l'empire des airs, le domaine des eaux, l'étendue des terres fermes. Par leurs propres moyens, les palmipèdes et ceux des échassiers classés parmi les divers genres qui constituent ce qu'on nomme la Sauvagine, peuvent, à l'encontre de toutes les autres créatures, affronter indistinctement ces divers éléments.

Ils ont été dotés des instruments nécessaires à tous les genres de locomotion et trouvent dans leur seul organisme les moyens de braver à la fois l'air et les eaux que l'homme lui-même ne peut conquérir qu'à l'aide d'appareils empruntés au monde extérieur et au prix de mille dangers. Cette simple observation suffirait pour attirer sur les oiseaux toute l'attention du penseur, mais que de remarques intéressantes à faire pour celui qui observe et cherche le but qu'a poursuivi Celui qui a donné la vie au monde qui nous entoure ! Limitons nos études à la sauvagine. Nous sommes tout d'abord amenés à reconnaître que chaque oiseau a sa fonction spéciale, pour laquelle il a été créé, et que l'injustice et le manque de réflexion ont seuls pu faire croire chez beaucoup d'entre eux à des instincts et à des sentiments vils et bas qui ne se peuvent rencontrer que chez les êtres ayant leur libre arbitre et la disposition complète de toutes leurs facultés. Pourquoi appeler voraces, pillards, cruels, les oiseaux auxquels la conformation de leurs pieds, de leurs serres, ou celle de leur bec, interdit toute autre nourriture que celle qu'ils peuvent se procurer en faisant la chasse à leurs semblables. Pourquoi considérer comme stupides ceux que la brièveté de leurs ailes ou l'insuffisance calculée de leurs moyens de locomotion à terre empêche de s'envoler ou de s'enfuir à l'approche de leurs ennemis.

Tout a été prévu et bien prévu. Une règle immuable veut que tous les êtres servent à la transformation des matières organiques ou végétales. Ils usent des ustensiles que leur a donnés la nature et sont les ouvriers inconscients du Créateur. Les échassiers que leurs longues pattes autorisent à visiter les terrains mous et détrempés s'y posent de préférence. Leur bec plus ou moins long ne leur permet que la recherche de certains animalcules : ils l'ont en forme de sonde pour retirer les vers qui se cachent dans le sable, la vase ou la terre humide, tels les bécassines, pluviers, chevaliers et courlis. Chez les palmipèdes, certains ont le bec conformé de façon à cribler la vase et à ne retenir que les particules de matière qui peuvent les nourrir, tels les canards et les oies; les autres ont une paire de cisailles qui ne leur permet que de déchiqueter des proies vivantes ou des débris plus ou moins répugnants, tels les goélands et les mouettes. Chaque oiseau porte avec lui son outil qu'il transporte dans ses migrations pour l'employer là où son assistance est nécessaire.

Les mœurs des oiseaux sont donc toujours conformes aux besoins de l'utilisation de la matière. Ils arrivent à temps voulu là où leur aide est utile. Les pluviers couvrent les lieux où les lombrics ou vers de terre abondent et remontent avec les pluies à la surface du sol.

Il y aurait des études bien intéressantes à faire sur les migrations de la sauvagine. On ne s'explique pas toujours le motif qui pousse certaines espèces à *passer* à des époques déterminées. Mais, pour la plupart des oiseaux, la migration a une explication toute naturelle.

Les migrateurs se rendent à l'automne du nord au midi et repassent au printemps pour regagner les lieux de leur nidification. Le passage d'automne ne se fait pas rapidement, les oiseaux fuient devant le froid mais l'attendent et ne reculent que quand il arrive.

Le passage du printemps est au contraire très court, les oiseaux sont poussés par l'instinct de la reproduction.

Ils craignent également la grande chaleur et le grand froid. Quelques espèces qui ne pourraient supporter les rigueurs des hivers, même dans nos pays tempérés, et qui ne sauraient affronter les ardeurs d'un été trop brûlant, couvent en France et dans les contrées de température moyenne.

Les autres au contraire, pour lesquels nos hivers n'ont rien d'excessif, reviennent nous visiter après avoir été chercher au nord le repos et la solitude qu'ils demandent pour l'établissement de leurs nids.

C'est en effet ce besoin d'isolement et de tranquillité qui pousse beaucoup d'oiseaux migrateurs à aller dans le Nord pendant la belle saison couver et élever leurs petits, loin des hommes, sur les îles désertes et inabordables. Le froid les chasse de ces contrées qu'ils ne quittent qu'à regret. Pendant les hivers où le froid ne se fait pas sentir d'une façon sensible, la migration semble s'arrêter et beaucoup d'espèces restent au

Nord. Puisque je parle de la nidification, arrêtons-nous quelques instants sur ce chapitre intéressant. Nous avons vu que les oiseaux avaient reçu en naissant le pouvoir de parcourir d'immenses espaces par leurs propres forces, de traverser les continents et les mers, d'échapper à leurs ennemis par le vol ou la course, par l'immersion sous les eaux.

Mais là ne se bornent pas les avantages dont ils ont été comblés et il semble que le Créateur ait voulu leur épargner le côté par trop prosaïque de l'existence. C'est pourquoi les amours des oiseaux paraissent limitées à ces préliminaires de coquetterie et de tendresse qui jettent un voile gracieux sur la matérialité du fait en lui-même. Le mâle veut plaire et revêt au printemps une parure superbe, qui lui sert pour ainsi dire d'excuse auprès de sa femelle qui, plus modeste, saura se faire pardonner la simplicité de son costume par l'abnégation de son rôle de couveuse et de mère de famille.

Le voyage de noces, cette disparition discrète des époux, les oiseaux migrateurs l'accomplissent et c'est pendant leurs déplacements que se consomment les unions ébauchées au pays du soleil.

Et, quand, avec l'époque de la ponte, le terme du voyage est arrivé, le couple choisit un lieu solitaire, où la femelle dépose ses œufs, sans douleur, et au milieu des cris d'allégresse.

Les oiseaux sont, en effet, affranchis des inconvénients, des souffrances et surtout des dégoûts de la reproduction : la ponte, quelques jours d'incubation, des coquilles à enlever après l'éclosion, et c'est tout !

Les espèces sédentaires, dans les contrées habitées, cachent leur nid, elles ont tout à craindre des incursions de l'homme. Les oiseaux de passage vont au loin, dans les terres inhabitées, sur les îles désertes, déposer leurs œufs avec moins de précautions.

Plus on remonte au Nord, plus on voit les oiseaux se départir du soin qu'ils prennent dans les pays civilisés pour cacher leur nid. Beaucoup d'entre eux déposent leurs œufs sur le sol, sans aucune préparation. Presque toute la sauvagine niche à terre, quelques espèces seules, pour soustraire leurs œufs à la voracité des goélands, des mouettes et des corbeaux, les cachent dans des trous.

En France, malheureusement, les oiseaux qui couvent n'ont pas à craindre seulement pour leurs œufs les goélands et les corneilles, ils ont à redouter les enfants et les hommes. Que ne suivons-nous l'exemple de nos voisins qui ont su faire de leurs « moors » et des îles qui hérissent leurs côtes les lieux de prédilection des oiseaux de passage.

L'Angleterre, à laquelle sa situation géographique a assuré la suprématie de la mer en lui permettant d'inonder le monde de ses vaisseaux, semble avoir monopolisé, si je puis m'exprimer ainsi, la reproduction d'une grande partie des oiseaux de mer, de marais et de rivage pour déverser ensuite sur le continent les bandes auxquelles ses côtes ont servi de berceau.

La sauvagine a deux raisons pour revenir annuellement couver en Grande-Bretagne. Elle rencontre dans les rochers et les îles qui entourent les côtes du Nord de l'Angleterre, celles de l'Écosse et de l'Irlande, un terrain répondant aux exigences de l'établissement de ses nids. Elle trouve chez beaucoup de ses hôtes protection et sécurité.

Les règlements publics et l'initiative privée de nos voisins protègent en effet les oiseaux. C'est ainsi que nous voyons les « Farne Islands », le grand caravansérail des migrateurs, appartenir à une société particulière, dont l'objet est de surveiller et de sauvegarder les espèces nichant sur leurs rocs et leurs falaises.

Une autorisation est nécessaire pour mettre le pied sur ce domaine sévèrement gardé, et encore les visiteurs doivent-ils être accompagnés d'un gardien, dont la principale préoccupation paraît être d'empêcher les profanes d'écraser sous leurs pas les œufs répandus à profusion à la surface du sol.

D'autres îles fréquentées par les échassiers et les palmipèdes sont sous le contrôle de propriétaires très jaloux de la sécurité de leurs hôtes ailés.

Les échassiers sont, avec les longipennes, les premiers à descendre au Midi après la couvaison. Les mois de juillet, d'août et de septembre amènent sur les côtes de France les bandes considérables de jeunes oiseaux qui y séjournent plus ou moins longtemps. Les palmipèdes autres que les longipennes arrivent plus tard, et c'est seulement le mois de novembre qui nous permet de saluer l'apparition des premiers canards. Je ne parle pas, bien entendu, de ceux qui ont couvé en France et alimenté la chasse dite : chasse aux halbrans.

Le grand froid pousse seul dans nos eaux certains plongeurs, oiseaux du Nord, qui ne reculent pas devant des gelées persistantes et des abaissements de température d'une intensité anormale.

Les deux mois néfastes pour le chasseur de grèves, sont les mois de mai et de juin. Les oiseaux couvent. La migration n'est pas commencée, les plages sont désertes. A part les livergins ou corlieus qui pendant ces deux mois peuvent faire l'objet d'une chasse intéressante (j'expliquerai en temps et lieu pourquoi), le bruit de la mer et le clapotis des vagues viennent seuls frapper l'oreille de l'explorateur des rivages, encore hanté des souvenirs de l'ample moisson qu'il a pu faire lors du passage de printemps. Ces deux mois sont des mois de répit pour les oiseaux pourchassés par l'homme et la réserve que lui ordonnent les lois pour les espèces sédentaires lui est également imposée par la prévoyance de la nature qui a inspiré aux oiseaux migrateurs le besoin de s'isoler pour se reproduire.

Avant d'étudier séparément chacune des espèces comprises

dans la sauvagine de France, nous allons dire quelques mots de la classification des échassiers et des palmipèdes, car il ne faut pas oublier que c'est grâce à un groupement raisonné que nous pourrons nous reconnaître au milieu de tous ces oiseaux si improprement désignés sous des appellations bizarres par ceux qui les rencontrent ordinairement.

CHAPITRE VI

**QUELQUES MOTS D'ORNITHOLOGIE ET CLASSIFICATION
DE LA SAUVAGINE AU POINT DE VUE DE LA CHASSE**

Je n'ai pas l'intention de faire ici un cours scientifique d'ornithologie, ce qui m'embarrasserait fort, mais je voudrais indiquer quelles sont les règles générales qui m'ont paru devoir être suivies par ceux qui désirent pouvoir reconnaître facilement les oiseaux de mer, de rivière et de marais.

La première distinction, la plus importante, c'est celle qui existe entre les échassiers et les palmipèdes.

Les savants ont cherché très souvent à classifier les oiseaux d'après la forme de leur bec. C'est ainsi que nous avons vu Cuvier créer les groupes des pressirostres, ou oiseaux à bec écrasé, des cultrirostres ou oiseaux à bec en forme de couteau, des longirostres ou à long bec, des lamellirostres ou à bec garni de petites lames, des recurvirostres ou à bec recourbé, etc., etc. Mais à côté de ces classes qui doivent leur nom à la forme du bec des oiseaux qui les composent nous en trouvons d'autres caractérisées par la forme de leurs pieds ou de leurs ailes. Les longipennes ou oiseaux à longues ailes, les brachyptères ou brevipennes, oiseaux à ailes courtes, les totipalmes, les macrodactyles qui tirent leur qualification de la contexture des pieds, sont là pour nous prouver que la forme du bec ne suffit point pour distinguer les familles des oiseaux qui nous occupent.

Buffon, qui était l'ennemi de toute classification scientifique et qui le premier semble avoir fait de l'histoire naturelle autre chose qu'une science aride, a rencontré les défauts de ses qualités. Si l'ordre, l'harmonie et la correction ont présidé à l'arrangement de ses phrases, le désordre et l'obscurité ont certainement enlevé à son œuvre magistrale une grande partie de son utilité, et une classification raisonnée, présentée par lui, sous le couvert séduisant de son style, aurait assurément ajouté à ses ouvrages un attrait de plus.

Est-ce à dire qu'on doive conserver dans un livre destiné aux seuls chasseurs la classification trop prolixe adoptée par la réaction?

S'il m'avait fallu suivre le mouvement, en me servant, bien entendu, des travaux des naturalistes de profession, le lecteur se serait perdu dans les genres et les variétés sans nombre qui encombrent un peu, je dois le dire, l'ornithologie contemporaine. Les savants ont créé des genres nouveaux sur de simples indices et nos ornithologistes modernes semblent avoir plus à cœur de détruire des espèces ou des genres décrits comme inédits que de découvrir des variétés nouvelles.

M'inspirant des conseils qui m'ont été donnés, appropriés au point de vue particulier auquel je me suis placé, j'ai donc, pour les chasseurs, amateurs d'histoire naturelle, adopté un mode de classification à l'usage de tous, et conforme aux tendances scientifiques actuelles. J'ai essayé de simplifier, surtout en ce qui concerne les Échassiers. Répudiant la division de ces oiseaux en cultrirostres, longirostres, macrodactyles et autres, j'ai, suivant le conseil de M. Oustalet, divisé les Échassiers en grandes familles qui ont toutes plus ou moins de rapports avec les grands groupes antérieurement constitués. C'est ainsi que les pressirostres se trouvent presque tous compris dans la famille des charadriidés ou oiseaux ayant rapport au pluvier, c'est-à-dire, avec trois doigts seulement ou un pouce à l'état rudimentaire, et un bec plus ou moins mince et écrasé.

Cette classification permet de comprendre parmi les charadriidés, un oiseau n'ayant que trois doigts, l'huîtrier, qui, classé parmi les pressirostres, avec son long bec, semblerait « détonner » et, de faire entrer dans cette même famille le tournepierre qui ne peut figurer parmi les longirostres, puisqu'il a le bec court, ce qui le classe parmi les pressirostres, qu'englobent les Charadriidés, et qui néanmoins a trois doigts et un pouce. Il en est de même pour le vanneau et le pluvier varié.

La famille des Charadriidés, qui demande à ses membres deux conditions, celle d'avoir un bec fin ou, à défaut, trois doigts seulement, me paraît donc remplacer avec avantage le groupe des pressirostres.

La division des macrodactyles peut être comprise en entier dans la famille des Rallidés ou râles. Quant aux longirostres, la longueur du bec ne pouvait suffire à les faire distinguer *de plano*. M. Oustalet a proposé d'en faire la famille des Totanidés ou oiseaux ayant rapport au chevalier. Cette classification qui groupe dans une même famille des oiseaux de même apparence, ayant presque tous quatre doigts et un bec long, m'a paru très naturelle.

De petites familles, comprenant des oiseaux particuliers, viennent compléter l'ensemble d'une classification qui m'a été indiquée comme la plus conforme aux besoins actuels. Je n'ai eu garde de la modifier. Pour les Échassiers, c'est cette classification appropriée aux tendances nouvelles que j'ai adoptée. Pour les Palmipèdes j'ai suivi les grandes lignes indiquées par M. Milne Edwards, directeur du Muséum.

La distinction entre les Échassiers et les Palmipèdes est élémentaire. Deux espèces peuvent faire hésiter parmi les oiseaux de France : l'avocette et le flamant qui ont les doigts palmés avec tous les caractères des Échassiers. En les classant dans des familles intermédiaires, qui font une transition conforme aux règles de la nature, on reste, je crois, dans le vrai.

Les Palmipèdes sont plus faciles à diviser que les Échassiers. Le groupe des canards, celui des Plongeurs Brachyptères, celui des Longipennes, celui des Totipalmes, s'imposent.

Je n'ai donc point, en faisant le tableau qui va suivre, innové. Je me suis servi des données existantes, mais j'ai dû, pour grouper les familles dans un ordre *cynégétique*, intervertir celui qu'elles occupent dans les ouvrages des savants. C'est ainsi que les Rallidés sont en tête, alors qu'ils pourraient prendre place entre les Totanidés et les Ardéidés. Cette interversion n'a aucune importance ici. La classification par familles et sous-familles est respectée. Le chasseur naturaliste trouvera peut-être que c'est déjà trop.

Il me reste, puisque nous parlons ornithologie, à faire une remarque. J'ai décrit les oiseaux comme je les voyais, en répudiant avec soin les expressions scientifiques que ne pourraient comprendre ceux qui n'ont pas étudié l'histoire naturelle. Les tarses, les lorums, le vertex, les scapulaires, sont des expressions que j'ai laissées de côté. J'indiquerai seulement ici leur signification : Les pattes des oiseaux sont composées de diverses parties : la cuisse, collée au corps, la jambe détachée, le tarse qui est la partie nue, qu'on désigne sous le nom de patte, et les doigts. J'ai donc appelé pattes des oiseaux le tarse qui n'est en réalité que ce qui relie les doigts à la jambe, c'est le cou-de-pied, en un mot. Le vertex est le haut de la tête, les scapulaires sont les plumes des épaules; les couvertures les plumes qui couvrent le haut des ailes; les rémiges secondaires celles qui font suite aux couvertures et les rémiges primaires les grandes plumes de l'aile. J'ai conservé ce nom de rémiges et de grandes pennes pour toutes les grandes plumes de l'aile. Le mot de couvertures se comprend naturellement. La queue est composée des sus-caudales ou plumes du dessus de la base, des sous-caudales ou plumes du dessous et des rectrices ou grandes plumes de la queue. J'ai conservé pour désigner toutes ces parties les noms vulgaires, les savants me pardonneront je l'espère, les chasseurs me comprendront certainement.

Je donne ci-après un tableau de la Classification de la Sauvagine avec les interversions de familles nécessaires à la destination de cette étude au point de vue cynégétique.

TABLEAU DE LA CLASSIFICATION DE LA SAUVAGINE DE FRANCE

ORDRE DES ÉCHASSIERS

Famille des Rallidés.

LES RALES ET AUTRES COUREURS DE ROSEAUX.

Sous-famille des Ralliens (Râles, Marouettes et Poules d'eau).
- Le Râle noir.
- Le Râle rouge.
- La Marouette.
- Le Râle baillon.
- Le Râle poussin.
- La Poule d'eau et la Poule sultane.

Sous-famille des Fuliciens
- La Foulque ou Macroule.

Famille des Ardéidés.

Sous-famille des Ardéiens (les Hérons et leurs congénères.)
- Le Héron cendré.
- Le Héron pourpré.
- Le Héron mélanocéphale.

- L'Aigrette blanche.
- L'Aigrette garzette.

- Le Garde-bœuf ibis.
- Le Crabier chevelu.

- Le Butor.
- Le Blongios.
- Le Bihoreau.

Famille des Gruidés.

La Grue cendrée.

Famille des Ciconiidés.

Sous-famille des Ciconiens. { La Cigogne blanche.
{ La Cigogne noire.

Sous-famille des Plataléiens. { La Spatule blanche

Famille des Tantalidés.

Sous-famille des Ibiens. { L'Ibis falcinelle.

Famille des Charadriidés.

Sous-famille des Cursoriens. { Le Courvite gaulois.

Sous-famille des Œdicnémiens. { L'Œdicnème criard.

Sous-famille des Charadriens (Pluviers et Vanneaux).
{ Le Pluvier doré.
{ Le Pluvier varié.
{ Le Guignard.
{ Le Grand pluvier à collier.
{ Le Petit pluvier à collier.
{ Le Pluvier de Kent ou Pluvier à collier interrompu.
{ Le Vanneau.

Sous-famille des Strepsiliens. { Le Tournepierre.
Sous-famille des Hæmatapodiens. { L'Huîtrier pie.

Famille des Glaréolidés.

La Glaréole pratincole.

Famille des Totanidés.

Sous-famille des Numéniens (les Courlis).	Le Courlis cendré. Le Corlieu ou Livergin. Le Courlis à bec grêle.
Sous-famille des Scolopaciens (Bécasses et Bécassines).	La Bécasse. La Bécassine double. La Bécassine ordinaire. La Bécassine sourde. Le Macroramphe gris.
Sous-famille des Limosiens (les Barges).	La Barge à queue noire ou grande Barge. La Bagre rousse. La Barge de Tereck.
Sous-famille des Totaniens (Combattants et Chevaliers).	Le Combattant variable. Le Chevalier aboyeur. Le Chevalier arlequin. Le Chevalier gambette ou à pieds rouges. Le Chevalier des étangs. Le Chevalier sylvain. Le Cul-blanc. La Guignette vulgaire. La Symphémie semipalmée.
Sous-famille des Tringiens (Maubèches et Bécasseaux).	La Maubèche. Le Bécasseau violet ou Maubèche maritime. Le Sanderling des sables. Le Bécasseau cocorli ou Falcinelle. Le Bécasseau cincle. Le Bécasseau brunette ou à collier. Le Bécasseau platyrhynque. Le Bécasseau échasse ou minule. Le Bécasseau de Temmink. L'Actiture Rousset.
Sous-famille des Phalaropodiens.	Le Phalarope dentelé. Le Phalarope hyperboré.

Famille des Récurvirostridés.

Sous-famille des Himantopodiens. } L'Échasse.

Sous-famille des Récurvirostriens. } L'Avocette.

Famille des Phénicoptéridés.

Le Flamant rose.

ORDRE DES PALMIPÈDES

GROUPE DES LAMELLIROSTRES

Famille des Anatidés.

Sous-famille des Cygniens.
{ Le Cygne sauvage.
{ Le Cygne de Bewick.

Sous-famille des Ansériens (les Oies).
{ L'Oie cendrée.
{ L'Oie commune ou des moissons.
{ L'Oie à bec court.
{ L'Oie à front blanc.
{ L'Oie naine.
{ L'Oie Bernache nonette.
{ L'Oie Bernache à cou roux.
{ L'Oie Cravant.
{ L'Oie d'Égypte.

Sous-famille des Anatiens (Canards proprement dits et Sarcelles).
{ Le Canard franc.
{ Le Souchet.
{ Le Chipeau.
{ Le Tadorne.
{ Le Vingeon ou Siffleur.
{ Le Pilet.
{ La Sarcelle d'été.
{ La Sarcelle d'hiver.

ORDRE DES PALMIPÈDES.

Sous-famille des Fuliguliens (Brantes, Morillons, Milouins, Fuligules, Garrots, Eiders et Macreuses).
- La Brante ou Siffleur huppé.
- Le Morillon.
- Le Milouin.
- Le Milouinan.
- La Fuligule nyroca.
- Le Garrot vulgaire.
- Le Garrot histrion.
- Le Canard de Miquelon.
- L'Eider ordinaire.
- L'Eider à tête grise.
- La Macreuse ordinaire.
- La Macreuse double.
- La Macreuse à lunettes.

Sous-famille des Mergiens (les Harles).
- Le Harle bièvre.
- Le Harle huppé.
- Le Harle piette.

GROUPE DES PLONGEURS BRACHYPTÈRES

Famille des Podicipidés.

Les Grèbes.
- Le Grèbe huppé.
- Le Grèbe jougris.
- Le Grèbe esclavon.
- Le Grèbe à cou noir.
- Le Castagneux.

Famille des Colymbidés.

Les Plongeons.
- Le Plongeon imbrin.
- Le Plongeon lumme.
- Le Plongeon cat-marin.

Famille des Alcidés.

Sous-famille des Uriens (Guillemots et Mergules.)
- Le Guillemot troile.
- Le Guillemot bridé.
- Le Guillemot grylle.
- Le Mergule nain.

Sous-famille des Alciens (Macareux et Pingouins).
- Le Macareux arctique.
- Le Pingouin macroptère.
- Le Pingouin brachyptère.

GROUPE DES LONGIPENNES

Famille des Laridés.

Sous-famille des Lestridiens (les Labbes ou Stercoraires).
- Le Labbe cataracte.
- Le Labbe pomarin.
- Le Labbe parasite.
- Le Labbe longicaude.

Sous-famille des Lariens (les Goélands et les Mouettes).
- La Pagophile blanche.
- Le Goéland bourgmestre.
- Le Goéland leucoptère.
- Le Goéland à manteau noir.
- Le Goéland à pieds jaunes.
- Le Goéland à manteau bleu.
- Le Goéland railleur.
- Le Goéland cendré ou à pieds bleus.
- La Mouette tridactyle.
- La Mouette atricille.
- La Mouette rieuse.
- La Mouette mélanocéphale.
- La Mouette pygmée.
- La Mouette de Sabine.

Sous-famille des Sterniens (Hirondelles de mer, Sternes et Guifettes).
- La Sterne Tschegrava.
- La Sterne Hansel.
- La Sterne Canjeck.
- La Sterne Pierre-garin.
- La Sterne arctique.
- La Sterne de Dougall.
- La Sterne naine.
- La Sterne fuligineuse.
- La Guifette fissipède.
- La Guifette leucoptère.
- La Guifette hybride ou moustac.

Famille des Procellaridés.

Sous-famille des Procellariens (Pétrels, Puffins, Thalassidromes).
- Le Pétrel glacial.
- Le Pétrel du Cap.

- Le Puffin majeur.
- Le Puffin cendré.
- Le Puffin de Manx ou des Anglais.
- Le Puffin yelkouan.
- Le Puffin fuligineux.

- Le Thalassidrome tempête.
- Le Thalassidrome de Wilson.
- Le Thalassidrome cul-blanc.
- Le Thalassidrome de Bulwer.

GROUPE DES TOTIPALMES

Famille des Pélécanidés.

Sous-famille des Pélécaniens (Fous et Cormorans).
- Le Fou de Bassan.
- Le Cormoran ordinaire.
- Le Cormoran huppé.
- Le Cormoran pygmée.

Sous-famille des Frégatiens.
- La Frégate marine.

DEUXIÈME PARTIE

ORDRE DES ÉCHASSIERS

LES ÉCHASSIERS

Le mot « Échassiers » évoque toujours pour les profanes l'idée d'êtres haut perchés sur des jambes de longueur démesurée, d'oiseaux conformés d'une façon anormale. Bien des chasseurs ayant tué une bécasse ou une maubèche, dont les pattes sont plutôt courtes, ne se doutent point qu'ils viennent d'abattre un des membres de cette grande classe de migrateurs dont la poursuite leur procure de si poignantes émotions.

Les Échassiers représentent à peu près, par leur nombre et leur variété, la moitié de ce qu'on est convenu d'appeler la sauvagine, qui comprend, on le sait, tous les oiseaux de mer, de rivière et de marais.

Les Échassiers, comme les Palmipèdes qui complètent la seconde moitié des oiseaux aquatiques, ont de très grands et de très petits représentants. Entre la grue et le bécasseau minule il y a place pour bien des espèces intermédiaires.

Il est bien entendu que la classification, instinctive pour ainsi dire, qui a présidé à la distinction entre les Échassiers et les Palmipèdes, adoptée par les savants des temps les plus reculés, ne repose que sur des données qui pourront peut-être plus tard recevoir quelques modifications, mais on peut dire que, jusqu'à présent, il est admis qu'à part les outardes et leurs congénères qui sont des oiseaux de plaine, et de la bécasse qui est un oiseau de bois, l'ordre des Échassiers comprend tous les oiseaux susceptibles de fréquenter les marais et les bords des eaux douces ou salées, ceux dont les pieds sont *peu ou point* palmés, propres à la marche, les formes élancées, dont le bec est court ou long, presque toujours fin. Mais il a été impossible à l'homme de sonder les secrets du Créateur et quelques espèces qui bénéficient à la fois des avantages accordés par lui aux Échassiers et de ceux dévolus aux Palmipèdes, tels les flamants et les avocettes qui avec des pattes d'échassier ont des pieds palmés, resteront toujours là pour nous rappeler que toute science humaine est imparfaite et que, si les besoins d'une classification ont été imposés aux humains pour se reconnaître au milieu de l'infinité des créatures qui les entourent, Celui qui a présidé à la distribution des êtres animés sur la terre n'a point établi entre eux de ligne de démarcation et que plusieurs ont été constitués de façon à présenter une transition naturelle entre les classes, les familles et les genres que l'étude de l'histoire naturelle impose à ses adeptes. N'étant ni un savant, ni un naturaliste de profession, j'ai dû, dans cet ouvrage, destiné surtout aux chasseurs, ne point innover et me servir des travaux et des recherches des auteurs les plus autorisés et les plus modernes, pour, grâce à une classification raisonnée, permettre aux lecteurs de ce modeste ouvrage de distinguer les espèces innombrables qu'ils pourront rencontrer au cours de leurs pérégrinations.

Les Échassiers figurent tous parmi les oiseaux constituant la sauvagine.

Une seule famille fait exception : celle des outardes ou otididés; un seul genre doit être exclu du groupe des oiseaux qui vont nous occuper, le genre bécasse. Ces volatiles ne fréquentant que les plaines ou les bois ne peuvent entrer dans le cadre que je me suis imposé.

CHAPITRE PREMIER

FAMILLE DES RALLIDÉS

LES RALES ET AUTRES COUREURS DES ROSEAUX

Si la bécassine a été dotée d'ailes puissantes qui lui assurent, dans les airs, où elle s'élance aussitôt surprise, une sécurité relative, certains autres habitants des marais sont doués de facultés qui leur permettent de se soustraire aux poursuites de leurs ennemis, et notamment à celles de l'homme et de son auxiliaire le chien, en se cachant au milieu des fourrés dont sont couverts les lieux incultes et par-dessus tout les marécages.

Mais, comme il n'aurait pas suffi à ces oiseaux de se dissimuler simplement pour échapper aux recherches calculées de leurs ennemis, la nature leur a octroyé des pattes de dimensions anormales, leur permettant de courir avec une grande vitesse sur les terrains mous et détrempés qu'elle leur a donnés comme domaine, et comme ces lieux, si impropres, en apparence, à servir de demeure à des oiseaux, sont garnis de roseaux serrés et de hautes herbes qui entraveraient la marche et retarderaient la fuite de volatiles conformés d'une façon normale, elle a encore approprié la forme du corps des hôtes mystérieux des marais aux exigences de leur manière de vivre.

Alors que celui des autres oiseaux d'eau est conformé de manière à présenter une large surface, capable de les soutenir sur l'élément liquide, alors que celui des grands voiliers de l'Océan emprunte la forme d'un fuseau, leur permettant de forer l'air, le corps des oiseaux coureurs de roseaux, au contraire, est aplati latéralement et leur donne toute facilité de s'insinuer, pour ainsi dire, sans les écarter, dans les grands roseaux ou les fourrés, qu'ils peuvent ainsi sillonner sans déceler leur passage aux yeux de ceux qui les poursuivent.

Les râles, les marouettes, les poules d'eau et les foulques qui composent la famille des Rallidés représentent le groupe de ces oiseaux si particulièrement doués, qui demandent leur salut beaucoup plus à l'agilité de leur course qu'à l'appui de leurs ailes, qu'ils ont fort courtes, et qui ne leur permettent qu'un vol court et fatigant.

La famille des Rallidés peut être divisée en deux sous-familles : celle des Ralliens ou râles et poules d'eau et celle des Fuliciens, qui ne comprend que les foulques.

Je commence l'étude de la sauvagine par l'examen de ces coureurs de roseaux qui forment le fond de la chasse au marais.

Sous-famille des Ralliens.

LE RALE NOIR OU RALE D'EAU

Rallus aquaticus.

(Linn.)

Le râle noir est peut-être le gibier le plus répandu dans tous les marécages, c'est cependant un des oiseaux que bien des chasseurs connaissent le moins.

C'est qu'il ne suffit pas de se rendre sur un marais, avec un chien excellent en plaine peut-être, mais peu habitué aux coureurs de roseaux, pour être certain de tirer des râles, voire des marouettes ou des poules d'eau. J'ai vu de bons chasseurs de plaine,

Le Râle noir.
(*Taille*, 0ᵐ.30)

ne connaissant pas la chasse au marais, traverser des endroits où les râles foisonnaient, sans se douter qu'une quantité de ces oiseaux se dérobait sous leurs pas.

On ne parle pas beaucoup, en effet, de la chasse du râle noir, parce que les auteurs ou chasseurs qui ne l'ont pas pratiquée mentionnent le râle comme une pièce qu'on rencontre par hasard et qui ne vaut pas la peine d'être recherchée.

Le râle noir est cependant un de ces échassiers dont la poursuite vient parfois consoler du manque d'autre gibier. Quand la bécassine fait défaut, on peut, grâce à lui, sur certains marais, avec des chiens spéciaux, s'occuper agréablement une journée entière, avoir constamment un oiseau — sur pied — et tirer assez fréquemment.

Le râle mérite donc mieux qu'une mention dédaigneuse.

Le râle noir ou râle d'eau, *water-rail* en anglais, est un assez bel oiseau, un peu inférieur comme taille au râle rouge.

Il n'a guère de noir que son nom : son manteau est brun-verdâtre, grivelé de taches noires en pinceaux; les ailes sont brun-foncé, les flancs chinés de noir et de blanc, la gorge et la poitrine sont gris ardoisé, le ventre est blanchâtre, légèrement lavé de roux, la queue est courte, pointue et retroussée. Les pattes et les pieds, de très grandes dimensions, sont rouge-obscur. Le bec, long et mince, est rouge-vif. L'iris est rouge orangé. Le corps est, comme celui de tous les coureurs de marais, très aplati latéralement. Il se trouve parmi les divers individus de l'espèce des sujets présentant des différences de taille considérables. En Normandie, on nomme les plus gros des *gambillards*.

On a presque toujours présenté le râle noir comme un oiseau de passage. C'est surtout cette assertion erronée que je tiens à réfuter en ce qu'elle a de trop général. J'ai cru longtemps aussi que le râle noir, cousin de la marouette, paraissait et disparaissait comme elle à des époques déterminées.

J'ai pu, depuis quelques années, m'assurer qu'il n'en est rien. Le râle noir, comme la poule d'eau, émigre bien quelquefois et quitte les lieux qui ont cessé de lui offrir les ressources nécessaires, mais il ne passe point; il change de canton simplement et non de pays.

Il y a des marais en France où les râles noirs se rencontrent en toute saison et sont absolument sédentaires.

Il m'a été donné d'observer de très près les habitudes de ce gibier, et je suis persuadé maintenant que les râles noirs ne quittent jamais les marais où ils sont nés, quand ces marais ne subissent pas les transformations que la civilisation apporte tous les ans aux prairies inondées, et qu'ils restent sur ceux qui demeurent couverts toute l'année de laîches et de roseaux et qui ne sont pas périodiquement fauchés et réduits à l'état de prairies nues.

Voici du reste ce que j'ai remarqué sur un marais dont le drainage et la fauchaison périodiques sont impossibles :

Les râles s'apparient au mois de mars. Ils construisent un nid, composé simplement de laîches foulées, formant une espèce de plateforme relativement à l'abri de l'humidité sur une butte de terre au milieu des herbes. Il a alors une forme ovale et oblongue. Si le nid est au milieu des roseaux, il est appuyé sur des roseaux foulés et des herbes qui le soutiennent. La femelle dépose dans ce nid ordinairement de six à dix quelquefois jusqu'à dix-huit œufs, allongés, d'un blanc jaunâtre, piquetés de points foncés qui deviennent plus serrés au gros bout. Elle couve pendant vingt jours environ. Après l'éclosion, les jeunes râles vaquent eux-mêmes très vite aux besoins de leur subsistance, et, dès le principe, il est absolument impossible de faire mettre à l'essor ces coureurs prédestinés.

Beaucoup de chasseurs ont cru que les râles ne nous arrivaient que l'hiver, quelques auteurs même l'ont écrit, parce que, le quinze août, époque de l'ouverture de la chasse au marais, les herbes et les laiches sont en pleine vigueur, et que les chiens parviennent difficilement à faire partir les râles, surtout les jeunes, qui piètent sans cesse et se laissent prendre souvent sans prendre le vol.

J'en ai cependant tué à l'ouverture, mais j'ai dû souvent renoncer à la poursuite de beaucoup de ces oiseaux, quoique parfaitement convaincu de leur présence devant mes chiens qui, pourtant, plus tard, n'en laissent pas échapper un seul.

Lorsque les herbes se dessèchent, lorsque les laiches s'éclaircissent, lorsque les jeunes râles commencent à avoir de l'aile et à comprendre qu'un vol, même court, peut les mettre à l'abri des poursuites du chien, ils sont beaucoup plus faciles à faire lever et c'est alors qu'on peut en tuer un certain nombre. Cela explique pourquoi on a pu croire à des passages, alors que la révélation de la présence des râles sur le marais n'est que la conséquence de l'éclaircissement des fourrés où ils se tiennent et de leur confiance dans leurs ailes.

A partir du mois de novembre jusqu'à la fermeture de la chasse au marais, c'est-à-dire jusqu'à la fin du mois de mars, on trouve des râles, et quand on connaît les endroits où ils se tiennent habituellement, on peut se convaincre facilement que les oiseaux tués en hiver sont bien ceux qu'on a vu éclore au printemps : leurs refuites sont les mêmes et leurs lieux de refuge ne varient pas.

En effet, dans les vrais marais, ceux qui n'assèchent pas, les râles se réfugient toujours dans les grands massifs de roseaux.

Ils en sortent le matin et le soir et quelquefois dans la journée, quand tout est tranquille, pour vermiller dans les laiches avoisinantes, mais, une fois levés, ils retournent toujours aux grands roseaux qui leur offrent un asile inviolable, souvent impénétrable aux chiens les plus durs.

Ils deviennent même tellement rusés que dans le milieu de

l'hiver, il suffit que les râles en maraude entendent le moindre bruit pour qu'on les voie immédiatement, soit se lever d'eux-mêmes dans les laîches où ils se trouvent, soit filer à pattes pour regagner leurs retraites qu'ils savent être un écueil pour les meilleurs chiens.

Rien n'est plus intéressant pour un observateur patient que de guetter les râles à leur sortie des grandes touffes de roseaux.

Quand tout se tait sur le marais, quand tout semble calme aux alentours de leurs retraites mystérieuses, les râles se mettent en mouvement.

Ils commencent par pousser leur cri de ralliement. Ce cri singulier et qui peut se traduire par les syllabes : « *hi oui oui! hi oui!* » — avec inspiration et expiration, rappelle les piaillements d'une couvée de jeunes oiseaux auxquels les parents viennent apporter la nourriture, mais proférés sur un ton plus fort et plus sifflé.

Quelques instants après cet appel, on voit un râle mettre prudemment la tête à la lisière des roseaux et interroger les alentours. Si rien ne bouge, il sort, suivi par d'autres râles, et tous commencent à picorer de-ci de-là, choisissant les clairières et les flaques d'eau où ils se baignent, puis ils finissent par s'éloigner, chacun de leur côté, quelquefois jusqu'à cent mètres et plus de l'endroit d'où ils sont sortis.

S'ils entendent un chasseur ou un chien, ils se rapprochent vivement de leurs asiles. Il faut donc battre surtout les alentours des massifs de roseaux en rayonnant de là dans les endroits moins fourrés, pour couper autant que possible la retraite aux oiseaux qui sont sortis et, en tout cas, être assuré de pouvoir les tirer quand, forcés de prendre le vol, ils viennent se remettre dans les roseaux.

Dans les marais où il n'existe pas de ces grands massifs fourrés, il faut, autant que faire se peut, suivre le chien, les râles piétant dans un certain rayon pour ne s'enlever qu'à la dernière extrémité. Si aux alentours se trouvent des buissons et des ronciers, c'est là qu'ils chercheront un dernier asile. Ils se branchent parfois. J'en ai tué souvent dans les saules. Un jour, un râle, levé par mon chien, monta à pic se percher sur un orme assez élevé, je le tuai branché comme une grive.

Dans les prairies qui assèchent, au contraire, et après la fauchaison, quelques râles émigrent vers d'autres marais, les autres se réfugient dans les fossés d'assèchement, ordinairement garnis de roseaux, c'est là que, sur ces marais, on les trouve quelquefois à l'ouverture, et qu'on parvient plus facilement à les lever à l'automne quand les roseaux de ces fossés sont secs. Quand il gèle, on les fait partir le long de ces rigoles avec la plus grande facilité.

J'estime donc que le râle est un gibier sédentaire de sa nature, et que dans les marais proprement dits, le chasseur qui ne vise pas exclusivement à l'excellence du rôti sera certain, en faisant garder sa chasse, de se ménager pour l'arrière-saison de nombreux sinon de beaux coups de fusil.

Pour la chasse du râle noir, quoi qu'on ait dit, deux sortes de chiens peuvent convenir : les chiens fermes et les chiens qui n'arrêtent pas.

J'ai remarqué souvent qu'un râle, arrêté correctement dans les laîches ou les herbes basses, se lève facilement s'il se sent arrêté. Au premier mouvement du chien, si l'oiseau le voit, il part. La marouette fait de même. Mais un chien médiocre, ne marquant que de faux-arrêts ne fera que de la mauvaise besogne.

Les chiens anglais, au contraire, qui suivent le gibier le nez haut, et l'arrêtent toujours *là où il est*, peuvent faire tuer beaucoup de râles. Bien arrêté, un râle se foule souvent, et ne piète plus.

Je sais que sur ce point je diffère d'opinion avec beaucoup

de chasseurs, mais ceux qui ont chassé avec des chiens de haut nez, partagent, j'en suis sûr, ma manière de voir.

Cependant, je ne conseillerai pas de se servir de chiens anglais pour chasser ordinairement le râle, les jeunes finiraient par s'y gâter; aussi, quand on ne veut s'occuper que des râles, il faut, je crois, employer de préférence un chien n'arrêtant pas du tout, et fonçant sur le gibier le nez bas, à condition toutefois que ce nez soit excellent.

Le cocker me paraît indiqué. C'est le meilleur chien pour chasser les oiseaux coureurs. Je ne lui trouve qu'un défaut : il est un peu bas sur pattes, et dans les marais profondément inondés un chien haut-monté se tire plus facilement des mauvais pas et se fatigue moins vite.

En Normandie, les chiens de marais, corniaux, épagneuls souvent croisés de chien courant, suivent au galop, quelquefois à voix, les râles dans toutes leurs refuites, et en peu de temps finissent toujours par les acculer, les faire lever ou les prendre.

Mais, quand il y a passage de bécassines, il faut avoir soin de laisser ces collaborateurs au chenil.

J'ai eu, cependant, des chiens qui arrêtaient de très loin les bécassines, et bourraient les râles absolument comme des cockers. Quand on n'a pas la chance de tomber sur un de ces précieux auxiliaires il est nécessaire d'avoir, pour le marais, deux chiens : un pour la bécassine, l'autre pour les oiseaux coureurs qu'à mon avis on ne doit rechercher que quand, sur le terrain, il n'y a pas d'autre gibier en perspective.

Il faut tirer les râles avec du plomb n° 8 ou 10 de Paris. Le coup de fusil est facile, l'oiseau vole droit, mais les vieux volent vite, et quoique j'aie rencontré bien des chasseurs de marais émérites, tirant correctement la bécassine, je n'en connais pas qui puissent se vanter de n'avoir jamais manqué un râle. J'en ai manqué aussi, j'espère en manquer encore quelques-uns, ce qui prouvera que j'en aurai tiré beaucoup, car je ne dédaigne pas cette modeste chasse qui offre au chasseur l'occasion de poursuivre un oiseau vraiment sauvage, réfractaire à l'élevage et qui se moque de ceux qui craignent de se mouiller les pieds dans l'espérance d'un maigre butin.

Est-ce réellement un maigre butin que le râle? Assurément il ne vaut pas la bécassine! Mais sur la table comme à la chasse, c'est un gibier de consolation. Faute de grives on mange des merles.

LE RALE ROUGE

Crex pratensis.

(Bechst.)

Le râle rouge.
(*Taille*, 0m.30)

Le râle rouge, *land-rail* en anglais, doit-il être classé parmi les espèces qui constituent ce qu'on nomme la sauvagine? Est-il un oiseau de marais?

Ce sont là des questions bien controversées, mais généralement, on range le râle rouge parmi les oiseaux de plaine.

Cet échassier est à la vérité, un oiseau de marais et un oiseau de plaine suivant les saisons.

Oiseau de marais en été, de mai à septembre, oiseau de plaine de septembre à la fin d'octobre, émigrant l'hiver dans les contrées méridionales : voilà exactement ce qu'est le râle rouge.

Il est surtout un beau gibier d'une grande délicatesse de chair.

Son corps, lourd, à cause de la graisse dont il est surchargé, est comprimé latéralement, comme celui de tous les rallidés, la foulque exceptée.

Ses ailes sont courtes, concaves et ont l'extrémité arrondie; le bec est grêle, court et comprimé, de couleur blanchâtre dessous, brunâtre en dessus, les pattes, assez hautes et les pieds aux doigts très longs, sont de couleur brun rouge.

En été, le mâle a le dos roux légèrement olivâtre, marqué de longs traits noirs, les ailes sont brun-roux foncé, le dessous du corps est blanchâtre, lavé uniformément de roux clair, la queue, courte et pointue, est brune et jaunâtre. Le dessus de la tête, celui du corps et les flancs sont légèrement ondés d'un cendré-roussâtre qui disparaît à l'automne. L'iris est brun.

La femelle a les couleurs moins vives et elle est plus petite.

A l'automne, le mâle et la femelle n'ont plus de nuances cendrées, leur tête et leur manteau deviennent simplement d'un roux olivâtre grivelé de noir. Le dessous du corps reste le même.

Le râle rouge arrive en France, dans le Nord et dans l'Ouest, en même temps que les cailles, ce qui lui a valu quelquefois le surnom de roi des cailles.

Il choisit pour pondre et couver une dizaine d'œufs (quelquefois davantage, j'ai connu un nid contenant dix-neuf œufs), les prairies humides, les prés légèrement inondés, les marais fourrés, garnis de laîches médiocrement baignées par les eaux.

Il affectionne surtout les prés et les marais qui se trouvent dans le voisinage immédiat de la mer.

De mai à août on l'entend crier fréquemment.

Son cri, qui lui a valu son nom, n'a qu'une lointaine analogie avec le râle d'un agonisant. Le râle rouge prononce les syllabes : *Cran! cran! creck! creck!* d'une façon sèche et rapide qui rappelle un peu le coassement de certaines grenouilles des prés. Ce cri se reconnaît de suite à la diversité des endroits d'où il part; c'est un cri qui se déplace constamment, le râle piétant sans cesse et s'éloignant ou se rapprochant tour à tour de l'endroit où on l'observe.

Les râles restent sur les prairies jusqu'après la fauchaison. Ceux qui y ont élu domicile partent de bonne heure et se retirent en plaine, dans les trèfles et les luzernes, où on les trouve à l'ouverture.

Ceux qui ont couvé dans les marais qu'on ne fauche pas, et ceux qui y ont été élevés, y restent parfois jusqu'au mois de septembre et même jusqu'à la mi-octobre. A cette époque, ils descendent vers le Midi, s'arrêtant en route dans le Centre. C'est alors qu'on les trouve dans les blés noirs et les genêts, ce qui leur a valu le nom de râles de genêts dans certaines contrées. Ils y séjournent peu de temps, à la fin d'octobre ils descendent décidément au midi, et, comme les cailles, tentent parfois le passage de la Méditerranée.

Légalement, le râle rouge est considéré comme gibier de plaine, et sa chasse sur les marais est interdite avant l'ouverture officielle.

Mais ceux qui chassent en bordure d'étangs, le premier ou le quinze juillet, dates de l'ouverture de la chasse aux halbrans, et ceux qui font l'ouverture de la chasse au marais, le quinze août, rencontrent et font lever forcément des râles rouges.

La prohibition de tirer ces oiseaux au marais avant l'ouverture de la chasse en plaine est-elle donc juste et surtout est-elle efficace?

Je ne le pense pas.

Plus que personne je suis partisan des mesures protectrices en matière de chasse, mais encore faut-il qu'elles ne nuisent pas aux chasseurs proprement dits, pour profiter seulement aux braconniers et aux étrangers.

Or, les chasseurs consciencieux s'abstiennent presque toujours de tirer les râles avant l'ouverture de la chasse en plaine, aussi les braconniers sont-ils les seuls à profiter du court séjour que ces oiseaux font sur les marais, après l'ouverture de la chasse au gibier d'eau : ils ont le droit de chasser sur les marais, cela leur suffit, tout leur est bon, et ils tirent les râles rouges, sauf à les dissimuler au fond de leur carnier, mais ils les tirent !

Ce délicieux gibier ne profite donc qu'aux indélicats et aux parasites de la chasse qui se trouvent bénéficier de tous les oiseaux respectés par les chasseurs intéressants.

Cela est d'autant plus regrettable que le râle rouge est, en somme, incontestablement un gibier de passage, et que les râles qui échappent au plomb des braconniers vont à l'étranger porter une richesse dont notre pays aurait dû profiter.

Toutefois, la chasse du râle rouge ne devrait être autorisée qu'à partir du 15 août.

La chasse des halbrans, qui ouvre en juillet, est strictement limitée à ce gibier et à des étangs parfaitement déterminés et soigneusement gardés.

La chasse autorisée à partir du quinze août, au contraire, comprend celle des coureurs de marais, et le râle rouge est un coureur de marais à cette époque. Les braconniers ne font pas l'ouverture aux halbrans, faute de terrain de chasse, ils font celle du quinze août.

Je sais bien que pour le râle rouge il y a des tolérances. J'ai connu des chasseurs (*quorum pars magna fui*, je puis le dire maintenant qu'il y a prescription) qui, autrefois, au marais

Vernier et sur les bancs, dits bancs du Nord, à l'embouchure de la Seine, tuaient régulièrement, le quinze août de quinze à vingt râles rouges et qui ne s'en défendaient que mollement. Mais, la plupart du temps, la tolérance ne profite qu'aux audacieux et l'audace s'en va avec les années ; je ne tirerais plus de râles rouges au quinze août, ostensiblement du moins, les vieux braconniers les tirent toujours.

Le râle rouge, au marais, piète beaucoup devant les chiens, plus qu'il ne le fait en plaine peut-être, et il ne craint nullement l'eau.

Les chiens les plus propres à sa poursuite sont les mêmes que ceux dont j'ai eu l'occasion de parler à propos du râle noir. Mais les cockers me paraissent remplir toutes les conditions désirables pour cette chasse. Le râle rouge se cantonne, en effet, dans des endroits moins fourrés que ceux que choisit le râle noir, il ne fréquente pas les grands roseaux ni les marais trop profondément baignés par l'eau.

Il s'en tient aux laîches et aux hautes herbes.

LA MAROUETTE OU PORZANE

Porzana maruetta.

(G. R. Gray.)

La Marouette.
(*Taille*, 0ᵐ.25)

La marouette appelée aussi *girardine* et *râle perlé* en Picardie et en Normandie et *spotted crake* en Angleterre, a la structure du râle noir, mais son bec la différencie notablement de ce dernier. Il est, comme forme, semblable à celui du râle rouge, et de couleur verdâtre, alors que le râle noir a le bec rouge, plus long et plus mince. Comme apparence la marouette se rapproche davantage de la poule d'eau, dont elle semble être la miniature, car elle n'est que de la taille d'une forte caille.

Son plumage est brun-bronzé sur les ailes; brun, tacheté de blanc sur le dos; la poitrine est grisâtre, lavée de blanc; le dos et les ailes sont entièrement piqués de petits points blancs qui font paraître l'oiseau comme perlé.

Les pattes fortes et les doigts très longs, eu égard au volume du corps, sont vert-tendre. L'iris est brun verdâtre.

La marouette a le corps aplati comme les râles et les poules d'eau.

A l'encontre du râle noir, la marouette est un gibier de passage. Comme la caille, elle arrive au printemps, pond et couve dans nos régions, je veux parler de celles du nord et du nord-ouest de la France, choisissant les marais fourrés et les prairies inondées, car elle ne se plaît guère que là où l'eau est abondante. Son nid, semblable à celui du râle, contient une douzaine d'œufs jaunâtres entièrement grivelés de noir ou de brun.

Elle repart un peu plus tard que la caille, en novembre, pour disparaître complètement en hiver. A part cette disparition complète, la marouette a les mêmes mœurs que le râle, mais elle est plus facile à faire lever. Comme lui, la marouette, bien arrêtée, se lève assez vite; comme lui, mais plus aisément, devant un chien n'arrêtant pas, bourrant sans cesse et de bon nez, elle finit par s'enlever et regagner les roseaux touffus où elle se sait relativement en sûreté.

Cependant, elle va moins loin que le râle regagner ses abris de prédilection, et après un vol assez court, elle se replonge souvent dans les laîches basses pour piéter de nouveau devant le chien. La marouette a pourtant sur le râle une supériorité comme défense. Elle plonge davantage. J'ai vu bien des marouettes poursuivies disparaître tout à coup et le chien, resté ferme sur une flaque d'eau limpide et claire, donner de temps en temps un coup de patte en avant et reprendre sa position. Quand ce fait arrive, on peut être certain que la marouette est là, et il n'y a qu'une chose à faire c'est de retrousser ses manches et de chercher sous l'eau. J'ai pris ainsi bien des marouettes en vie, immergées à quinze ou vingt centimètres.

Les marouettes blessées emploient souvent la même ruse pour se dérober aux recherches.

Du mois d'août au mois de novembre, la marouette voyage beaucoup d'un marais à un autre, et, lors de ses passages, on peut ou du moins on pouvait, hélas! autrefois, en tuer de quarante à cinquante dans une seule après-midi. Le nombre de ces oiseaux a diminué, mais le chasseur qui tombe sur un passage peut encore emplir son carnier.

La marouette, comme le râle noir, se tire avec du 8 ou 10 de Paris. Elle tombe aisément.

Si le râle est presque toujours maigre, la marouette par contre, est presque toujours fort grasse. C'est un excellent gibier.

Plus délicate de formes que la poule d'eau, la marouette est aussi beaucoup plus délicate de goût, mais, selon moi, elle demande à être servie rôtie et froide. Sa graisse est un peu trop fondante et gagne à être figée. On a appelé la marouette la caille de marais, elle ne vaut cependant pas la caille, mais doit comme elle être mangée très fraîche, au bout du fusil. Elle se gâte promptement.

LE RALE BAILLON

Porzana Baillonii.

(Degl.)

On rencontre quelquefois à côté des râles noirs un petit râle tenant le milieu comme formes entre les râles et les marouettes mais de dimensions très exiguës.

Le Râle baillon.
(*Taille*, 0m.17)

J'en ai tué plusieurs, quand j'ai commencé à chasser, croyant avoir rencontré des sujets de petite taille. Il n'en était rien. Cette petite variété constitue un genre distinct, qu'on trouve surtout en Picardie, bien qu'elle soit, paraît-il, commune à bien des marais de l'Ouest.

On a donné à ces petits râles le nom de râles Baillon, du nom du naturaliste qui a déterminé les caractères de leur espèce. Les Anglais les nomment *Baillon's crakes.*

Il convient donc de mentionner ici ce petit gibier que les chasseurs de marais rencontreront presque à coup sûr au cours de leurs excursions.

Ce râle minuscule a le dos, comme le râle noir, brun verdâtre, mais non flammé de noir, et parfois lavé de lignes minces et blanches. La gorge et la poitrine sont, comme chez le râle noir, couleur ardoise, mais le ventre, lavé de blanc, n'a pas de tons roux. Les yeux sont rouges. Le bec est beaucoup moins long que celui du râle noir. C'est même une des particularités qui le distinguent de ce dernier dont il a toutes les habitudes. Toutefois, il émigre davantage vers le midi. Il pond de six à huit œufs d'un roux-verdâtre, parsemés de taches petites et peu colorées.

LE RALE POUSSIN

Porzana Minuta.

(Bp.)

C'est un tout petit râle, le *little crake* des Anglais. Très élancé, il est haut monté sur de longues pattes, plus minces que celles des autres râles. Son bec est court et fin, l'iris rouge.

L'oiseau est de couleur grise, lavée de roux fauve sur tout le corps, la gorge seule est blanche.

La femelle est grise, avec la gorge blanche.

Le râle poussin est assez rare dans le Nord.

Le Râle poussin.
(*Taille*, 0^m.19)

Il niche dans le Midi, où il est plus connu sous le nom de *crève-chien*, à cause de la difficulté qu'éprouvent les chiens à le faire lever.

Son mode de propagation est le même que celui du râle Baillon, mais ses œufs sont marqués de taches brunes assez apparentes.

LA POULE D'EAU OU GALLINULE

Gallinula chloropus.

(Lath. ex Linn.)

La Poule d'eau.
(*Taille*, 0ᵐ.35 à 40)

La poule d'eau, *water-hen* ou *moor-hen* en anglais, se distingue des râles par la conformation de ses doigts, qui sont très légèrement garnis dans le sens de leur longueur d'une petite membrane qui en augmente la surface et permet à l'oiseau de nager plus facilement, et par une plaque dénudée à la base du bec supérieur. Ce bec est jaunâtre, et, chez le mâle, rouge à la base ainsi que la plaque frontale ; l'iris est rouge ; les pattes et les pieds sont verdâtres ; au dessus du genou on remarque une bande rouge vif chez les mâles, jaune chez quelques individus et chez les femelles, une vraie jarretière. Le dos est vert-olive brunâtre, le plastron gris ardoise, le ventre gris, lavé de blanc ; la queue est blanche, brune et noire, les ailes, de la même couleur que le dos, sont bordées d'une ligne blanche et tournent au brun foncé vers le fouet. La poule d'eau est de la taille de la perdrix.

Elle n'est point un gibier de passage proprement dit ; elle n'est pas non plus un gibier fréquentant exclusivement les marais, elle est surtout une habitante des étangs.

Les poules d'eau vont et viennent d'un étang à un autre et des étangs aux marais, mais elles ne quittent pas nos pays. Elles abandonnent seulement les lieux où l'eau est gelée pour se fixer momentanément dans ceux où les sources leur offrent constamment de l'eau claire et un asile conforme à leurs habitudes.

Elles se cantonnent et reviennent toujours aux endroits où elles ont été élevées. Il n'est guère d'étangs de quelque étendue et de rivières garnies de fourrés où on ne les trouve à l'état sédentaire.

Dans les marais, au contraire, la poule d'eau ne fait que passer, et encore ne la rencontre-t-on que dans le milieu de l'hiver et dans les marais alimentés par des sources qui ne gèlent jamais.

Je dois dire cependant que j'ai vu plusieurs fois des poules d'eau couver dans certains marais, y élever leurs petits et y rester avec eux toute l'année, mais ces marais sont en effet remplis de sources.

En règle générale, les poules d'eau nichent sur les bords des étangs du Nord et du Centre au milieu des roseaux qui les entourent. L'ouverture de la chasse aux halbrans le 1er juillet est désastreuse, souvent, pour les couvées de poules d'eau. Un de mes amis en 1890 a, à cette date, cassé l'aile à une poule d'eau, qui, poussée par le chien, s'arrêta auprès de son nid qui contenait une dizaine d'œufs. Il les prit et les fit couver par une poule qui éleva parfaitement les petits. Une autre année son chien tomba à l'arrêt sur une poule d'eau qui couvait quatorze œufs, qui, selon lui, étaient de première couvée. Ordinairement les poules d'eau pondent de six à dix œufs, blanchâtres, très irrégulièrement tachetés. L'éclosion a lieu en juin, car en juillet on trouve régulièrement des jeunes poules d'eau grosses comme des moineaux dans toutes les bordures d'étangs. Sur les marais qu'on fauche périodiquement la fauchaison détruit un grand nombre de couvées.

Les poules d'eau, comme les râles, quittent ordinairement leurs retraites, c'est-à-dire les roseaux et les fourrés où elles se tiennent habituellement, le matin et le soir, pour aller, soit dans les endroits découverts, soit sur l'eau, prendre leurs ébats et chercher leur nourriture.

Elles en sortent aussi pendant le jour quand elles ne sont pas dérangées et que tout leur semble tranquille et silencieux aux alentours.

Elles font précéder leur sortie d'un appel strident, d'un cri bref et métallique : *Klip! klip!* qui s'entend de fort loin.

J'ai remarqué que les marouettes émettent à peu près le même cri, mais sur un ton moins fort, alors que les râles, au contraire, font entendre seulement le piaillement dont j'ai parlé.

Au marais, on chasse la poule d'eau comme le râle et la marouette, je dis comme l'un et comme l'autre, parce que, comme le premier, elle gagne souvent les buissons avoisinants ou les grands massifs de roseaux pour se mettre à l'abri, et que, comme la seconde, elle plonge beaucoup devant le chien.

Cependant elle se laisse prendre beaucoup plus facilement que ces autres coureurs et les bons chiens la manquent rarement.

Ce n'est pas dans les marais proprement dits qu'il faut espérer rencontrer beaucoup de poules d'eau.

Elles ont besoin d'un espace d'eau libre assez étendu pour leur permettre de prendre leurs ébats et elles ne paraissent pas se plaire beaucoup dans les marais où les laîches, bien que profondément noyées, les empêchent de nager à leur aise.

Les bordures d'étangs et les bords des rivières sont leurs véritables lieux de prédilection.

Le long des rivières, on chasse la poule d'eau comme on le fait le long des fossés des marais, le chien explorant les bords garnis de joncs et de roseaux, et la forçant à s'enlever, le plus souvent à se rendre, c'est-à-dire à se laisser prendre.

Sur les étangs, la chasse est moins facile.

Je ne parle pas de la chasse à l'affût, bien entendu : le soir et le matin on peut tirer les poules d'eau en se cachant sur les bords de l'étang et en les tirant au posé quand elles sortent de leurs retraites pour gagner le milieu de l'eau.

Mais le chasseur a souvent du mal à tirer les poules d'eau devant son chien.

En effet, au moindre bruit, elles se tapissent dans les roseaux qui garnissent souvent le milieu des étangs ou dans les bordures et les buissons qui les entourent, elles sont alors très difficiles à avoir au bout du fusil.

Si les oiseaux sont dans les roseaux du centre, il est bien dur de demander à un chien d'aller, à la nage, au milieu des roseaux qui paralysent ses mouvements, faire lever des plongeurs aussi émérites.

S'ils sont dans les buissons, ils se trouvent souvent garantis par la déclivité du terrain, et si, par hasard, ils se voient pressés de trop près, ils partent sous l'eau, ne trahissant leur passage que par un léger sillon à la surface, et gagnent les roseaux immergés.

Quelquefois les poules d'eau surprises par les chiens prennent le vol et vont plonger à quelques mètres du bord; on peut alors les tirer, sinon elles restent invisibles.

Le tir de la poule d'eau est facile : sur les étangs, elle vole au ras de l'eau; au marais, elle s'élève au-dessus des roseaux et file très droit.

La poule d'eau est généralement coriace et a un fort goût de marécage. Aussi faut-il l'écorcher avant de la faire cuire et en préparer un salmis qui sera loin de rappeler le légendaire salmis de bécasses.

On a cru qu'il existait en France une autre variété de poules d'eau plus petites que les poules d'eau communes. On appelle ces petites poules d'eau, des *poulettes d'eau*. Ces oiseaux de taille inférieure sont des femelles ou des jeunes qui sont en effet plus petits, ont la plaque frontale peu développée, la jarretière peu indiquée et les couleurs plus grises.

A côté de la poule d'eau, il conviendrait peut-être de mentionner le *porphyrion* ou *poule sultane*, grande poule d'eau, au bec et à la plaque frontale rouge-vif, à la teinte générale bleu-indigo et aux dessous noirâtres, variés de blanc. Cette espèce se rencontre quelquefois dans le Midi, mais si rarement que je ne crois pas devoir la faire figurer au nombre des oiseaux qui composent la sauvagine en France.

Sous-famille des Fuliciens.

LA FOULQUE OU MACROULE

Fulica atra

(Linn.)

La Foulque. (Taille, 0m.50)

Les foulques, classées par quelques naturalistes parmi les

gallinules en ont été séparées par quelques autres pour former une sous-famille, celle des Fuliciens. Leur corps est moins comprimé latéralement que celui des râles et des poules d'eau, leurs jambes sont placées plus à l'arrière du corps et leurs pieds, au lieu d'avoir les doigts frangés seulement d'une petite membrane, sont au contraire à doigts lobés, c'est-à-dire garnis à chaque articulation d'un large feston.

L'Europe ne possède que deux genres de foulques : la foulque commune et la foulque à crête. Je ne ferai que mentionner pour ordre cette dernière qui, ne paraissant dans nos pays que par hasard, ne peut être considérée comme un oiseau de France, à l'encontre de sa congénère, la foulque commune, très répandue au contraire sur nos étangs.

La foulque, *common-coot* en Angleterre, est appelée aussi en France *macroule*, *macreuse* par confusion, *judelle*, *morelle*, *baguette* en Normandie, *geuderelle* dans le Calvados, *blérie*, *joselle* et *bléraude* dans d'autres provinces.

Elle a l'apparence de la poule d'eau, mais elle est beaucoup plus grosse. Son plumage est noir grisâtre sur le dos, bleu cendré en dessous, la tête et le cou sont noirs. L'aile est marquée d'une ligne blanche. Le bec court, fort et comprimé, est orné à la base d'une protubérance cornée, blanche en temps ordinaire, rouge au temps des amours.

L'iris est rouge, les pieds, d'un vert-plombé, ont les doigts palmés, mais non réunis par une même membrane. Chaque articulation est frangée, ce qui rend chacun des doigts semblable à une feuille de chêne de couleur foncée. L'iris est rougeâtre.

Les foulques couvent dans toute la France, sur les bords des étangs principalement. Elles pondent de huit à quinze œufs jaunâtres, très piquetés. Comme la poule d'eau, la foulque est un gibier d'étang plutôt qu'un gibier de marais. On la trouve presque toute l'année sur les étangs du Nord et surtout sur ceux du Midi, où elle donne lieu à un « élevage » régulier, si je puis m'exprimer ainsi, et à des battues qui sont devenues légendaires.

Elle passe cependant au moment des gelées en bandes assez considérables, ne voyageant que de nuit, dans les endroits marécageux dont les fossés ne gèlent pas, et dans les marais sillonnés de sources vives.

Elle est très difficile à faire lever et se laisse prendre encore plus facilement que la poule d'eau, partout ailleurs que sur les étangs, bien entendu. Elle cherche toujours à se dissimuler sous les troncs des saules ou dans les fourrés où, acculée, elle attend le chien.

Ses passages sont irréguliers et dépendent beaucoup de la rigueur de l'hiver.

A ne considérer la foulque que comme gibier de marais, on peut dire qu'elle n'est pas gibier courant dans les marais du Nord et de l'Ouest, et qu'on ne peut espérer la trouver régulièrement, en chassant devant soi, comme on est à peu près certain de trouver à des époques déterminées des râles et des marouettes.

Lorsque les étangs ne gèlent pas, on ne la voit guère sur les marais, mais quand il gèle, la foulque se met en mouvement et, si on tombe sur un de ses passages, on peut faire au marais une chasse productive.

Un de mes amis a tué en quelques jours, il y a deux ans, une quarantaine de foulques au chien d'arrêt, dans un petit marais, à l'embouchure de la Seine, où depuis dix ans on n'en avait presque pas rencontré. Il y avait eu un passage anormal qui n'a duré que pendant les gelées.

Sur les étangs, sans parler des battues, on tue aussi des foulques la nuit à la hutte, elles viennent aux appelants.

La foulque est digne d'un coup de fusil, coup de fusil bien facile, car elle a le vol lourd et droit. Il est très agréable aussi de la voir ruser devant les chiens et finir par se laisser prendre par ces excellents collaborateurs qui sont toujours très fiers de rapporter une aussi grosse pièce morte ou vive. La foulque blessée se défend et se sert avec vigueur de son bec pointu.

Au point de vue gastronomique, la foulque doit faire sur la table un passage aussi irrégulier que celui qu'elle fait sur les marais. Sa chair est médiocre.

Il existe une variété plus grosse de ces oiseaux auxquels on donne alors le nom de macroules.

Il n'y a là qu'une différence de taille individuelle qui ne constitue pas un genre distinct.

Dans le Midi on appelle la foulque : macreuse. C'est un tort. La macreuse est un canard entièrement noir, qui ne quitte pas la mer, et qui n'a rien de commun avec les coureurs de marais et d'étangs.

CHAPITRE II

FAMILLE DES ARDÉIDÉS

LES HÉRONS ET LEURS SIMILAIRES

La famille des Ardéidés ne compte parmi ses représentants en France que des individus de la sous-famille des Ardéiens qui comprend les *Hérons* et leurs similaires.

Au point de vue de l'histoire naturelle, les Ardéidés sont caractérisés par la conformation de leurs doigts qui leur donne la faculté de se percher, par celle de leur bec, qui est long, aigu, très vigoureux, et par la longueur de leur cou.

La manière de chasser ces oiseaux différant suivant leurs variétés, les uns se levant de loin et d'eux-mêmes, les autres se laissant poursuivre dans les roseaux sans prendre l'essor, j'examinerai séparément chacun des modes de chasse à employer pour s'emparer de ces échassiers qui tous sont un gibier médiocre.

Sous-famille des Ardéiens

HÉRONS

LE HÉRON CENDRÉ

Ardea cinerea.

(Linn.)

Un oiseau bien déchu de son ancienne grandeur !

Le héron, autrefois qualifié d'oiseau royal, était aux hôtes des marais ce qu'est le cerf aux habitants des forêts.

Pour lui, les grands entretenaient des équipages somptueux, et le faste d'une chasse au héron avec des faucons ne le cédait en rien à celui d'une chasse à courre. Mais, la fauconnerie a vécu, et, malgré les efforts de quelques amateurs pour la ressusciter et la remettre en faveur, je crois que les jours de gloire du héron sont passés et qu'il restera désormais ce qu'il est depuis plusieurs siècles déjà, c'est-à-dire un oiseau de rencontre triste et solitaire.

Le héron cendré ou héron commun, *heron* en anglais, est un oiseau fort élégant au posé; au vol, il est disgracieux et pesant.

Il est haut monté sur des échasses brunâtres, parfois verdâtres, qui font agréablement pendant « au long bec emmanché d'un long cou » si bien caractérisé par le fabuliste. Ses doigts, très longs, ont l'ongle du doigt médian denté comme celui de tous les individus de la famille des hérons, le pouce est

LE HÉRON CENDRÉ.

armé d'un ongle arqué et très long. Le bec robuste et aigu est jaunâtre, noir à l'extrémité ; l'œil, à l'iris jaune, paraît encastré dans la base de ce bec qui accompagne une tête noire, petite, garnie d'une aigrette qui retombe sur la nuque.

Le corps est plus petit que celui du canard mais plus allongé, et se marie très bien comme ensemble avec le cou arqué et les longues jambes de l'oiseau.

L'envergure est considérable.

Le Héron cendré.
(*Taille*, 1^m.10 *environ*)

Le dessus du dos est de couleur uniforme, gris cendré, gris perle même, les ailes sont bleu cendré en dessus, avec les rémiges noires, le ventre est blanc, les côtés de la poitrine et les flancs sont noirs. Le cou, garni d'un jabot de plumes longues et effilées, est blanc vers la gorge, agréablement varié de fines plumes noires. L'iris est jaune clair.

Les hérons fréquentent les marais, les bords des rivières et des étangs et quelquefois les bords de la mer.

Ils nichent sur les arbres. A l'époque de la ponte, ces oiseaux se réunissent en grandes troupes et font leurs nids dans de grandes futaies qui prennent alors le nom de héronnières. Il existe deux ou trois de ces héronnières en France, dont une, très importante, dans le département de la Marne.

Les anciens nids servent plusieurs années de suite et sont presque toujours établis sur les plus hauts chênes de la futaie. Les hérons arrivent à ces héronnières vers le 3 ou 4 mars régulièrement. Comme ils n'y sont pas inquiétés, ils deviennent, sur les lieux où ils élèvent leur famille, aussi confiants qu'ils sont farouches partout ailleurs. Il faut remarquer cependant que jamais les vieux hérons ne vont chercher leur nourriture dans les environs de leurs nids. Ils ne se posent jamais aux alentours, ils s'en éloignent considérablement et reprennent, quand ils sont en quête de leur subsistance, toute leur sauvagerie. Les hérons pondent trois ou quatre œufs bleu-pâle. Dès que les petits sont de force à voler, toute la colonie disparaît pour ne revenir que l'année suivante.

A partir du mois d'août, les hérons sont communs dans presque toute la France, c'est alors qu'on les trouve sur les marais, quelquefois dans les laîches, plus souvent le long des rigoles ou des ruisseaux et des rivières. Ils se tiennent volontiers sur les prairies avoisinant la mer, et descendent même sur les grèves à marée basse. La nuit, ils se branchent, mais ont soin de choisir des asiles où ils n'ont pas à redouter les incursions de l'homme. Les hérons sont extrêmement défiants et partent de fort loin. Une fois levés ils montent obliquement à de grandes hauteurs, étendant leurs longues pattes en arrière et renversant leur cou sur leur dos en ne laissant entrevoir que le bout de leur bec, ce qui rend leur vol disgracieux et les fait ressembler à deux grandes ailes sans corps ni tête.

Ils poussent en volant un cri intermittent, rauque et qui, de loin, ressemble un peu à celui de l'oie. Leur vol, quoique paraissant pesant, est rapide, ils parcourent un kilomètre en une minute, soixante kilomètres en une heure. A l'embouchure des fleuves, dans les baies, ils croisent d'un bord à l'autre et se reposent en tout cas toujours très loin de l'endroit où ils se sont enlevés.

En terrain plat, ils sont très difficiles à approcher. Mais on les surprend souvent quand, enfoncés dans les rigoles ou les criques, ils cherchent leur nourriture et ne peuvent voir autour d'eux. S'ils sont dans un enfoncement, en contrebas d'un talus quelconque, bord de rivière ou dessous de galets, il faut employer la manœuvre bien connue des chasseurs qui consiste à faire un détour et à arriver, en se couvrant du dôme formé par le terrain, à pic sur eux. Sur les grèves ils sont inabordables. Quand on en aperçoit sur le rivage il faut les faire lever autant que possible de façon à les pousser vers les terres. Ils se reposent alors quelquefois à proximité d'un couvert qui permet de les approcher.

J'en ai ainsi amené quelques-uns auprès des galets et j'ai pu les surprendre, après un détour de plusieurs kilomètres, il est vrai. Mais il n'y a pas de plaisir sans peine, et bien que le héron ait encouru la même déchéance au point de vue culinaire qu'au point de vue des grandeurs, car sa chair maigre n'est pas fameuse, il restera quand même une pièce méritant d'être convoitée.

LE HÉRON POURPRÉ

Ardea purpurea.

(Linn.)

Bien que peu connu, même des chasseurs, le héron pourpré, *purple heron* en anglais, est cependant un visiteur régulier des marais et des bordures d'étangs de la France.

Semblable par son port, sa forme et sa taille au héron com-

Le Héron pourpré. (*Taille*, 0^m.85)

mun, il s'en distingue par la richesse de sa parure.

Ce bel oiseau a le dessus de la tête noir, orné de deux plumes formant une aigrette tombante, les joues garnies de lignes roux ardent, alternant avec d'autres lignes noires qui vont des yeux au bas du cou, lequel est sur le devant recouvert d'un jabot roussâtre grivelé et flammé de noir. Le dos est roux cendré, à reflets verts, le ventre gris cendré, la poitrine et les flancs sont pourprés, les ailes cendrées aux couvertures, brunes aux rémiges; le bec est jaune, l'iris orangé, les pieds sont verdâtres.

Ce héron niche quelquefois dans le midi de la France. Il pond deux ou trois œufs verdâtres.

Relativement assez répandu dans nos provinces méridionales, il est rare dans celles du Nord et de l'Ouest. Je ne l'y ai jamais rencontré, mais j'ai vu deux individus de cette espèce l'an dernier dans le Bourbonnais : l'un d'eux a été tué dans les roseaux sur le bord d'un étang.

Ce héron est bien moins farouche que le héron cendré.

LE HÉRON MÉLANOCÉPHALE OU HÉRON A TÊTE NOIRE

Ardea melanocephala.

(Vig.)

(Taille, un mètre)

Très rare en France, où cependant il a été rencontré sur les étangs du Midi, ce héron est originaire d'Afrique.

Il a la tête, le dessus du cou et le haut du dos d'un beau noir foncé, le bas du dos et les couvertures supérieures des ailes gris ardoise, mais les couvertures inférieures entièrement blanches, les rémiges noires, la gorge blanche et le dessous du corps gris cendré. Le bec est plus gros que celui du héron commun et les pieds sont noirs.

AIGRETTES

L'AIGRETTE BLANCHE

Egretta alba.

(Bp. ex Linn.)

(*Taille*, un mètre *environ*.)

On a confondu souvent les aigrettes avec les hérons, c'est ainsi que nous voyons plusieurs auteurs parler d'une variété de hérons blancs qui serait de passage dans certaines de nos provinces.

Il n'y a point de hérons blancs en France, mais on y rencontre encore quelquefois, bien rarement cependant, des aigrettes.

Les aigrettes forment un genre distinct de celui des hérons. Leurs principales différences avec ces derniers reposent sur la forme du bec qui est plus mince que celui des hérons, sur leurs allures plus sveltes, leur structure plus grêle et plus élancée et enfin sur la présence au printemps des plumes, dites aigrettes, qui ornent leur dos et le haut de leurs ailes.

L'aigrette blanche ou grande aigrette, *great white egret* en anglais, un peu plus grande que le héron, a le plumage entièrement blanc, le bec noir et les pieds verdâtres. L'iris est jaune. Ces oiseaux étaient autrefois assez nombreux en Provence, dans le Languedoc, les Landes et la Bretagne. Ils sont maintenant extrêmement rares. Cette disparition presque complète provient probablement de ce que les espèces d'aigrettes qui visitaient nos contrées ont été détruites dans leur pays d'origine à la suite de la guerre acharnée que leur ont fait les chasseurs d'aigrettes, fournisseurs des marchands de plumes. Les plumes, dites aigrettes, qui garnissent au printemps le dos et les scapulaires de ces oiseaux ont, en effet, une grande valeur commerciale. La mode et l'inconsciente cruauté de la coquetterie féminine ont voué l'espèce à l'extermination, à l'état sauvage du moins, car on s'occupe de la domestication des aigrettes et il serait désirable de voir couronner de succès cette tentative qui a, tout d'abord, le mérite d'émaner d'un Français.

L'aigrette blanche niche soit dans les arbres soit dans les roseaux et pond de trois à quatre œufs verdâtres.

L'AIGRETTE GARZETTE

Egretta Garzetta.

(Bp. ex Linn.)

(*Taille*, 0^m.55)

La garzette est moitié plus petite que l'aigrette blanche à laquelle elle ressemble quant au plumage. Tout ce que j'ai dit de l'aigrette blanche s'applique à la garzette qui a, à peu près, les mêmes habitudes, les mêmes mœurs et les mêmes chances de destruction que sa congénère. On appelle fréquemment dans le Midi cet oiseau *heron garzette*, les Anglais l'appellent, *lesser egret*.

LE GARDE-BŒUF IBIS

Bubulcus Ibis.

(Bp. ex Hasselq.)

(*Taille*, 0m.46)

De passage très irrégulier dans le midi de la France, cet oiseau, plus de moitié moins grand que le héron, a le bec très court, courbé et jaune, les jambes médiocrement longues, les pieds jaunes et l'ongle du pouce très développé, le cou moyennement long, en partie dénudé, le plumage entièrement blanc, avec la tête recouverte d'une aigrette pendante roussâtre, et de longues plumes fauves ébarbées au bas du cou.

Le garde-bœuf niche en Afrique, dans les marais, où il pond trois à quatre œufs verdâtres.

LE CRABIER CHEVELU

Ardeola Ralloïdes.

(Boie.)

Le crabier chevelu, le seul de l'espèce qui fréquente nos contrées tempérées, se rencontre parfois en Picardie, dans l'Artois, sur les côtes ouest, dans le centre de la France, en Savoie; il est assez commun dans le Midi, en Camargue surtout. Il pousse parfois une pointe jusqu'en Angleterre, où on le connaît sous le nom de *squacco-heron.*

Ses passages en France ont lieu au printemps et à l'automne. Il niche dans les roseaux. Ses œufs, peu nombreux, sont d'un vert-bleu sans taches.

Les crabiers sont d'un naturel sociable, ils aiment à se réunir. Comme les autres hérons, ils se défendent vigoureusement quand ils sont blessés.

Ces oiseaux volent sans bruit, aisément; ils rentrent la tête

Le Crabier. (*Taille*, 0^m.45)

entre les épaules et étendent leurs pattes derrière le corps, mais d'une façon moins accentuée que les autres hérons.

Le crabier, un peu plus grand que le blongios, a la tête jaunâtre, grivelée de brun, le haut du cou roux, garni de longues plumes blanches, bordées de noir. Le dos est roux fauve, les ailes et la queue sont blanches, le jabot et la gorge jaunâtres, le bec est bleu et noir, l'iris jaune, les pattes sont vertes.

LE BUTOR

Botaurus Stellaris.

(Steph. ex Linn.)

Le butor se distingue essentiellement des hérons, non seulement par sa structure, son attitude et certaines de ses formes, mais surtout par ses mœurs qui sont entièrement différentes.

Le héron est un oiseau qui vit à découvert, et fréquente assidûment les bords de la mer et des rivières, les prairies et les bancs en même temps que les marais; le butor, au contraire, ne vit que dans les marécages recouverts de roseaux épais; ses habitudes sont plutôt celles des coureurs de roseaux, certains chasseurs rustiques ne veulent voir en lui qu'un grand râle. Ils se trompent, assurément, mais il est certain que c'est en chassant le râle qu'on a le plus de chances de tirer des butors, qui, comme les râles, piètent souvent fort longtemps devant les chiens.

Le butor ou *héron étoilé*, *bittern* en anglais, est un fort bel oiseau, plus trapu que le héron.

Sa hauteur sur pattes est d'environ vingt centimètres. Ses doigts, démesurément longs, atteignent jusqu'à dix centimètres et sont armés de longs ongles acérés. Le pouce, fort grand aussi, porte une véritable griffe tranchante et recourbée comme les ongles des oiseaux de proie. L'ongle du doigt médian est dentelé comme celui des hérons.

Les pattes et les pieds sont d'une couleur qui varie du jaune-vert au vert-foncé suivant les individus. Le bec verdâtre, long de huit centimètres environ, est légèrement courbé, aplati sur les côtés, très dur, et se termine en pointe aiguë. L'œil, à l'iris jaune clair, paraît comme enchassé dans la base du bec.

La couleur du butor est caractéristique : Les longues pennes des ailes dont l'envergure mesure près d'un mètre, sont brun-rouge, rayées de lignes noires ondulées, les couvertures de ces ailes sont fauve-clair, ondées également de noir, leur ensemble rappelle la coloration du manteau de la bécasse. Le dos et le ventre sont d'un jaune roux clair, lavé de longs traits noirs. Ce qui caractérise surtout cet oiseau, c'est la disposition des plumes de son cou, qui, long de trente centimètres est garni d'une collerette de longues plumes disposées

Le Butor.
(*Taille*, 0ᵐ.65 à 0ᵐ.70)

en jabot, séparées en dessus par une raie qui laisse presque voir la chair à nu, et en dessous par une ligne brun foncé continue, qui prend naissance au-dessous du bec pour se terminer en faisceau de petites lignes noires sur la poitrine. Cette collerette en jabot, formée de plumes extrêmement légères, de couleur fauve clair étoilé de noir, presque doré, donne au cou du butor une apparence « flou » du plus gracieux effet. Les plumes de la tête presque entièrement noires sont relevées d'arrière en avant et se hérissent en une huppe très élégante.

La femelle a les couleurs moins vives et de ton moins chaud que le mâle.

Ce cou qui rend le butor si gracieux dans certaines attitudes pendant sa vie, en fait, après sa mort, quand on le soulève par le bec, le plus disgracieux des oiseaux. Il ressemble alors à une boule de plumes roussâtres, suspendue à un long, trop long cordon emplumé. Ce cou étendu n'en finit pas : telle est l'impression que j'ai toujours éprouvée en ramassant un butor par le bec.

Le butor niche souvent en France, sur les marais du Nord, et pond trois ou quatre œufs, d'un brun jaunâtre ou olivâtre, sans taches. Les butors n'abandonnent les marais du Nord et de l'Ouest que vers l'automne pour descendre au midi.

Comme ils ne reviennent qu'au printemps, après la fermeture de la chasse, on les rencontre seulement, en chassant, pendant les mois d'octobre, novembre, et décembre, suivant la rigueur de la température, quand ils se mettent en mouvement pour accomplir leur migration. Pendant les mois précédents, on n'en tire pas beaucoup, car il est presque impossible de les faire lever au milieu des roseaux impénétrables avant que l'automne ait éclairci les fourrés et les ait rendus accessibles à l'homme et au chien.

Le butor piète beaucoup devant les chiens ; il est aussi difficile à faire mettre à l'essor que le râle noir, et sa poursuite a, avec celle de ce dernier, de telles analogies, que bien souvent, croyant voir partir un râle devant le chien, le chasseur est surpris par un butor qui s'enlève lourdement après une poursuite acharnée et au moment où il s'y attend le moins.

Le butor fait quelquefois tête aux chiens, et se laisse ainsi prendre en vie. En ce cas, la prudence s'impose, son bec est fort dangereux pour l'homme et pour le chien : le butor est véritablement un oiseau très brutal sinon très vigoureux.

Il ne faut cependant pas croire que cet oiseau si rusé ne part absolument que quand il est sur ses fins et contraint et forcé. J'ai vu des butors, dans le marais Vernier, notamment dans les endroits fourrés, et il en était sur ce marais d'inextricables autrefois, se lever de fort loin et d'eux-mêmes.

Celui que j'ai sous les yeux en ce moment, et d'après lequel j'ai décrit l'espèce, était parti devant moi dans une clairière tapissée d'herbes fines où j'espérais trouver des bécassines, mais il est certain, qu'en règle générale, le butor, auquel son long cou permet de voir de très loin au-dessus des laîches, cherche à se dissimuler au plus épais des fourrés dès qu'il aperçoit un chasseur et son chien.

Cet oiseau laisse après lui beaucoup de sentiment et les chiens sont très ardents à sa poursuite.

On le tire généralement de près, et, autant que j'ai pu en juger par ceux que j'ai rencontrés, il n'est pas dur à tuer.

Le butor fait entendre divers cris :

Le soir, quand il plane au-dessus des marais où il veut se remettre, il pousse un cri rauque plus fort que celui que profère le héron dans les mêmes circonstances; quand le butor crie en automne, au crépuscule au plus profond des roseaux, ce sont des « Ho! Ho! Raouch! » qu'il jette aux échos et qu'on a pu confondre avec le cri des herbagers pourchassant leurs bestiaux, ce qui a fait donner au butor en Normandie le surnom de « cacheux de bœufs »; au printemps, temps des amours, il pousse au contraire le mugissement sonore d'où il a tiré son véritable nom.

LE BLONGIOS.

Ardeola Minuta.

(Bp. ex Linn.)

Le Blongios.
(*Taille, 0ᵐ.36 environ*)

Le blongios a, à peu près, les mêmes habitudes que le butor, mais il est moins répandu que lui en France. Il lui ressemble beaucoup, en petit, comme formes générales : cou garni de plumes en jabot, pattes énormes verdâtres, bec solide et pointu.

Il est de la taille du râle rouge environ avec le cou plus long.

La couleur varie beaucoup suivant les individus, elle rappelle souvent celle du Butor, voici cependant quelles sont les teintes les plus ordinaires du plumage chez le mâle :

Le dessus de la tête, le dos et la queue sont noirs, à reflets verts, les côtés de la tête, le cou et la gorge sont jaune-roux clair, grivelé de roux foncé.

Les couvertures des ailes sont jaunâtres, et les rémiges entièrement noires. Le bec est jaune et brun, les pieds et les pattes sont verdâtres. L'iris est jaune brillant.

La femelle et les jeunes ont une livrée qui rappelle un peu celle du butor. Le dos est brun avec les plumes frangées de jaunâtre, le jabot est fauve, flammé de brun, la queue et l'extrémité des ailes sont noires.

Le blongios arrive dans les provinces du nord et de l'ouest de la France vers le mois de mai; il repart au Midi un peu plus tard que les râles rouges. Il niche dans les roseaux ou sur les souches au bord des eaux, et pond en juin une demi-douzaine d'œufs environ, de couleur blanc sale.

J'ai souvent rencontré le blongios en août dans les marais de l'Ouest concurremment avec les râles rouges. Il a leur vol, mais part quelquefois plus prestement. J'ai vu des chasseurs le prendre pour un râle rouge; toutefois la confusion n'est possible que quand l'oiseau file droit, vu de dos, et avec les femelles ou les jeunes seulement.

Les blongios se cantonnent dans les marais ou au bord des rivières, puis, aux premiers froids, ils descendent vers le Midi.

Ils se branchent assez souvent, piètent quelque temps devant les chiens avant de s'enlever et, blessés, se défendent énergiquement; leur bec pointu pique fort, et leurs yeux clairs et méchants les rendent grotesques, quand, à terre, ils essaient de résister aux chiens.

Le mâle fait entendre un cri qu'on peut traduire par : *Beum! beum!* celui de la femelle peut se rendre par les mots : *Geek! geek!* Le blongios porte aussi le nom de *pouacre* et, dans le Sud-Ouest, celui de *porchat*. Les Anglais le nomment *little bittern*.

Les marais, le bord des rivières et des étangs sont les stations préférées de ces oiseaux qu'on ne rencontre jamais en plaine, et qui, pas plus que les butors, ne viennent s'abattre sur les grèves.

Les blongios sont, comme ces derniers, des invisibles, qu'il faut faire lever de force, et arracher à leurs retraites, auprès desquelles on peut passer sans se douter qu'on laisse derrière soi un gibier rare et singulier.

LE BIHOREAU

Nycticorax griseus

(Strickl.)

Corbeau nocturne pour les savants, *night-heron* ou héron de nuit pour les Anglais, le bihoreau est en effet un oiseau crépusculaire : la grandeur de ses yeux lui permet de voir dans les ténèbres et il a le vol doux et silencieux des hibous. Mais il ne faut pas en conclure qu'il soit ce qu'on nomme un oiseau de nuit. Le bihoreau est une espèce de butor plus triste de mœurs, plus sombre de parure. Affectionnant les marécages boisés, il reste tapi pendant le jour dans les roseaux et se met en mouvement vers le soir pour chercher sa nourriture qui consiste en insectes, grenouilles et petits poissons.

Le Bihoreau. (*Taille*, 0m.60)

Le mâle et la femelle ont la tête et le haut du cou y compris les épaules noirs; de l'occiput sortent trois ou quatre plumes très longues, blanches et ébarbées. Le dos et la queue sont gris cendré, tout le dessous du corps est blanc, ondé de gris sur les côtés, les ailes sont cendrées, le bec, de la longueur de la tête, est noir, arqué et courbé à l'extrémité, les pieds sont jaunes ou verts, l'œil est grand et l'iris rouge.

Les jeunes sont grivelés et flammés de noir sur fond brun, plus foncé sur le dessus du corps, plus clair en dessous.

Le bihoreau se rencontre accidentellement dans le Nord, il est plus répandu dans le midi de la France.

CHAPITRE III

FAMILLE DES GRUIDÉS

LA GRUE CENDRÉE

Grus cinerea.

(Betchst.)

(*Taille*, 1 mètre 35 à 1 m. 50)

Il existe en Europe plusieurs variétés de grues, la grue cendrée est la seule qui passe en France, et encore y est-elle un oiseau de passage dans toute l'acception du mot. Les bandes de grues qui émigrent se posent seulement, sur les grandes plaines et les marais de nos provinces du Centre et du Midi, le temps nécessaire pour prendre leur nourriture et reprennent aussitôt leur voyage de jour et de nuit en files parfaitement ordonnées.

Leurs apparitions en France ont lieu en avril et mai ; à la mi-octobre elles repassent pour se rendre en Égypte.

Les grues nichent dans le nord-est de l'Europe, le plus souvent en Pologne et en Russie. Elles pondent, à terre, deux œufs, très gros, vert-olive clair, tachetés.

Ces oiseaux ne paraissent pas mériter la réputation qu'on leur a faite d'être des oiseaux stupides et inconstants. Les femelles sont au contraire très attachées à leur mâle et à leur progéniture, rien ne justifie la comparaison qu'on fait entre elles et les personnes de mœurs légères.

La grue cendrée, *common-crane* en anglais, est un des plus grands oiseaux d'Europe : elle mesure jusqu'à 1^m,50. Elle a le bec droit, conique et pointu, un peu plus long que la tête, vert foncé et rougeâtre à la base. Ses pattes sont hautes et verdâtres, ses pieds noirs, l'iris est jaune doré.

Sa tête dégarnie de plumes est recouverte d'une peau rougeâtre chez le mâle, grise chez la femelle, son cou est blanc, brun sur les côtés, son corps est entièrement gris cendré, avec les couvertures des ailes de la même couleur et les rémiges noires.

Sous les ailes, se trouvent de longues plumes qui remontent, formant au bas du dos de grosses houppes grises et noires frisées.

Le vol des grues est élevé et rapide, elles parcourent douze cents mètres par minute, et parfois environ soixante-douze kilomètres en une heure.

CHAPITRE IV

FAMILLE DES CICONIIDÉS

CIGOGNES ET SPATULES

La famille des Ciconiidés comprend deux sous-familles, celle des Ciconiens ou cigognes proprement dites, et celle des Plataléiens ou spatules. Chez les premiers de ces oiseaux le bec est droit, conique et pointu, chez les seconds il est évasé en forme de large spatule. Leurs doigts sont garnis de membranes qui les bordent et les réunissent sur un tiers de leur longueur.

Sous-famille des Ciconiens.

LA CIGOGNE BLANCHE

Ciconia Alba.

(Willugh.)

(*Taille*, 1 m. 20)

La famille des Ciconiidés n'est représentée en France que par la cigogne blanche et la cigogne noire, qui forment la sous-famille des Ciconiens, et par la spatule qui forme la sous-famille des Plataléiens.

La cigogne blanche est bien connue dans l'est de la France où elle niche dans l'intérieur des villes, sur les clochers, les cheminées et les toits. Son nid contient de deux à quatre œufs blancs sans taches.

Cet oiseau a le corps entièrement blanc, à l'exception des ailes qui sont noires. Les pieds et les pattes très hautes sont rouges, le bec, rouge aussi, est droit et pointu, le cou long, l'iris brun.

Le vol de la cigogne est aussi rapide que celui de la Grue. Sa taille est d'environ 1^m,20.

La cigogne, qui, dans l'Est, où elle est respectée des chasseurs, est de la plus grande familiarité, devient extrêmement farouche partout ailleurs.

Elle séjourne, du mois de mai au mois de septembre, dans les endroits où elle niche et part ensuite pour le Midi en bandes plus ou moins considérables.

On rencontre la cigogne blanche en Hollande et quelquefois, mais très rarement, dans le nord de la France, elle ne paraît pas passer en Angleterre, cependant elle figure parmi les oiseaux classés comme étant de passage dans ce pays où on l'appelle *white-stork*.

Les cigognes font de longues traites et se tiennent toujours dans les régions élevées de l'atmosphère, hors de la portée des armes à feu, mais elles font parfois quelques stations dans nos provinces du Centre et reviennent pendant quelques jours aux mêmes endroits pour se brancher et passer la nuit. J'ai été témoin de ce fait l'an dernier. Une bande de cigognes avait choisi pour y passer les nuits une haute futaie aux environs de Louroux-Bourbonnais, dans l'Allier. Le garde de la propriété, après quelques affûts infructueux, finit par tuer un de ces oiseaux au moment où la bande venait pour s'abattre sur les hauts arbres. Les cigognes avaient passé une huitaine de jours dans la contrée et ne reparurent plus.

On peut quelquefois tuer une cigogne en envoyant une balle dans les bandes quand elles passent à peu près à portée au-dessus des collines, mais c'est là un hasard.

Dans le Centre, on appelle ces oiseaux des dindes sauvages, appellation bien impropre.

La cigogne n'a point de cri, elle se contente de faire claquer son bec pour exprimer sa crainte, sa colère ou sa satisfaction.

LA CIGOGNE NOIRE

Ciconia nigra.

(Gesn.)

(*Taille*, 1 mètre)

La cigogne noire, plus petite que la cigogne blanche, ne mesure qu'un mètre environ. Elle a tout le dessus du corps foncé, le dessous de couleur claire : sa tête est noirâtre, son bec, ses pattes et ses pieds sont rougeâtres, son dos et ses ailes sont noir brun changeant, sa poitrine et son ventre blancs.

Elle ne niche pas dans les villes, elle fait son nid sur les arbres, dans les forêts de sapins principalement. Elle pond trois ou quatre œufs blancs.

Beaucoup plus rare et plus sauvage que sa congénère la cigogne blanche, elle paraît se cantonner dans les pays montagneux du Sud-Est. Cependant on l'a rencontrée sur les marais de la Somme et quelquefois en Angleterre où on la désigne sous le nom de *black stork*.

Sous-famille des Plataléiens

LA SPATULE BLANCHE

Platalea leucorodia

(Linn.)

Les spatules sont remarquables par la forme de leur bec, large et aplati comme une spatule, d'où leur nom français, ou comme une cuiller, d'où leur nom anglais *spoonbill*. Leur appellation vulgaire en France est *palettes* ou *pales*.

La spatule blanche a le corps, de la grosseur de celui du héron, entièrement blanc, avec la poitrine jaunâtre, tournant au roux chez les mâles au temps des amours. La tête est surmontée, ou plutôt accompagnée sur la partie postérieure, d'une huppe tombante composée de longues plumes effilées.

Le bec qui, à la base, est de la largeur de celui du canard, s'évase à l'extrémité en forme de large spatule entièrement plate. Ce bec, très long, de consistance molle, est jaune, coupé de lignes noires transversales. Les pattes très hautes sont noires, les trois doigts antérieurs, assez longs, sont reliés sur un bon tiers de leur longueur par une membrane. L'iris est rouge vineux. La spatule niche dans le Nord, en Hollande et en Angleterre. Elle pond de deux à quatre œufs bleuâtres peu ou point tachetés.

Les spatules ne sont pas aussi rares en France qu'on l'a souvent prétendu. Elles passent sur les côtes nord et ouest, en bandes s'avançant de front sur une seule ligne, au moment de la migration annuelle des oiseaux de passage, c'est-à-dire à l'automne et au printemps, moins nombreuses à cette dernière époque, quelquefois même isolées.

Au temps des passages, on tue tous les ans des spatules dans les départements du Nord et de l'Ouest de la France, soit au gabion, soit sur les marais avoisinant la mer.

On a cru longtemps que deux espèces de spatules visitaient nos contrées : Une grande variété sans huppe;

La Spatule blanche.
(*Taille*, 0ᵐ.75 à 0ᵐ.80)

une autre plus petite avec huppe; c'est cette dernière variété que j'ai rencontrée sur les bords de la Manche. Il paraît, cependant, qu'il n'existe en France qu'un seul genre de ces oiseaux; seulement, les jeunes et les femelles sont de taille inférieure et les différences de longueur de la huppe peuvent n'être qu'individuelles.

Les spatules font partie de la grande tribu des oiseaux aquatiques qui font régulièrement de la France une de leurs étapes habituelles, mais, comme l'espèce n'est pas très nombreuse, et que leur séjour chez nous est assez court, beaucoup de chasseurs n'ont pu les rencontrer.

Il ne faut pas en induire, comme on l'a fait souvent, que les spatules ne sont amenées chez nous que par des perturbations atmosphériques extraordinaires.

Pour chasser la sauvagine avec fruit, il ne faut pas faire de simples incursions au marais ; il faut y chasser régulièrement. C'est le seul moyen de profiter du passage de certaines espèces qui, bien que s'arrêtant couramment dans nos pays, n'y séjournent que peu de temps.

CHAPITRE V

FAMILLE DES TANTALIDÉS

Sous-famille des Ibiens.

L'IBIS FALCINELLE

Tantalus falcinellus

(Linn.)

La famille des Tantalidés n'est représentée en France que par un seul membre de la sous-famille des Ibiens, l'Ibis falcinelle ou falcinelle éclatant. On avait autrefois classé cet oiseau parmi les courlis sous le nom de courlis vert. Or, il n'est nullement un courlis.

L'Ibis falcinelle. (*Taille, 0ᵐ.65 sans le bec*)

Il n'a de ce dernier que la forme du bec qui est long, épais, recourbé en forme de faucille et de couleur brune. Sa tête est marron foncé, son dos roux à la partie supérieure, vert-bronzé vers le milieu et vert pur à la partie inférieure, tout le devant du corps est rouge marron, les flancs sont verdâtres, les ailes brunes et mordorées avec les grandes pennes noires et cuivrées.

Ce qui peut faire facilement comprendre pourquoi cet oiseau ne peut être classé parmi les courlis, c'est l'examen même superficiel de ses pieds qui sont minces, longs et ont un pouce très développé alors que les courlis ont les doigts épais et un pouce rudimentaire.

L'Ibis falcinelle, très rare dans le Nord, se rencontre surtout dans le Midi. Il niche à terre dans les grandes herbes et pond quatre œufs bleu-vert sans taches.

FAMILLE DES CHARADRIIDÉS

LES PLUVIERS ET LEURS CONGÉNÈRES

Ces oiseaux qui composaient à eux seuls presque toute la classe des Pressirostres de Cuvier, se distinguent en effet par la forme de leur bec qui est toujours assez court, et renflé à sa pointe. On les divise généralement en cinq sous-familles, les deux premières celles des cursoriens et œdicnémiens ne descendent qu'accidentellement sur les marais, la troisième celle des charadriens ou pluviers et vanneaux fréquente les marais et le bord de la mer, les deux autres, les strepsiliens et les hœmatopodiens, ne visitent que les grèves.

Sous-famille des Cursoriens.

LE COURVITE GAULOIS

Cursorius gallicus.

(Bp.)

(*Taille*, 0^m.25)

Le courvite devrait plutôt prendre place parmi les oiseaux de plaine. On ne peut dire qu'il soit un oiseau de marais.

Cependant comme il est un échassier et qu'il se rapproche beaucoup des œdicnèmes et des pluviers, comme on l'a classé dans la famille des charadriidés, je le mentionnerai ici sous la réserve de l'observation qui précède.

A peu près de la taille du pluvier doré, il est entièrement de couleur fauve-isabelle. Derrière les yeux il a deux traits noirs coupés par une bande blanche. Son cou est grisâtre, les ailes ont les rémiges noires, sa queue est fauve marquée de noir et de blanc. Les jambes sont hautes, de couleur jaune, le pouce est nul, le bec court et courbé est noirâtre ou jaunâtre, l'iris est brun clair.

Le courvite est originaire de l'Afrique. Il fait en France de très rares apparitions sur les dunes et sur les plaines.

Sous-famille des Œdicnémiens.

L'ŒDICNÈME CRIARD

OEdicnemus crepitans.

(Temm.)

Bien que l'œdicnème criard soit un oiseau de plaine et qu'on ne le rencontre qu'accidentellement au marais, il peut et même doit figurer dans la no-

L'Œdicnème criard. (*Taille, 0ᵐ.45 environ*)

menclature des oiseaux qui composent la sauvagine.

On le connaît en France sous divers noms : *grand pluvier, courlis de terre, turlu* et *turlui* dans le centre, *Saint-Germer* en Picardie, *petite canepetière* dans certaines provinces. Les anglais le nomment *stone-curlew* ou courlis des pierres.

Il est un peu moins gros que le petit courlis, mais plus haut sur pattes. Sa teinte générale est roussâtre, foncée sur le dessus, claire en dessous, avec le ventre blanc. Le plumage est entièrement moucheté de brun et de noir ; les mouchetures sont beaucoup plus serrées sur le dos que sur la poitrine. Les ailes sont brun cendré et les rémiges noires.

Le bec, comme celui de tous les pluviers, est court, de la longueur de la tête environ, jaune à la base, noir au bout. Les commissures du bec sont ornées d'une légère moustache. Les pattes sont hautes et, comme les pieds qui n'ont que trois doigts, sont d'un jaune sale. L'œil est très grand et l'iris jaune doré.

Les œdicnèmes se tiennent constamment dans les grandes plaines, de préférence sur les hauteurs.

Comme ils courent fort vite, affectionnent les terrains pierreux et déserts, et ont quelques-unes des habitudes de la petite outarde ou canepetière avec laquelle ils ont aussi des affinités au point de vue scientifique, on les a quelquefois confondus avec cette dernière et dans certaines régions du Centre on les considère encore comme une petite variété des canepetières.

Ce qu'il y a de plus curieux, c'est que cette confusion s'est propagée jusqu'en Normandie où, cependant, les œdicnèmes sont fort rares, et qu'un jour où je venais de tuer un de ces oiseaux au bord de la mer, un paysan que je rencontrai le baptisa du nom de canepetière. Il gelait à cette époque de l'année et je ne sais d'où pouvait venir cet oiseau dont l'espèce émigre l'hiver vers le Midi.

Les œdicnèmes partent en effet en novembre et repassent au

printemps. Ils couvent dans les provinces du centre de la France, mais on a trouvé accidentellement des nichées de ces oiseaux en Picardie et en Angleterre. Celui que j'avais tué en hiver avait donc dû descendre tardivement d'une de ces deux contrées.

Les œdicnèmes nichent à terre et pondent de deux à quatre œufs d'un gris-roussâtre, très tachetés.

Si les œdicnèmes sont très rares sur les marais et dans les provinces du Nord et du Nord-Ouest, ils sont par contre, très communs dans les contrées du centre de la France : la Beauce, la Sologne, le Nivernais sont leurs pays de prédilection ; j'en ai rencontré beaucoup en Bourbonnais.

Les œdicnèmes ne remuent pas pendant le jour, ils commencent à s'agiter vers le soir seulement, et, si on peut parfois les approcher à portée pendant la journée, ils deviennent farouches au moment du crépuscule, sans toutefois avoir cette sauvagerie extraordinaire qu'on leur a prêtée. Ils ont un peu le vol du courlis, moins rapide cependant. Ils font entendre, quand ils s'enlèvent, et le soir quand ils s'agitent, un cri qui ressemble un peu à celui du grand courlis et qu'on peut traduire par « *tir-ruit* ».

Sous-famille des Charadriens.

PLUVIERS ET VANNEAUX

LE PLUVIER DORÉ

Charadrius Pluvialis et apricarius.

(Linn.)

Le Pluvier doré. (Taille, 0m.30)

Le pluvier doré, *golden-plover* en anglais, est environ de la taille de la tourterelle. Il a le bec comprimé, court et noir, les pattes et les pieds noirs en été, bruns en hiver, trois doigts seulement non palmés, pas de pouce, l'iris noir.

LE PLUVIER DORÉ.

En temps ordinaire, les pluviers dorés, mâles et femelles, ont le manteau et la tête d'un beau noir très moucheté de taches jaune-doré, la poitrine est marquée de grivelures brunes et jaunes, le ventre est blanc.

Au temps des amours, le mâle et la femelle revêtent un plastron d'un beau noir velouté qui leur couvre les joues, la gorge, le dessous du cou, la poitrine et le ventre et qui est entouré d'une bande blanche prenant au-dessus de l'œil et encadrant le plastron noir sur le cou et les bords de la poitrine.

Le pluvier doré niche au Nord. Sa ponte est de trois à cinq œufs d'un jaune-verdâtre, tachetés de gros points gris et noirs. Il les dépose sur le sol dans la mousse ou le gazon.

Il arrive en France vers le mois de septembre, quelquefois en août, et y reste jusqu'aux gelées. Le passage de mars paraît être régulier et ne pas dépendre de la douceur ou de la rigueur de la température. J'ai tué des pluviers dorés en mars, alors que la terre était couverte de neige.

On dit que le pluvier arrive avec les pluies automnales, ce qui lui a valu son nom; il serait plus exact de dire qu'il passe un peu plus tard que les autres oiseaux similaires, que ses congénères les pluviers à collier notamment, et que son passage coïncide seulement avec la saison des pluies. Cependant, on doit remarquer qu'il ne fréquente les plaines et les terres de l'intérieur qu'autant qu'elles sont détrempées et que leur état d'humidité est suffisant pour lui permettre de trouver les vers dont il se nourrit.

Le pluvier doré est surtout un oiseau de rivage. Je l'ai toujours régulièrement rencontré sur les grèves lors de ses passages.

Les pluviers se tiennent au bord du flot, en bandes ou isolés. A mer basse, ils paraissent préférer la limite des eaux aux autres endroits de la plage.

A mer haute, ils se mêlent parfois à différents échassiers,

aux pluviers à collier, aux alouettes de mer et aux culs-blancs retardataires à l'arrière saison, qui cotoient les berges et les galets. Le pluvier est facilement reconnaissable parmi eux à sa taille, à son vol saccadé et à son cri *hi-hieu-huit!* Quelquefois aussi, au moment de la pleine mer, il gagne les marais et les bancs d'alluvion.

C'est de grand matin, en septembre et en octobre, qu'on rencontre le plus de pluviers au bord de la mer; en plein jour, ils paraissent moins nombreux; le soir, au crépuscule, ils reviennent en grand nombre sur les plages.

Je ne sais si les pluviers dorés sont devenus plus sauvages qu'autrefois, en tout cas, je ne les ai jamais vu venir au mouchoir blanc, qui, posé à terre aurait, dit-on, le pouvoir de les attirer. Ils reviennent seulement aux blessés, paraissent en effet fort curieux, et cette curiosité leur fait quelquefois oublier le soin de leur conservation.

Un de mes vieux amis, qui a chassé à une époque où les pluviers dorés étaient encore très nombreux sur les marais et les grèves de l'Ouest, prétendait les approcher en mettant son mouchoir au bout de son fusil, moyen incommode et qui me paraît offrir des avantages douteux; j'aime mieux la méthode courante qui consiste à tourner autour des oiseaux sans avoir l'air de se diriger sur eux et sans paraître les voir, ou celle encore plus sûre au moyen de laquelle on surprend tous les oiseaux qui stationnent au bord de la mer, quand elle ne découvre qu'un espace limité de la plage, en se couvrant, pour les approcher du dôme formé par les galets de la grève ou de la déclivité de la berge. Les pluviers sont un excellent gibier, et l'espèce qui nous occupe, celle du pluvier doré n'a jamais le goût de marécage qu'on trouve parfois chez ses congénères, les pluviers à collier et les pluviers variés ou vanneaux suisses.

LE PLUVIER VARIÉ

Squatarola helvetica.

(Brehm.)

Le Pluvier varié. (*Taille*, 0m.33)

Ce pluvier a été souvent classé à tort parmi les vanneaux sous le nom de *vanneau suisse* et de *vanneau à gorge noire*.

Cette erreur de classification provenait probablement de ce que le pluvier doré, type du genre, n'a que trois doigts et pas de pouce, alors que le pluvier varié a, comme le vanneau, un pouce, très rudimentaire il est vrai, très court, ne posant pas à terre, et de ce que son cri, *pil-houit*, rappelle un peu celui du vanneau qui prononce les mots *dix-huit*.

Quant au reste, le pluvier varié ressemble absolument au pluvier doré dont il a le vol qui diffère essentiellement de celui du vanneau. Il est un peu plus grand que le pluvier doré mais la disposition de son plumage est la même, seulement tout ce qui est jaune doré chez le pluvier doré est blanc chez le pluvier varié.

Le mâle et la femelle en été ont la tête et la nuque d'un noir mêlé de gris; le dessus du corps a le fond noir et est entièrement grivelé de blanc.

La face, la gorge, la poitrine, les flancs et le ventre sont comme chez le pluvier doré entièrement noirs, mais plus largement encadrés de blanc. La tête est, en effet, ainsi que le cou, en grande partie d'un blanc pur, alors que chez le pluvier doré la tête et le cou ne présentent qu'une ligne blanche bordant le noir de la gorge et de la poitrine; la queue est blanche, barrée de lignes brunes, les remiges sont noires, longues et pointues.

Le bec, de la longueur de la tête, est mince, noir et renflé au bout. Les doigts sont légèrement palmés à la base et comme les pattes, noirs ou bruns. L'iris est noir.

En hiver, les mouchetures du dos deviennent jaunâtres chez le mâle, le noir du dessous du corps disparaît pour faire place à une couleur uniforme blanche tachetée de brun et de gris. La femelle à cette époque ressemble comme couleur aux jeunes goélands à manteau noir qu'on nomme improprement *grisards* à cause de la teinte de leur plumage gris, grivelé de noir et de brun.

Le mâle en livrée d'hiver est assez semblable au pluvier doré pendant la même saison.

Mais l'été les pluviers variés sont d'assez jolis oiseaux, et puisqu'on a appelé le pluvier ordinaire pluvier doré, à cause des mouchetures dorées qui ornent son manteau, il me semble qu'on aurait pu donner au pluvier varié le nom de pluvier argenté, les mouchetures blanches de son dos et de ses ailes ressortant sur le noir profond de son plumage avec autant d'éclat que celles du pluvier doré.

Mais, au contraire, on l'appelle simplement en Normandie *pluvier gris*, ainsi que le font du reste les Anglais qui le connaissent sous le nom de *grey-plover*, dans d'autres contrées il est le *vanneau suisse*, le *vanneau pluvier* ou la *houvière*.

Le pluvier varié niche au Nord et pond quatre œufs olive-clair à taches noires.

On n'est pas bien d'accord sur la question de savoir à quel moment cet oiseau revêt son plumage d'amour. Je ne suis pas fixé non plus sur ce point controversé. Tout ce que je sais, c'est que j'ai tué des pluviers variés en robes de noces au commencement de juillet et en août.

Les pluviers variés voyagent par bandes de trente à quarante individus parfois, plus souvent par petites troupes de trois à quatre seulement. On en rencontre aussi d'isolés ou par paires, c'est le cas le plus fréquent en été.

Ceux que j'ai tués à cette époque de l'année étaient le plus souvent deux à deux. En août et septembre ils sont plus nombreux mais plus tard on les voit isolés ou par petits groupes.

Le pluvier varié n'est pas farouche. On peut facilement le tirer sans avoir besoin d'employer les précautions usitées avec les oiseaux craintifs.

J'en ai tué souvent sur les plages après les avoir approchés à portée en me baissant simplement en marchant.

Le chair de ce pluvier est moins délicate que celle du pluvier doré, surtout quand il est en plumage d'amour.

LE GUIGNARD

Charadrius morinellus.

(Linn.)

Le guignard, *dotterel* en anglais, ne fréquente pas les bords de la mer. Il préfère les plaines, et autrefois il était très commun dans celle des environs de Chartres. Les pâtés de cette ville étaient préparés avec des guignards, dont la chair est

Le Guignard. (*Taille*, 0m.32)

beaucoup plus succulente que celle des autres pluviers. La civilisation aidant, ces oiseaux ont abandonné leurs anciennes stations et sont même devenus relativement assez rares.

Ils passent néanmoins en France, mais en moins grand nombre qu'autrefois, au printemps et à l'automne, en avril et en septembre.

Ils nichent au Nord sur les hauteurs et pondent à terre trois ou cinq œufs gris-roux ou jaune-olive, tachetés de noir.

Les guignards ne sont pas farouches et reviennent tournoyer autour des blessés avec plus d'acharnement peut-être que bien d'autres échassiers.

Plus bas sur pattes que leurs congénères, les guignards n'ont que trois doigts. Le pouce est presque nul.

Leur bec est plus court que celui des autres pluviers, noir et très mince.

Le mâle et la femelle ont, en été, la tête noire, finement mouchetée de roux, le dessus du corps gris brun, légèrement verdâtre, et grivelé de roussâtre ; la gorge est gris-roux, terminée par une ligne noire, suivie d'une bande blanche qui forme ceinture. Au-dessous de cette bande, le bas de la poitrine devient roux, le ventre est noir dans sa partie supérieure, blanc vers la queue.

En hiver, la bande blanche s'efface. La ligne noire disparaît, le roux de l'abdomen devient terne. L'iris est brun.

La femelle est un peu plus grande que le mâle. Le cri des guignards peut se traduire par les mots : « *Deur! drou!* » sifflés et saccadés.

LE GRAND PLUVIER A COLLIER

Charadrius hiaticula.

(Linn.)

Le grand Pluvier à collier. (*Taille*, 0^m,20)

En juillet et en août on voit apparaître sur les grèves des bandes nombreuses de jolis oiseaux un peu plus gros que des mauvis, au dos gris brun ; au front blanc vers la partie qui se rapproche du bec, coupé vers le sommet par une bande noire, qui, allant d'un œil à l'autre, descend sur les joues ; au cou blanc ; au large plastron noir, ceignant tout le haut de la poitrine ; au ventre et aux dessous blanc pur ; aux ailes noires variées de cendré et de gris clair sur les couvertures, d'un brun noir aux rémiges, avec une bande blanche vers le milieu ; au bec jaune et noir, très court ; aux yeux grands noirs et éclatants ; aux pieds jaune-orangé. Ces oiseaux peu farouches à leur arrivée, sont des grands pluviers à collier. Les jeunes n'ont point de bandeau noir sur la tête et le plastron est moins bien dessiné.

Le grand pluvier à collier est appelé aussi *gravelot* par certains naturalistes, *moineau de mer* et *maillotin* en Normandie, *pluvier ribaudet* et *grande mouchette* dans le Nord, *ringed plover* en Angleterre. Sa qualification de grand pluvier à collier lui a été donnée par opposition à celle de petit pluvier sous laquelle on désigne le petit pluvier à collier, néanmoins le grand pluvier à collier est lui-même un des plus petits de la famille. Dans le sud-ouest de la France, sur le littoral de l'Océan, ce pluvier est indistinctement, avec tous les oiseaux de rivage qui n'atteignent pas la taille de la grive, classé parmi les alouettes de mer, et désigné sous ce seul nom.

Il niche quelquefois en France, en Picardie notamment, sur le sable et dans les dunes, et pond trois ou quatre œufs, d'un jaune olivâtre, tachetés de noir, qu'il dépose simplement sur le sol sans aucune préparation.

Les pluviers à collier se mêlent volontiers aux alouettes de mer et leurs bandes réunies fournissent aux chassseurs de rivage l'occasion de faire de nombreux coups de fusil.

Ils visitent presque toutes nos contrées maritimes, depuis le Nord jusqu'au midi. Leur premier passage a lieu en avril et en mai; à cette époque, ils ne stationnent guère. Ils repassent en août et septembre, sont alors plus nombreux et s'arrêtent plus volontiers. J'ai toujours trouvé les pluviers à collier très faciles à approcher, même sur le sable nu, en terrain découvert. Ils se tiennent constamment sur les plages, tantôt à la limite des basses eaux, plus souvent aux endroits des grèves les plus vaseux.

Ils sifflent beaucoup en s'enlevant, et parfois pendant leurs vols, sur un ton clair et pur.

Sans valoir celle des autres pluviers, la chair des grands pluviers à collier est supérieure à celle des autres petits échassiers, cependant on lui trouve parfois un léger goût de marécage.

LE PETIT PLUVIER A COLLIER

Charadrius fluviatilis.

(Bechst.)

Le petit Pluvier à collier. (*Taille*, 0ᵐ.15)

En compagnie des grands pluviers à collier, on rencontre souvent sur les plages le petit pluvier à collier, qui cependant se plaît davantage au bord des rivières et sur les bancs de l'embouchure des fleuves qu'au bord de la mer, ce qui lui a valu son nom de *pluvier fluviatile*.

C'est le plus petit des pluviers, il est d'une taille inférieure à celle de l'alouette et, au volume près, semblable au grand pluvier à collier. Seulement, il n'a point de jaune à la base du bec qui est toujours complètement noir, sa queue est aussi un peu plus longue et légèrement échancrée.

Il niche au Nord, quelquefois en France. Sa ponte est de quatre œufs grisâtres, tachetés de brun. Il les dépose sur les bords des eaux douces ou sur les grèves, cependant on en a trouvé dans des endroits assez éloignés dans l'intérieur des terres.

Ce petit pluvier est encore moins sauvage que son congénère le grand Pluvier à collier.

LE PLUVIER A COLLIER INTERROMPU
OU PLUVIER DE KENT

Charadrius cantianus.

(Lath.)

Le pluvier de Kent. (*Taille*, 0ᵐ.16)

Plus grand que le précédent, ce petit échassier est aussi plus répandu sur nos rivages.

Il a le bec un peu plus long que celui des deux espèces dont nous venons de parler, toujours noir ainsi que les pieds.

Le dessus de la tête et du cou est brun roux, le dos brun cendré; les ailes sont brunes et blanches, noirâtres à l'extrémité, la queue est blanchâtre. La gorge et le cou sont d'un beau blanc; à la base du bec, aux joues, on remarque un bandeau noirâtre. Tout le tour des yeux est blanc. La poitrine est entourée d'un large plastron noir, coupé vers son milieu par une bande blanche qui, partant de la gorge, va rejoindre le blanc du bas de la poitrine et du ventre. Ce collier coupé, interrompu, a fait donner à ce pluvier le nom sous lequel on le désigne le plus ordinairement. Cet oiseau a la tête très développée et les yeux très gros. On l'appelle quelquefois *petite mouchette et religieuse*. Les Anglais le nomment *Kentish plover*.

Il niche dans les climats tempérés, en Angleterre, en Hollande, très souvent en France. Il pond de deux à quatre œufs, sur le sable; ces œufs sont ou jaune crême, piquetés de noir, ou gris vert, striés ou tachetés de noir et de gris.

Il a les mêmes habitudes que le grand pluvier à collier avec lequel on le rencontre fréquemment. Son cri varie des mots : *tiour! pit-pit!* à ceux de *pouie! pouie!* sifflés et plaintifs.

LE VANNEAU HUPPÉ

Vanellus cristatus.

(Meyer ex Wolf.)

Le vanneau huppé est universellement connu.
Il ne fréquente pas seulement les marais et accidentellement le bord de la mer, il se rencontre partout, ce qui explique sa notoriété. On le trouve aussi bien dans les plaines ensemencées que dans les prairies humides. Il s'arrête là où sont les lombrics ou vers de terre dont il se nourrit. Les filets détruisent des quantités considérables de ces oiseaux qui au moment

Le Vanneau. (*Taille*, 0ᵐ.35)

des passages viennent alimenter les marchés de Paris et des villes de province. L'espèce est nombreuse et la réputation faite à la délicatesse de la chair du vanneau n'a pas peu contribué à le faire connaître. « Qui n'a pas mangé vanneau, n'a pas mangé bon morceau. » Voilà le dicton courant, mais qui n'a sa raison d'être qu'autant qu'il s'applique au vanneau mangé en octobre, époque où il est gras, et encore y a-t-il meilleur morceau parmi les oiseaux de passage.

Le vanneau huppé est environ de la taille du pigeon commun. Il a tout le dessus du corps vert-bronzé, la tête d'un beau noir à reflets verts et mordorés. Sa gorge et sa poitrine présentent un plastron noir-bleu ; les ailes, vertes aux couvertures, sont noires à l'extrémité des rémiges. Le bas de la poitrine et le ventre sont blanc pur, la queue est variée de roux, de noir et de blanc. Le bec est court et mince. De la tête partent de longs brins effilés qui forment une aigrette retombant sur l'occiput. Les pattes et les pieds sont rouge-obscur. Le vanneau a trois doigts en avant et un pouce articulé en arrière, mais qui touche à peine terre. L'iris est noir.

Les vanneaux nichent en Angleterre, en Belgique et en Hollande, malheureusement pour l'espèce et pour les chasseurs, car dans ces deux derniers pays on fait le commerce des œufs de vanneau pour les vendre frais à de prétendus gourmets aussi coupables que les braconniers qui les approvisionnent. Les nids étant à terre, la récolte est facile et désastreuse, aussi le nombre des vanneaux a-t-il diminué depuis quelques années. Ces oiseaux pondent trois ou quatre œufs, assez gros, vert-olive clair, avec des taches grises, formant couronne au gros bout.

Les vanneaux arrivent en France au mois de février, quelquefois en mars seulement. Ils repassent en octobre pour descendre au Midi, ne restant chez nous que jusqu'aux premières gelées.

Au printemps, on rencontre souvent les vanneaux isolés ou par paires. Ils sont alors assez faciles à approcher. Je pourrais même dire qu'en prenant les précautions usitées pour tirer le gibier plume au posé on peut les avoir à portée très aisément.

Au mois d'octobre, ils vont en bandes, et sont plus farouches, contrairement à ce qui se passe ordinairement avec les autres migrateurs. C'est peut-être parce qu'ils sont en meilleure condition et plus vigoureux. Ils se réunissent alors en troupes assez considérables et qui se composent souvent de plusieurs centaines d'individus. C'est ce qui m'a permis de faire sur les vanneaux le coup de fusil de longue portée le plus étendu qu'il me soit arrivé de réussir : chassant, il y a dix-huit ans, au marais Vernier sur les biens des héritiers de Condé, je vis un volier de vanneaux s'enlever dans une prairie séparée de celle où je me trouvais par un autre enclos d'une grande largeur. J'envoyai dans la bande une charge de plomb n° 4, et je tuai raide un des oiseaux. Il y avait plus de deux cents pas largement mesurés. Ce n'était pas un coup d'adresse, c'était un coup de hasard dû à l'agglomération des vanneaux qui se touchaient presque.

Le vol du vanneau est très gracieux. Il paraît se jouer dans l'air que ses grandes ailes frappent en cadence, faisant incliner l'oiseau de côté et d'autre de la façon la plus élégante.

En partant, le vanneau pousse un cri plaintif qui peut se traduire par les mots *dix-huit!* sifflés et traînés. Il le fait entendre aussi quand, tournoyant, il vient à cet appel facile à imiter. Les jeunes font entendre au départ un *huic! ee!* très allongé. J'ai tué plusieurs vanneaux, quelques instants après leur départ en les appelant ainsi. Ils revenaient immédiatement et passaient à portée.

Le vanneau, qui fréquente surtout les plaines et les marais, se pose quelquefois au bord de la mer, mais bien plus rarement que les pluviers et jamais loin de la berge.

Le bruit que fait cet oiseau en volant est caractéristique et lui a valu son nom :

Il se rapproche de celui qu'on fait en vannant du blé. Les

Anglais ont aussi appelé le vanneau *lapwing*, ce qui signifie aile qui lape ou se rabat violemment. La cadence de ces deux mots rend mieux l'impression du vol du vanneau que ne le fait notre appellation en français.

Le vol du vanneau est très rapide. L'oiseau parcourt quinze cents mètres par minute et quatre-vingt-quatre à quatre-vingt-dix kilomètres en une heure.

Sous-famille des Strepsiliens.

LE TOURNEPIERRE

Strepsilas interpres.

(Illig ex Linn.)

Le Tournepierre. (*Taille*, 0ᵐ.24)

Le tournepierre a quelquefois été appelé chevalier tournepierre, mais il n'est pas un chevalier, il se rapproche davantage des pluviers. On le nomme en France suivant les localités *coulombé, burc* et *bune,* en Picardie, *pieds-rouges,* en Normandie, sans toutefois le confondre avec le chevalier à pieds-rouges ou chevalier gambette. Autrefois on le désignait aussi sous le nom de *coulon-chaud.* Les Anglais l'appellent *turnstone* ou tournepierre.

Cet oiseau, un peu plus petit que la maubèche, est de la taille de la grosse grive. Le mâle, en été, a le dos noir, tacheté de roux et de blanc, le dessous du corps blanc, les ailes brunes, piquetées et ondées de gris et de roux ; la tête et le cou sont blanc pur, tachetés largement vers les joues et l'occiput de noir foncé. Le cou est entouré d'un collier noir et la poitrine recouverte d'un plastron de même couleur. Le bec est noir, de la longueur de la tête. Les pattes et les pieds sont rouges. Le pouce touche terre par l'extrémité de l'ongle seulement. L'iris est brun foncé. La femelle ressemble au mâle, mais a moins de blanc sur la tête.

En hiver, les diverses teintes du plumage deviennent moins accentuées.

Le tournepierre est assez ramassé de corps et a les pattes peu élevées.

Il niche au Nord, et pond trois ou quatre gros œufs, d'un gris-jaune ou verdâtre, marqués de larges taches.

Cet oiseau passe en France en mai, et repasse en août. A cette époque, il est peu sauvage et se laisse facilement approcher.

Il se plaît surtout dans les pierres et les galets que la mer laisse à nu en se retirant. Il y arrive en petites bandes peu nombreuses, quelquefois même isolé. On peut le tirer à portée en se baissant simplement et en marchant sur lui en se courbant en deux.

Un jour du mois d'août qu'il faisait très chaud, me trouvant avec un de mes amis au bord de la mer, nous avisâmes plusieurs petits voliers de tournepierres allant et venant de la grève à un banc de galets situé à l'embouchure d'une petite rivière. Nous imaginâmes, n'ayant rien pour nous cacher, de nous asseoir tout simplement sur le sable sec, entre ces galets et la mer, et nous pûmes tirer plusieurs de ces oiseaux qui arrivaient se poser sans paraître se soucier de notre présence et sans s'effrayer beaucoup des détonations.

Je ne sais si le tournepierre retourne vraiment les galets pour chercher sa nourriture comme on l'a prétendu ; ce qu'il y a de certain, c'est qu'on le trouve plutôt dans les pierres et les cailloux du bord de la mer que sur la vase ou le sable nu. Son cri peut se *traduire* par les mots *tieu! huit!*

Sous-famille des Hœmatopodiens.

L'HUITRIER PIE

Hœmatopus ostralegus.

(Linn.)

L'huîtrier, vulgairement appelé *pie de mer* en français et *oyster-catcher* ou *preneur d'huîtres* en anglais, se nourrit plutôt de coquillages et de vers que d'huîtres, que son bec, quelque fort qu'il soit, ne lui permettrait pas d'ouvrir. Il n'a

L'Huitrier. (Taille, 0m.45)

de la pie que sa couleur blanche et noire, et en diffère absolument par son volume, car il est plus gros qu'elle, par le peu de longueur de sa queue et par la forme et la couleur de son bec et de ses pattes. Il s'en éloigne aussi par son cri, bien que quelques naturalistes lui aient trouvé quelque similitude avec celui de la pie. L'huîtrier fait entendre constamment en volant un sifflement : « *huip! huipp!..* » très criard assurément, mais qui ne rappelle en rien le cri de notre Margot.

Cependant, comme, de loin, l'huîtrier ressemble à une grosse pie sans queue, nous lui conserverons son nom de pie de mer, qui a autant de raisons d'être que celui d'huîtrier, auquel cet oiseau, gastronome douteux, n'a aucun droit.

La pie de mer a la tête, le cou et la partie supérieure du dos d'un beau noir, le bas du dos blanc. Les ailes sont noires à large miroir blanc, le ventre est blanc pur, le bec long, aplati sur les côtés, se termine à la pointe en forme de coin, et est d'une belle couleur rouge-orange. L'iris est rouge vineux, les pattes sont plutôt un peu hautes, les pieds ont seulement trois doigts épais, très légèrement palmés à leur base, et de couleur rouge très foncée.

Cet oiseau niche en mai et juin au Nord et notamment aux îles de Farn, sur les grèves, sur les rochers et dans les dunes au bord de la mer et pond deux à quatre œufs jaune-crème ou verdâtres coupés de traits et de taches brunes. Les œufs sont déposés simplement sur le sol au milieu des pierres.

Les pies de mer sont des oiseaux de rivage par excellence ; elles nous arrivent du Nord, et surtout de l'Angleterre où elles se reproduisent en grand nombre, vers le mois de juin. Elles restent sur nos plages pendant tout l'été et une partie de l'hiver, car j'en ai tué par les plus grands froids.

A leur arrivée, elles sont réunies en bandes assez considérables, et ne s'éloignent pas du bord de la mer. Elles se tiennent, à marée haute, dans les galets ou sur le bord des prairies baignées par le flot; à marée basse, elles se cantonnent sur les grèves abandonnées par l'eau ou sur les bancs découverts.

Quand elles sont en nombre, les pies de mer sont très difficiles à approcher, excepté vers le milieu de la journée, moment où elles semblent se reposer et succomber à une somnolence très passagère, qu'on a appelée le sommeil de midi.

Leur vol les fait confondre quelquefois, de loin, avec certaines espèces de petits canards, elles ont comme ces derniers le mouvement d'ailes précipité, mais moins rapide cependant, et elles se suivent en ordre, exactement les unes derrière les autres. Elles crient beaucoup en volant.

A mer haute, quand on a aperçu quelques-uns de ces oiseaux posés sous les galets, au bord du flot, on peut les surprendre en faisant un détour et en arrivant directement sur eux lorsque la berge forme une déclivité.

Sur le sable, à mer basse, on ne peut approcher que difficilement les pies de mer réunies en voliers, mais celles qui sont isolées se laissent tirer assez aisément.

Les bandes levées hors de portée viennent cependant quelquefois repasser au flot devant le chasseur. Sur le coup de feu, la troupe s'abaisse parfois et revient comme le font les pluviers.

Les pies de mer nagent-elles, ou ne font-elles, comme on l'a prétendu, que se laisser emporter par le courant sans s'aider d'aucun mouvement des pattes?

Je crois qu'elles nagent, mais, comme chez tous les échassiers, l'effort qu'elles font pour nager n'est pas aussi perceptible que celui de plusieurs palmipèdes.

Une pie de mer blessée et tombée à l'eau ne peut être rapportée que par un chien excellent nageur. J'ai vu plusieurs de ces oiseaux démontés emmener mes chiens à la mer à perte de vue, sans cependant paraître faire aucun mouvement. Sur le point d'être prises, elles plongent, mais les bons chiens finissent toujours par les atteindre.

La chair de la pie de mer est très coriace, et sent fortement le marécage, elle ne vaut rien.

L'huîtrier n'a d'autre valeur comme gibier que celle que lui donne l'intérêt que tout chasseur trouve à s'emparer d'un fort bel oiseau, assez sauvage, dont la capture représente pour lui la satisfaction de la difficulté vaincue.

CHAPITRE VII

FAMILLE DES GLARÉOLIDÉS

LA GLARÉOLE

Glareola Pratincola.

(Leach ex Linn.)

La Glaréole. (*Taille*, 0ᵐ.25)

La glaréole, connue aussi sous le nom de *perdrix de mer* en France, et sous celui de *common pratincole* en Angleterre, n'a absolument de la perdrix que la forme du bec. Elle en diffère par tout le reste. Elle est environ de la taille du merle, mais sa queue fourchue et ses ailes très aiguës la font paraître plus grosse.

Le mâle et la femelle ont le dessus de la tête, du cou et du dos gris-brun, la gorge jaunâtre, encadrée par un collier noir, bordé de blanc, partant de l'œil, passant au haut de la poitrine et remontant rejoindre l'autre œil. La poitrine est brun cendré, le dessous du ventre blanc; la queue, brune en dessus, blanche en dessous, est échancrée comme celle des hirondelles. Les ailes ont les couvertures rousses, les rémiges noirâtres. Le bec, assez gros, court, courbé et très fendu est noir, l'iris grand et brun, les paupières sont rouges, les pattes sont assez longues et minces; les pieds bruns, non palmés, ont les doigts courts et l'ongle du doigt médian est lamellé sur les bords comme un peigne.

La glaréole niche dans le midi de l'Europe et dans le nord de l'Afrique. Sa ponte est de deux à quatre œufs jaunâtres, très tachetés.

Cet oiseau ne quitte guère le Midi, visite régulièrement nos départements méridionaux et ne s'aventure que rarement dans ceux du Nord. Je n'ai jamais rencontré qu'une seule glaréole en Normandie au bord de la mer.

Les glaréoles passent dans le midi de la France au printemps et repartent en août. Elles voyagent en bandes plus ou moins nombreuses et en volant elles poussent des cris qui ressemblent à ceux des hirondelles de mer.

CHAPITRE VIII

FAMILLE DES TOTANIDÉS

M'écartant ici de l'ancienne classification, j'ai cru devoir adopter le système nouveau préconisé par M. Oustalet et comprendre dans une grande famille qui a comme point de départ le type « chevalier » la majeure partie des espèces classées autrefois parmi les Longirostres de Cuvier et les Scolopacidés des auteurs qui l'ont suivi.

Sous le nom de Totanidés, M. Oustalet a proposé d'englober en une même famille presque tous les Échassiers autres que les Rallidés et les oiseaux antérieurement classés parmi les Longirostres. Les Charadriidés devaient faire partie de ce groupe important. N'ayant ici d'autre prétention que celle de suivre une classification cynégétique, si je puis m'exprimer ainsi, concordant avec les règles admises par les savants, j'ai, pour faciliter l'étude de tous ces oiseaux, étude bien aride pour les profanes, conservé la distinction entre les échassiers à bec court et renflé à la pointe, maintenu la famille des Charadriidés ou oiseaux ayant rapport au pluvier, et compris dans la famille des Totanidés tous ceux qui se rapprochent du genre chevalier et ont le bec fin et long. J'ai conservé la subdivision en six sous-familles, ayant chacune des caractères particuliers.

Sous-famille des Numéniens.

LES COURLIS

LE COURLIS CENDRÉ

Numenius Arquata.

(Lath ex Linn.)

Le courlis cendré doit son nom à son cri qui peut se rendre exactement par les deux syllabes *cour-li!* Les Anglais le traduisent par le mot : *curlew*, nom qu'ils donnent à l'oiseau, qu'on appelle aussi en France : *grand courlis, corlui, courlieu, courieu,* en Normandie; *corla, turlui,* dans le Midi; *turlu* et *corbigeau* en Poitou; *corbichet* en Bretagne, *courvageot* et *courbageot*

Le Courlis cendré. (Taille, 0.m60)

sur le littoral du Sud-Ouest. A Paris, on le vend sous le nom de *bécasse de mer* sur certains marchés.

Le courlis est un bel oiseau, de la grosseur de la poule faisane environ. Il mesure près d'un mètre d'envergure. Haut perché sur des pattes solides d'une couleur gris-foncé, il a en avant trois doigts très épais, très légèrement palmés à leur base, et un pouce rudimentaire qui touche à peine terre. Son dos, sa tête et les couvertures de ses ailes sont d'un brun noirâtre, grivelé de blanc et de roux. Les rémiges sont d'un noir-brun; le ventre est blanc, la queue blanche ondée de noir. Le cou est long, grêle, et, ainsi que la poitrine, d'un blanc flammé de noir brun. L'iris est brun roux. Ce qui distingue surtout le courlis, c'est son bec, long de près de quinze centimètres, mince et recourbé vers la terre en forme de faucille.

La femelle est plus grosse que le mâle.

Les courlis nichent au Nord, sur les plages désertes et les landes de l'Écosse et de l'Angleterre notamment, et pondent à terre dans le gazon trois à quatre œufs jaunâtres ou vert olive et tachetés de gris.

Bien que les courlis soient des oiseaux non sédentaires on les trouve, presque toute l'année, sur le bord de la mer dans toutes nos provinces maritimes. Cependant, en règle générale, ils quittent nos côtes, pour remonter au Nord, vers le mois d'avril, et reparaissent vers la mi-juillet.

Ils sont des oiseaux de grèves, mais voyagent des rivages à la plaine suivant l'heure des marées. A mer basse, ils se tiennent constamment sur les plages ou les bancs découverts, cherchant dans la vase les vers et les petits crustacés qui forment la base de leur nourriture. A mer montante, ils suivent le mouvement du flot; s'ils ne sont pas inquiétés, ils restent quelquefois sur le rivage pendant toute la durée de la haute mer, mais, s'ils sont poursuivis, ils prennent l'habitude d'abandonner la grève pendant la pleine mer pour se retirer sur les marais et souvent même fort loin dans les plaines et les terrains humides, jusqu'au moment où la marée redescend. Ils reviennent alors sur les plages, et suivent le flot descendant, faisant leur profit de ce que la mer laisse à nu sur le sable ou sur la vase.

Les courlis sont toujours en bandes plus ou moins nombreuses, extrêmement farouches et sauvages ; je les considère même comme les plus rusés de tous les échassiers. Jamais on ne peut les approcher en terrain plat ; du plus loin qu'ils aperçoivent le chasseur ils partent en poussant leur cri pour aller se reposer à perte de vue. Il est donc inutile d'essayer de les atteindre sur les plages à marée basse. Tout au plus peut-on, par hasard, arriver à en tuer un ou deux passant isolés pour aller rejoindre le gros de la compagnie.

A mer montante ou descendante, au contraire, on peut souvent les tirer : quand on a aperçu une bande de Courlis picorant sur le sable, à peu près à portée des galets ou des bords de bancs, il faut faire un détour et arriver droit sur eux, en rampant, le plus souvent à plat ventre sur les cailloux, pour profiter de la déclivité des berges et tirer les oiseaux au départ, mais comme l'acuité de leur vue est extraordinaire, pour peu qu'ils aperçoivent l'extrémité du chapeau du chasseur surplomber la berge, ils sont debout. C'est ce qui explique l'habitude des paysans du littoral, qui se décoiffent toujours quand ils veulent approcher en rampant les oiseaux de rivage. Les chiens bien dressés se couchent même à côté du chapeau ou de la casquette déposés sur le sol et laissent leur maître s'avancer seul vers le gibier en vue. J'ai en ce moment un chien qui ne manque jamais de se fouler dès qu'il me voit me baisser. Quand on ne peut tirer les courlis au posé, ce qui est préférable parce qu'on peut alors choisir les oiseaux qui se touchent, on doit se relever vivement et choisir une victime sans tirer au hasard dans la bande qui s'enlève.

Une fois tirés, les vieux courlis s'éloignent pour ne reparaître sur la grève qu'à la marée suivante. On peut les chasser souvent avec succès, soit en faisant un trou dans le sable pour s'y cacher, soit en se ménageant un abri derrière les galets et en se servant comme appelant d'un courlis vivant ou même d'un oiseau empaillé et en faisant venir au sifflet les bandes qui passent. On tire alors les courlis posés et on en tue souvent plusieurs. Comme ils reviennent quelquefois aux blessés il ne faut pas se hâter d'aller ramasser le produit du coup de fusil.
— Les courlis viennent à tous les appelants, même aux mouettes employées dans ce but.

Le soir et le matin, au gabion, on tue fréquemment quelques-uns de ces oiseaux qui viennent se poser au bord des mares où sont piqués les canards d'appel. Le chasseur qui explore les criques formées par la mer sur les bancs a quelquefois l'occasion de peloter un courlis au cul-levé s'il a soin d'arriver perpendiculairement sur ces criques; mais c'est là un hasard.

Les courlis se prennent quelquefois aux hameçons que les pêcheurs amorcent avec des vers et qu'ils tendent sur la grève à mer basse pour prendre le poisson plat qui arrive avec la marée. Il faut cependant, pour que ces oiseaux mordent à l'hameçon, que le temps soit dur et qu'ils soient pressés par la faim.

Certains chasseurs ont imaginé un mode de chasse qui peut donner de bons résultats, mais qui demande une certaine dose d'audace et de passion.

Mettant à profit l'habitude qu'ont les oiseaux de regarder curieusement la lumière la nuit et de s'en approcher (on sait que les gardiens des phares ramassent souvent le matin des oiseaux migrateurs qui sont venus se briser la tête sur les glaces de leur lanterne), ils explorent de nuit les rivages et les bords de la mer, accompagnés d'un aide qui porte un fanal allumé, disposé de façon à laisser les chasseurs dans l'obscurité et à diriger la lumière sur les bandes de courlis qui peuvent se trouver aux alentours. Ce moyen permet, paraît-il, de tirer les oiseaux à portée. Cette chasse, renouvelée de celle qu'on faisait autrefois en Amérique, sur les fleuves, aux cygnes sauvages, qu'on approchait dans un canot à l'avant duquel brûlait un brasier de pommes de pin, peut réussir, mais elle doit être pénible et dangereuse, les plages souvent impraticables pendant le jour l'étant encore davantage pendant la nuit.

Au mois de juillet, arrivent sur les côtes de la Manche des bandes assez considérables de jeunes courlis. Ces jeunes oiseaux qu'il ne faut pas confondre avec les corlieux, dont je parlerai plus loin, sont moins défiants et s'éloignent moins que les vieux.

Le vol du courlis est rapide; l'oiseau parcourt neuf cents mètres par minute, cinquante quatre kilomètres environ par heure.

Les courlis cendrés font entendre trois cris différents : au vol, celui auquel ils doivent leur nom « *cour-li* »; quand ils sont posés, ils poussent un gloussement sifflé, qu'on peut rendre par les mots « *houit-hut!* »; quand ils sont surpris ou blessés, ils jettent un cri aigre, qu'on peut traduire par « *cruiit! cruiit!* »

Les courlis sont très durs à tuer. Comme on les tire toujours de loin, il faut employer pour leur chasse du plomb assez fort.

Leur chair sent le marécage, mais les jeunes, bien qu'ils soient souvent maigres, sont assez tendres et fournissent un rôti présentable.

LE CORLIEU OU LIVERGIN

Numenius Phœopus.

(Lath.)

Le Corlieu ou Livergin. (*Taille*, 0ᵐ.45)

Le corlieu est le diminutif du précédent; sa taille n'atteint que les deux tiers de celle du grand courlis.

Il a le bec plus court que ce dernier, relativement plus gros, arqué, noir en dessus, brunâtre en dessous. Les pattes et les pieds sont semblables à ceux du grand courlis, toutes proportions gardées, et de couleur plombée. Le dessus de la tête est brun, rayé, vers le milieu, de blanc jaunâtre, le cou est grivelé de brun ; le dos, brun, a les plumes bordées de blanc grisâtre, la queue est blanche, rayée de brun. Le ventre est blanc, la poitrine et les flancs de même couleur, mais flammés de brun, les couvertures des ailes sont brunes, ondées de gris blanc, les grandes pennes sont brun foncé.

En France on nomme cet oiseau *courlieu*, comme le grand courlis, *berge* sur le littoral du sud-ouest, sur les côtes de l'Océan, ailleurs *petit courlis, ouret, cotteret* et *livergin*. Ce dernier nom est celui usité en Normandie et surtout en baie de Seine, où le corlieu paraît plus nombreux qu'ailleurs. Les Anglais le nomment *common-whimbrel*. Je lui conserverai le nom de livergin, qui a le mérite de ne pas créer de confusion entre cet oiseau et le grand courlis qu'on désigne souvent sous le nom de corlieu, et qui est celui que j'entends depuis longtemps employer autour de moi.

Les livergins nichent au Nord, en Norwège, aux Iles Orkney, Shetland, Feroë, en Écosse, très rarement en Angleterre, quoiqu'on l'ait écrit bien souvent. Ils pondent à terre, à l'abri d'une touffe d'herbe ou sur la lande nue, trois ou quatre œufs brun olive, ou brun gris, avec des points plus sombres formant couronne au gros bout.

Ils arrivent en France, sur les côtes de la Manche, vers la fin du mois d'avril, quelquefois même à Pâques ou au commencement du mois de mai.

Les premières bandes sont peu nombreuses ; au fur et à mesure que le passage s'accentue elles deviennent plus considérables: Une partie des oiseaux remonte au Nord et repasse en septembre. Les autres restent tout l'été sur nos grèves et disparaissent en septembre seulement, sans couver.

Cette différence dans les habitudes des livergins soulève une question intéressante :

Puisque les bandes qui séjournent tout l'été en France ne

nichent point, ne seraient elles pas composées de jeunes oiseaux, qui auraient pris naissance dans les contrées méridionales où hivernent les livergins?

C'est là une première hypothèse qui m'a été suggérée par les observations que j'ai pu faire et par les affirmations d'un de mes amis qui a beaucoup pratiqué la chasse au bord de la mer.

En effet, les livergins qui arrivent en mai sont presque tous de jeunes oiseaux, la couleur claire de leurs pattes, leur peu de sauvagerie, leur ignorance absolue, aux premiers jours de passage, du danger que présente pour eux la poursuite des chasseurs, confirment cette opinion.

De vieux oiseaux sont en petit nombre mêlés à ces bandes; ils sont maigres à leur arrivée, au bout de quinze jours deviennent fort gras, mais restent coriaces et faciles à distinguer des jeunes.

Les bandes ainsi composées représenteraient donc des familles venant du Midi, où elles auraient été formées avant l'époque habituelle de la reproduction, ce qui n'aurait rien d'extraordinaire, le fait ayant été constaté pour d'autres espèces.

Une seconde hypothèse émane de M. Schlegel, naturaliste hollandais, qui a remarqué que des bandes assez considérables de livergins passent l'été en Hollande sans s'y reproduire et qui en a conclu que les oiseaux qui les composent sont des jeunes de l'année précédente qui ne seraient propres à la reproduction qu'à l'âge de deux ans.

Ces deux hypothèses sont également vraisemblables. Les livergins descendent fort avant au Midi, et ils peuvent parfaitement profiter de la douceur du climat pour faire une couvaison précoce.

Il est certain, d'un autre côté, que, s'il se trouve souvent, dans les bandes sédentaires en été, de très jeunes oiseaux, il y en a également de trop âgés pour avoir pris naissance seulement pendant les premiers mois de l'année et qui sont assurément des oiseaux de l'année précédente. Ce qui est constant, c'est que les livergins qui passent l'été en France n'y couvent pas et disparaissent en septembre. J'ai cependant tué quelques-uns de ces oiseaux en plein hiver, en temps de neige, ils étaient beaucoup plus blancs que les individus tués en été.

Le cri des livergins diffère beaucoup de celui des courlis, on peut le comparer à un rire moqueur, sifflé en descendant la gamme : *hi! hi! hi! hi! hi! hi!*

A leur arrivée en avril ou mai, les livergins sont très faciles à approcher, les premières bandes se laissent même tirer à portée sur la plage nue. Ils affectionnent les galets et le bord des grèves du côté de la terre, à l'encontre des courlis qui se rapprochent plus volontiers de la limite du flot.

Mettant à profit cette habitude, on peut, en se couvrant des abris de la berge ou du dôme des galets et en arrivant perpendiculairement sur eux, les tirer au départ plusieurs fois de suite. Ils se remettent fort près.

Cette chasse est très fatigante mais très intéressante. Les livergins reviennent toujours aux mêmes parages et restent à haute mer dans les galets, mais, quand au bout d'un certain temps ils ont été souvent tirés, ils finissent par faire comme les courlis, et abandonnent la grève à marée haute pour se répandre sur les marais et les plaines avoisinantes. Ils en arrivent même à se mêler aux bandes de courlis, ce que j'ai pu constater souvent en juillet.

Comme les livergins adoptent certains endroits de la plage et qu'ils rayonnent de l'une à l'autre de ces stations quand ils ont été levés, deux chasseurs peuvent se les renvoyer sans trop de fatigue. Avant de se poser, les oiseaux explorent le terrain, mais il suffit que le chasseur soit légèrement dissimulé pour qu'ils ne se doutent pas de sa présence. Un jour, attendant à un de ces endroits une bande qui venait d'être levée au loin, je me couchai à plat ventre sur le haut des galets de la berge. Les livergins, au cours de leurs circonvolutions, m'effleurèrent littéralement plusieurs fois les épaules et finirent par se poser à dix pas devant moi. Des courlis n'auraient pas fait de même.

Pendant les grandes chaleurs, en juin et juillet, lorsque les galets surchauffés émettent ce rayonnement qui semble faire vaciller les couches d'air et les rendre perceptibles à la vue, quand tout semble accablé sous un soleil de plomb, les livergins tiennent dans les cailloux. On les tire alors au départ absolument comme des perdreaux, et, comme on voit la remise, on peut les surprendre à nouveau et faire une chasse productive.

Un de mes vieux compagnons de chasse a tué un jour huit livergins d'un seul coup de fusil; je n'ai jamais atteint ce chiffre, mais les coups doubles et les doublés ne sont pas rares.

Les livergins, qui sont plus nombreux qu'on ne croit généralement sur certains points du littoral, forment encore une de ces catégories d'oiseaux peu connus du commun des chasseurs, des occasionnels de la chasse de mer si je puis m'exprimer ainsi, retenus dans les villes au moment des passages. Ils sont réservés aux professionnels de cette chasse qui sont seuls à même de profiter de toutes les apparitions des espèces si variées qui composent la sauvagine.

LE COURLIS A BEC GRÊLE

Numenius tenuirostris.

(Vieill.)

(*Taille*, 0^m.45 *environ*)

Confondu très souvent avec le livergin, ce courlis n'en diffère en effet que très peu; seulement le bec qui chez le livergin est assez gros, un peu grossier, même, est chez lui très délié et à peu près de la même grosseur à la base qu'à l'extrémité. Les grivelures de la poitrine au lieu d'être brunes et pour ainsi dire lavées, sont presque noires et bien marquées. La taille est exactement la même que celle du livergin.

Ce courlis est plus rare dans le Nord que le précédent. Il fréquente de préférence les bords de la Méditerranée, ce qui lui a valu en Angleterre, à côté du nom de *Slender billed curlew* ou courlis à bec mince, celui de *Méditerranean curlew* ou courlis de la Méditerranée. On le rencontre cependant quelquefois en Picardie et en Normandie où on le nomme *petit courlis* et où on le prend souvent pour un jeune courlis. Sa voix est moins perçante que celle de ses congénères. Il a un peu le cri du courlis cendré, mais plus faible. Il siffle sur un ton doux et sans variations.

Contrairement aux autres courlis qui nichent plus ou moins régulièrement au Nord, il couve, en Afrique et dans le midi de l'Europe, quatre ou cinq œufs, blanchâtres, tachetés de points bruns plus nombreux au gros bout.

Sous-famille des Scolopaciens.

BÉCASSES ET BÉCASSINES

Cette subdivision comprend les bécasses, les bécassines et les macroramphes.

Tous ces oiseaux sont caractérisés par des pattes de hauteur moyenne, un bec long et garni d'un sillon sur toute l'étendue de la mandibule supérieure. Leur vol est rapide et leur chair très délicate. La bécasse, qui ne peut être considérée comme oiseau de marais, fait partie des Scolopaciens.

Je n'en dirai que deux mots en passant. Nous la retrouverons peut-être un jour avec les oiseaux de plaine et de bois.

LA BÉCASSE

Scolopax rusticula.

(Linn.)

La bécasse n'est ni un oiseau de mer ni un oiseau de rivière ni un oiseau de marais. Elle ne saurait donc trouver ici sa place. C'est un oiseau de bois. Et cet ouvrage ne comprenant absolument que les espèces classées parmi la sauvagine, je suis contraint de saluer simplement au passage, au rang qu'il occupe dans les classifications scientifiques, cet échassier si connu et si justement renommé.

Un volume serait du reste nécessaire pour en parler d'une façon complète. Donnons-lui donc rendez-vous dans les bois d'abord, sur un autre terrain ensuite, si je me décide à faire un jour pour le gibier de plaine et de bois ce que je fais aujourd'hui pour le gibier d'eau.

LES BÉCASSINES

La nature a varié à l'infini l'espèce des créatures qu'elle a répandues à profusion sur chacun des terrains différents qui couvrent la surface du globe.

Chez les oiseaux, en particulier, cette variété répond parfaitement aux ressources que peuvent leur offrir simultanément la terre, l'eau et les airs, qu'ils animent et auxquels ils contribuent à donner la vie.

Aussi, de même que nous voyons les marais, qui présentent à leurs hôtes les avantages qu'ils peuvent retirer de ces trois éléments, donner asile à des oiseaux qui ne quittent les abris que leur offre la terre, avec ses massifs fourrés, qu'après avoir épuisé toutes les ressources qu'ils trouvent dans la vitesse de leur course; de même que nous constaterons que ces mêmes endroits permettent aux oiseaux plongeurs d'user de la faculté qui leur a été donnée de disparaître sous les eaux, de même nous reconnaîtrons qu'il fallait aux marécages des oiseaux se fiant uniquement à leurs ailes et à la rapidité de leur vol pour échapper à la poursuite de leurs ennemis.

La nature n'a point failli à ces règles et a répandu sur tous les marais l'espèce des bécassines qui n'a pas de similaire.

Comme la plupart des oiseaux aquatiques, qui, vivant dans des lieux où l'eau leur est indispensable et qui, ne trouvant leur subsistance que dans un sol détrempé, ne peuvent stationner dans les endroits où la gelée supprime l'eau en la solidifiant, les bécassines sont des oiseaux de passage : elles gagnent les climats tempérés quand les rigueurs de l'hiver les chassent des contrées où, pendant la belle saison, elles pouvaient trouver un terrain répondant aux exigences de leur organisation.

Les bécassines, n'ayant ni la faculté de courir longtemps à terre, ni celle de plonger avec assez de rapidité pour chercher leur salut dans ces moyens de défense, ne demandent qu'à la prestesse de leur vol le soin de leur conservation. Elles parcourent en une minute quinze cents mètres, en une heure de quatre-vingt-quatre à quatre-vingt-dix kilomètres.

Aussi, comme la chasse n'a sa raison d'être qu'autant qu'elle offre à celui qui la pratique la satisfaction de la difficulté vaincue, comme, d'un autre côté, la délicatesse de sa chair en fait un gibier de choix, la bécassine est considérée comme un des oiseaux méritant au plus haut point les peines et l'adresse que demande la chasse au marais.

LA DOUBLE BÉCASSINE

Gallinago major.

(Leach.)

Il passe en France trois espèces de bécassines :
La double bécassine.
La bécassine ordinaire.
La petite bécassine ou bécassine sourde.

La double Bécassine. (*Taille*, 0ᵐ.29)

Quand je dis que les trois espèces passent en France, j'exagère peut-être un peu.

La double bécassine est extrêmement rare chez nous.

Peu de chasseurs l'ont rencontrée. Beaucoup ignorent son existence. Quelques-uns la nient ; d'autres au contraire prétendent en avoir tué beaucoup. Ils se trompent les uns et les autres.

Il vient des doubles bécassines en France, mais en très petit nombre, et leurs passages, si passages il y a, sont très irréguliers.

Elles n'arrivent pas, en tout cas, avec les autres bécassines, elles apparaissent parfois en août et en septembre, mais surtout en mars et en avril. Il n'en reste pas en hiver.

En réalité, la France n'est pas pour elles une étape habituelle. Elles ont leurs contrées de prédilection : l'Allemagne, l'Autriche et la Russie en Europe ; la France ne les reçoit que par hasard. Il paraît cependant qu'on en tue quelques-unes dans le Midi.

Il ne faut pas, du reste, que ce gibier ait été jamais bien commun en France, puisque Buffon n'en fait pas mention. On m'objectera que Buffon, « naturaliste de cabinet », pouvait parfaitement ignorer l'existence d'un gibier dont on ne parle point couramment, mais ses descriptions, fort exactes, il faut le reconnaître, sont faites d'après l'examen de sujets qu'on lui envoyait de tous les points du globe, et il n'aurait pas manqué de reconnaître les différences scientifiques qui distinguent la double bécassine de la bécassine ordinaire, si ses correspondants lui avaient fait parvenir un de ces oiseaux provenant de France.

Il est d'autant plus étonnant que Buffon ait omis de décrire la double bécassine, qu'il a emprunté *tous* ses renseignements, en ce qui concerne les oiseaux de marais de nos pays à Baillon et Hébert, les deux chasseurs naturalistes qui ont peut-être pratiqué avec le plus de succès, de science et de passion la chasse au marais à une époque où les marais de Picardie, notamment, où opérait Baillon, devaient offrir aux chasseurs et aux naturalistes un champ d'études qui doit faire rêver ceux d'aujourd'hui.

Cependant, c'est un fait, il y a des doubles bécassines en France, mais en si petit nombre, qu'un des chasseurs de bécassines les plus distingués de notre temps, M. G. de M..., écrit n'avoir eu l'occasion, pendant sa carrière, que d'en tuer en tout six, ce qui prouve bien que la double bécassine est extrêmement rare en France.

Quant à moi, je n'en ai jamais tué qu'une seule, il y a environ seize ans, dans un marais à l'embouchure de la Seine. Je n'en ai jamais revu en chassant.

Les résidences de ces oiseaux paraissent être surtout la Russie, l'Autriche et l'Allemagne. Un de mes amis m'assure en avoir tiré un certain nombre dans le grand duché de Bade. Ils sont rares en Belgique où on les nomme, je ne sais pourquoi, *madeleines*.

J'ai dit en commençant que plusieurs chasseurs croyaient avoir tué beaucoup de doubles bécassines. Leur erreur provient de ce qu'ils n'en ont jamais vu de véritables.

La double bécassine diffère de la bécassine ordinaire tout d'abord par sa taille, qui se rapproche de celle de la bécasse.

Comparée à une bécasse et à une bécassine commune, elle ressemble plutôt à une petite bécasse, avec cette différence que sa poitrine est grivelée au lieu d'être rayée transversalement comme celle de la bécasse. De plus, les ailes de cette dernière sont, aux couvertures et à l'articulation, d'un roux ardent, celles de la double bécassine sont simplement noires, marquées de jaune et de blanc. La bécassine double a, sur la tête, deux lignes noires que n'a pas la bécasse qui a le front fauve clair, et sa couleur est, sur le manteau, beaucoup plus foncée. La double bécassine a la poitrine plus fauve que la bécassine ordinaire, et son ventre est grivelé, alors que celui de cette dernière est blanc, et les plumes latérales de sa queue sont blanches alors que celles de la bécassine ordinaire sont rayées de brun. Les rectrices sont au nombre de seize tandis que, sauf quelques exceptions, elles ne dépassent pas quatorze chez la bécassine commune.

Le dos de la double bécassine est noir-brun velouté, le bord des plumes garni de jaune fauve, le cou est grivelé sur fond fauve clair, les ailes sont noires, marquées de blanc et de jaune, mais les couvertures de ces ailes ne présentent pas, ainsi que le dos, ces quatre lignes jaune-fauve doré qui caractérisent la bécassine ordinaire.

La queue est noire, ondée de blanc et de roux et a l'extrémité bordée de noir, avec les rectrices externes blanches. Le bec est plus court que celui de la bécassine commune.

La femelle est plus petite et a des couleurs plus ternes que le mâle.

Il ne peut y avoir de doute quand on a tué ou examiné soigneusement une double bécassine, mais ce qui a pu faire croire à certains chasseurs qu'ils avaient tué des doubles bécassines, c'est que les bécassines ordinaires varient beaucoup de grosseur et de poids.

Le poids moyen d'une bécassine ordinaire est de 110 grammes environ, mais il y en a qui pèsent jusqu'à 220 grammes, beaucoup, par contre, surtout en mars, ne pèsent que 80 à 85 grammes.

Il n'est donc pas étonnant qu'un chasseur, ayant tué une bécassine pesant 50 ou 100 grammes de plus que celles qu'il tue ordinairement, ait pu croire qu'il avait tué une double bécassine. L'erreur se comprend d'autant plus facilement que les bécassines qui arrivent à atteindre un développement anormal partent souvent comme la double bécassine, c'est-à-dire sans crier et sans faire de crochets. Il m'est souvent arrivé de tuer ainsi des bécassines isolées, partant à la sourdine au bord d'une clairière, qu'un observateur superficiel aurait parfaitement pu prendre pour des doubles bécassines.

Je suis d'autant plus convaincu que ceux qui m'ont dit avoir tué des doubles bécassines dans ces conditions font une confusion, qu'un chasseur de bécassines fort habile, voisin du marais où ces oiseaux auraient été tués, m'a affirmé n'y en avoir jamais rencontré, et il parle en connaissance de cause, puisqu'il a chassé quelque temps en Autriche où il a tué des doubles bécassines, ce qui le met à même de pouvoir les distinguer parfaitement des autres.

Je sais bien que je ne vais pas convaincre tout le monde et que plusieurs de mes confrères persisteront à affirmer qu'ils ont tué des doubles bécassines *en quantité*, mais tous les chasseurs ne sont point naturalistes et on doit leur pardonner, comme profanes, d'appeler doubles bécassines des bécassines d'un poids presque double du poids ordinaire.

Il paraît que la double bécassine ne pond, sur les marais dans les roseaux, que trois ou quatre œufs roux-clair, tachetés de brun-noir. Ce fait pourrait expliquer sa rareté si, dans ses pays d'origine, elle ne se trouvait en grand nombre. Il ne nous reste donc qu'à regretter que la France ne soit pas comprise dans ces pays privilégiés qui comptent les doubles bécassines parmi les espèces qui peuplent régulièrement leurs marais.

LA BÉCASSINE ORDINAIRE

Gallinago scolopacina.

(Bp.)

Passons à la bécassine proprement dite, *the snipe* des Anglais. Un peu plus forte que la grive, elle a le bec droit, mince et d'une longueur qui paraîtrait démesurée s'il ne s'harmonisait par-

La Bécassine ordinaire. (*Taille*, 0^m,27)

faitement avec les formes élancées de l'oiseau. La tête est rayée longitudinalement de deux lignes noires, alternant avec des lignes jaune-fauve, le cou est grivelé, la gorge et la poitrine sont lavées de roux, mouchetées de noir, le ventre est blanc, la queue noire, marquée de blanc et de roux et bordée de noir ; le dos et les couvertures des ailes sont d'un brun foncé, velouté, et ont les plumes terminées par des pointes lancéolées d'un jaune-roux en pinceaux, qui, se rejoignant, forment quatre lignes claires sur le dos. L'extrémité des ailes est brun foncé.

La femelle, à peu près de la même taille que le mâle, a le jaune-roux des quatre lignes du dos plus blanchâtre.

La bécassine ordinaire est la bécassine commune de France, celle dont la chasse est entre toutes la plus élégante, la plus difficile, la plus passionnante.

Dédaignée par les mauvais tireurs, peu recherchée par les chasseurs trop rustiques qui craignent de perdre un coup de fusil et ne convoitent que les grosses pièces, la bécassine paraît réservée aux délicats de la chasse comme elle l'est aux délicats de la table.

Les Anglais, surtout, sont fanatiques de sa chasse et plusieurs d'entre eux font pour s'y livrer des déplacements considérables.

La bécassine est, du reste, un gibier quelque peu anglais puisque beaucoup de ces charmants oiseaux nichent en Angleterre, dans les comtés de Norfolk, Cambridge, Lincolnshire et Suffolk, et dans une grande partie de l'Irlande.

Quelques bécassines couvent, paraît-il, en France, mais en très petit nombre. On en a cependant découvert quelques nichées dans l'Allier, sur les hauteurs des environs de Vichy. M. E. Bellecroix a pu observer que la bécassine ordinaire niche régulièrement dans les prairies marécageuses des montagnes de la Madeleine sur les confins de l'Allier et de la Loire. Je n'ai pas entendu dire qu'on ait trouvé des couvées sur nos marais, je n'en ai jamais vu ; elles paraissent plutôt se rencontrer sur les hauteurs incultes et couvertes de bruyères. La bécassine ordinaire pond quatre ou cinq œufs d'un roux-olivâtre, tachetés de noir ou de brun.

Les bécassines commencent à arriver en France vers la fin de mois de juillet, mais, en réalité, leur passage dure du mois d'août au mois de novembre. Elles restent quelque temps sur les marais avoisinant les côtes, puis elles se répandent à l'intérieur, descendant peu à peu vers le Midi à mesure que le froid augmente dans le nord.

On dit couramment, en Normandie, que la bécassine arrive aux premières gelées. Il paraît, en effet, y avoir sur les marais des passages importants au moment des premiers froids. Je crois, après m'être renseigné soigneusement et après bien des observations personnelles, que ces passages apparents sont alimentés simplement par les bécassines disséminées à l'intérieur des terres, qui, ne trouvant plus en temps de gelée leur subsistance sur les terrains durcis, tombent en masse sur les marais à eaux vives et y restent pendant le jour au lieu de n'y séjourner que la nuit.

Il faut remarquer, en effet, que les bécassines qui stationnent dans nos contrées avant les grands froids passent leur nuit sur les marais et retournent dès le matin, souvent avant le jour, dans les prairies ou sur les bruyères avoisinant ces marais, et surtout sur les hauteurs incultes. C'est pourquoi il peut y avoir beaucoup de bécassines dans un pays sans qu'on en trouve une seule sur le marais.

J'ai pu m'assurer de ce fait à mes dépens, il y a quelques années :

On m'avait averti qu'un passage important de bécassines avait lieu au Marais-Vernier, à l'embouchure de la Seine. A mon arrivée, je constatai qu'effectivement suivant leur déplorable habitude les habitants de Quillebeuf avaient pris au lacet beaucoup de bécassines. Je n'en trouvai pas une seule sur le marais. La nuit suivante, les lacets avaient encore fait leur office. Je finis par me rendre aux raisons qui me furent données par un des tendeurs et par me convaincre que les bécassines passaient leur nuit au marais, puis disparaissaient pendant le jour.

Aux premiers jours de gelée, la situation change : la chasse de jour, aussi bien pour les tendeurs de lacets que pour les chasseurs au fusil, devient productive, la bécassine reste au marais.

Lorsque le froid persiste, les bécassines abandonnent nos contrées, quelques-unes seulement restent cantonnées dans les endroits remplis de sources et d'eaux vives.

En mars, a lieu le passage de retour : les bécassines quittent la France pour retourner au Nord, couver et élever leurs petits. Ce passage est de courte durée, mais plus fourni que celui d'automne. L'essentiel pour le chasseur c'est de ne pas le manquer.

La bécassine, étant un oiseau essentiellement passager, ne peut donc faire l'objet d'une chasse suivie et il ne suffit pas de se rendre sur un marais pour toujours faire une ample moisson de ce délicieux gibier.

Quand il n'y a point passage, le chasseur de marais tirera peut-être quelques bécassines isolées, mais il pourra rechercher les autres espèces de gibier qui peuplent en tout temps les marécages.

Quand il y a passage, c'est autre chose, et le chasseur devra négliger les oiseaux de rencontre, surtout les oiseaux coureurs, pour ne s'attacher qu'à la recherche de la voyageuse et profiter de son séjour presque toujours fort court.

Au marais, les bécassines se tiennent de préférence dans les endroits où l'eau n'est pas profonde. Elles affectionnent les courtes laîches et les prairies où les bestiaux ont défoncé le sol.

Les clairières tapissées d'herbes vertes, le bord des flaques d'eau, leur plaisent mieux que les endroits trop fourrés et surtout que les grands roseaux où elles paraissent ne pénétrer que rarement.

Dans les grandes prairies inondées, la bécassine est partout ; dans les pas des bestiaux ou au bord des fossés ; il faut remarquer, toutefois, qu'au marais ou dans la prairie, les bécassines ont certains endroits de prédilection où on en trouve toujours une ou plusieurs, quelquefois pendant toute une saison. On ne doit jamais négliger de rendre visite à ces stations préférées.

Quand il doit y avoir une perturbation atmosphérique importante, un fort coup de vent, les bécassines tombent souvent en masse sur les marais et se tiennent toutes le long des fossés, des haies ou autres abris, du côté où la tempête doit arriver. J'ai été plusieurs fois témoin de cette particularité qu'on m'avait du reste déjà signalée. Elles partent alors de fort près.

Quand il y a beaucoup d'eau sur le marais ou sur la prairie, les bécassines partent toutes dès que l'une d'elles se lève et semblent se rallier en bande à son cri.

Toutes celles qui se trouvent à proximité disparaissent ainsi et le chasseur risque fort de n'en point lever une seule à portée.

En temps ordinaire, une bécassine, après son évolution, s'élève à une grande hauteur pour se reposer quelquefois très près de l'endroit où elle a été levée, quelquefois fort loin, mais bien souvent aussi pour monter à la côte, disent les chasseurs, c'est-à-dire, abandonner le marais et aller gagner les hauteurs, d'où elle ne reviendra que le soir.

Pour chasser exclusivement la bécassine, il faut un chien de haut nez, arrêtant de loin, et ne s'occupant ni des râles, ni des autres coureurs de roseaux.

La bécassine part généralement de loin, quelquefois au moindre bruit. Les chiens anglais sont tout indiqués pour cette chasse.

Dans les prairies légèrement humides, le pointer fait merveille. Sur les marais profonds et fourrés, le setter qui craint moins l'eau, me paraît préférable. La bécassine ayant un fumet très prononcé, ces chiens l'éventent de fort loin et permettent de la tirer à portée et sans surprise, ce qui est l'essentiel.

Elle ne piète guère, et une fois arrêtée, elle tient l'arrêt. Un chien de grand nez est d'autant plus indispensable pour cette chasse, que, suivant les circonstances, il est quelquefois avantageux de battre le marais le dos au vent, contrairement à la règle générale. En effet, la bécassine part devant le chasseur dans le sens où elle est levée, puis après avoir poussé quelques cris chevrotants, et après deux ou trois crochets, elle met le bec au vent et file droit.

Beaucoup de chasseurs ne cherchent donc la bécassine que le dos au vent, pour pouvoir la tirer quand, après sa première évolution si mouvementée, elle opère son mouvement tournant pour filer contre le vent et se présenter ainsi en plein travers.

Quand il y a du vent, c'est la meilleure méthode à employer, à la condition toutefois de reprendre ensuite le marais à bon vent pour permettre au chien de retrouver les oiseaux qu'il aurait pu laisser derrière lui à mauvais vent.

En temps calme, au contraire, on peut chasser le vent debout et tirer la bécassine filant devant soi, avant ses crochets, ou après quand elle vole droit.

La bécassine s'enlève prestement, et le chasseur doit, pour la tirer avec succès, faire preuve d'une prestesse égale, en n'oubliant pas, toutefois, que cette prestesse exclut la précipitation.

Voyez la bécassine : elle s'élance brusquement, mais reste parfaitement maîtresse d'elle-même. Quelque surprise qu'elle ait été, elle fait ses crochets, tâte le vent et opère son évolution.

Soyez aussi très vif, épaulez rapidement, mais n'oubliez pas de faire ce mouvement indispensable au moyen duquel vous devez toujours rectifier votre tir avant de presser la détente. Beaucoup de chasseurs manquent la bécassine parce qu'ils tirent sur la gâchette en mettant leur fusil à l'épaule, d'autres la manquent parce qu'ils ne font point leur mouvement de rectification assez rapidement, essaient de suivre l'oiseau, ce qui est bien difficile, et le tirent en tout cas trop loin.

Le tir de la bécassine est un tir tout particulier et qui demande une très grande habileté qu'on acquiert cependant avec l'habitude et le sang-froid.

Il est assez difficile de dire quel est le meilleur fusil et quelle est la meilleure charge pour chasser la bécassine.

Les Anglais se servent du fusil cal. 12. avec 4 gr. 1/2 ou 5 gr. de poudre noire ou l'équivalent de poudre pyroxylée avec 25 à 28 grammes de plomb n° 6 anglais, dont la grosseur est un peu supérieure au plomb n° 8 de Paris.

En France, on se sert du fusil cal. 12 ou cal. 10, avec forte charge de plomb 50 g. pour le 12 et jusqu'à 70 gr. pour le 10. On emploie le plomb n° 8 ou 10 de Paris.

Certains chasseurs, au contraire, préconisent le fusil cal. 16 et même 20 avec pleine charge de plomb et de poudre. Il ne m'appartient pas d'examiner ici les raisons données par les uns et les autres pour expliquer leur préférence pour tel ou tel calibre.

Je dirai seulement qu'en règle générale la bécassine se tire de loin, qu'elle ne présente au tireur qu'une surface très restreinte, vu son petit volume, et qu'un coup de fusil serré et à vitesse initiale considérable me paraît indispensable. L'oiseau vole très vite et le tireur doit tirer vite. Avec un fusil chargé pour donner une grande vitesse initiale, le coup est plus serré et le tireur me paraît plus sûr de sa visée, parce que le plomb allant plus vite, il a besoin de tirer la pièce moins devant, si elle vole en travers, moins au-dessus, si elle file droit. Pour un gibier volant aussi vite que la bécassine et de si petite taille, cela a une grande importance.

On obtient un coup serré, à vitesse initiale suffisante, en se servant du cal. 12 chargé soit avec 5 g. à 5 g. 1/2 de poudre noire forte, soit avec l'équivalent de poudre pyroxylée et 35 à 40 grammes de plomb n° 10 ou mieux 8 de Paris, avec bourres grasses épaisses; à mon avis, c'est la charge à employer.

Bien des chasseurs préfèrent cependant un coup écartant et couvrant beaucoup. De près, en effet, avec une telle charge, un tireur médiocre a plus de chances. Mais de loin, avec un semblable coup de fusil, la bécassine passera au milieu des plombs ou, si elle est touchée, elle ne le sera que par un ou deux grains, qui, sans grande pénétration, ne l'arrêteront point.

A ce sujet, je vais me trouver en contradiction avec un des auteurs cynégétiques les plus en vue en ce moment. Dans un traité de chasse, fort bon du reste en son ensemble, cet écrivain consacre deux pages de son ouvrage à s'extasier sur la facilité avec laquelle tombe une bécassine qui a reçu le moindre grain de plomb : « Jamais on ne fait échec à la bécassine ! dit-il. Jamais on n'a entendu dire à un chasseur qu'il ait tué une bécassine blessée par un autre; une bécassine qui reçoit la moindre égratignure tombe en chiffon comme une jolie femme qui s'évanouit ! » Rien de plus inexact.

La bécassine est aussi *dure à tuer* que tout autre gibier, elle a plus de vitalité même que certains oiseaux de passage.

Les Anglais, qui s'y connaissent, et qui pourtant tiennent pour le petit plomb, proscrivent tout plomb plus petit que leur n° 6 (plus gros que le n° 8 de Paris), parce que, disent-ils, avec de trop petit plomb on ne fait que blesser les bécassines sans les tuer. Je crois cependant qu'on peut employer avec succès le 8, le 9 et même le 10, à condition de se servir de poudre vive, mais il est certain qu'il est faux de dire qu'on ne blesse jamais une bécassine et que le moindre plomb l'abat. Une bécassine va quelquefois très loin avec plusieurs grains de plomb dans le corps.

Un auteur anglais cite ce fait que plusieurs bécassines, après avoir reçu une charge de plomb n° 10, ont traversé un lac apparemment sans blessures et ont été retrouvées mortes seulement le soir par les chasseurs traversant en barque le lac au bord duquel elles avaient été tirées.

J'ai trouvé moi-même et mes chiens ont pris plusieurs bécassines blessées, et pour ne citer que ce qui m'est arrivé l'an dernier seulement, je pourrais rapporter cinq exemples de la vitalité des bécassines. Je me bornerai à citer celui-ci : une bécassine tirée avec du plomb n° 10 a été se remettre à 200 mètres environ de l'endroit où je l'avais tirée. Relevée et n'ayant pu être tirée de nouveau, elle s'est remise 100 mètres plus loin. Là, je l'ai trouvée raide morte. Elle avait fourni deux vols avant de mourir. Par curiosité, je visitai ses blessures. Elle avait reçu *cinq grains* de plomb n° 10, deux dans une cuisse, un, entré auprès du croupion, avait traversé les intestins et le foie, les deux autres avaient pénétré dans le dos et étaient restés sous la peau.

Comme les quatre autres bécassines qui pourraient me servir d'exemple étaient tombées à peu près dans les mêmes conditions, comme les années précédentes j'ai été témoin plusieurs fois de faits analogues, il m'est permis de m'étonner que ceux qui ont chassé souvent la bécassine puissent affirmer que, « pour cette délicate, une blessure c'est la mort, et qu'un seul plomb la lui donne ». Je dirai donc aux débutants de ne point considérer toujours comme manquée et perdue une bécassine qui se remet à courte distance, après un coup de fusil en apparence sans résultat. Qu'ils se rendent à la remise, ils retrouveront peut-être leur oiseau. C'est un conseil qu'on m'a donné il y a longtemps et dont j'ai tiré souvent profit.

LA BÉCASSINE SOURDE

Gallinago Gallinula.

(Bp.)

La Bécassine sourde. (*Taille*, 0ᵐ.20)

Avec celle de la bécassine ordinaire dont nous venons de parler, nos marais reçoivent tous les ans la visite de la petite bécassine ou bécassine sourde, *jack snipe* en Angleterre, *pas de bœuf*, *bécot* ou *bécasson* en Normandie.

Elle est presque moitié plus petite que la précédente, a le bec et les pattes plus courts et le plumage plus brillant. Moins élégante que la bécassine commune comme formes générales, elle a un habit plus richement orné.

Sa tête est noire, tachetée et rayée de roux et de jaune, le dessus du cou est nuancé de brun, de blanc et de roux, le dos est noir, rayé longitudinalement de longs traits jaunes avec certaines plumes s'allongeant en forme de faucille, le bas du dos prend des tons irisés et violacés, la queue est noire et rousse, le ventre est blanc, la poitrine et la gorge sont blanches, marquées de roux et de noir. Les ailes sont brunes avec les plumes bordées de roux et de gris aux couvertures, brunes à l'extrémité, le bec est noir, les pieds sont vert-tendre, l'œil est noir. L'or et le velours forment la partie dominante de ce vêtement qui renferme un morceau de choix ; la petite bécassine est encore plus délicate que sa cousine, elle est aussi plus paresseuse, partant plus grasse.

Elle a horreur du mouvement. Elle arrive en France vers la mi-septembre et reste sur nos marais en assez grand nombre, d'une façon sédentaire, jusqu'en décembre.

Elle niche dans les climats tempérés, dans la Russie méridionale surtout. Elle pond quatre à cinq œufs brunâtres, tachetés de noirâtre, dans un nid construit à terre dans les laîches et les roseaux.

Le meilleur moment pour la trouver en masse est le mois de novembre, avant les gelées. Elle disparaît en décembre presque complètement et repasse rapidement en mars.

Elle reste jour et nuit sur les marécages et ne fait pas de va-et-vient entre la plaine et le marais. Elle se plaît dans les endroits fourrés, sans cependant se cantonner dans les grands massifs de roseaux ; les couverts moyens ont sa préférence, elle se tapit aussi dans les glaïeuls ou iris de marais, ce que ne fait pas la bécassine commune.

A l'encontre de cette dernière, elle ne part que sous le nez du chien ou sous les pieds du chasseur; encore faut-il qu'on lui marche littéralement sur le corps pour la faire lever sans chien. Cette habitude lui a fait donner le nom de sourde. Elle ne l'est point cependant, et le bruit paraît, au contraire, la terroriser et la faire tenir davantage.

Elle piète pourtant devant le chien et ne se laisse arrêter qu'à la dernière extrémité, mais, lorsque levée une première fois elle se remet, elle ne bouge pas, se blottit, se gîte en quelque sorte, et, ne laissant percevoir au chien aucun sentiment, elle est fort difficile à relever. Il faut pour la retrouver des chiens de nez très fin. Quant au chasseur, il a beau avoir remarqué l'endroit précis où elle s'est reposée, il la laissera neuf fois sur dix sans l'apercevoir. Elle ne fait que des vols fort courts et se remet à une cinquantaine de mètres de l'endroit où on l'a levée. Comme elle se repose toujours sur le marais et qu'on voit exactement l'endroit de la remise, elle est peut-être le petit gibier qui fait faire aux chasseurs le plus de marches et de contre-marches. On finit presque toujours par l'avoir, mais elle donne bien du mal et coûte souvent bien des coups de fusil. Quoi qu'on ait dit, la petite bécassine n'est pas une pièce immanquable. Sa petitesse, son brusque départ sous les pieds du chasseur, son vol souvent irrégulier, sans évolutions systématiques comme celui de la bécassine, font de la petite sourde un oiseau difficile à atteindre, surtout dans les endroits fourrés où elle paraît chercher à se dérober derrière les grands roseaux; à la prairie nue, son vol est plus droit et elle est relativement plus facile à tirer. Cependant elle a le coup d'aile moins rapide que celui de la bécassine, et, comme elle part de très près, elle échappe moins souvent qu'elle au plomb d'un tireur même de force ordinaire. On peut, pour la sourde, se servir de plomb n° 10 avec charge ordinaire de poudre. Un coup large peut parfaitement convenir, puisqu'on la tire toujours trop près.

Ce que j'ai dit de la vitalité de la bécassine peut s'appliquer à la bécassine sourde. Elle va quelquefois tomber fort loin raide morte, sans que rien ait pu faire croire au tireur qu'il avait visé juste.

La sourde ne prend pas le vent comme la bécassine, elle part comme elle peut et on la tire comme on peut.

Les petites bécassines, étant presque sédentaires pendant tout l'automne et se trouvant en assez grand nombre dans certains marais, donnent aux chasseurs l'occasion de tirer souvent et de remplir leur carnier d'un excellent gibier; à ces deux points de vue, elles méritaient la petite digression que mes lecteurs, si j'en ai et s'ils sont chasseurs, voudront bien me pardonner.

LE MACRORAMPHE GRIS

Macroramphus griseus.

(Leach ex Gmel.)

(*Taille,* 0ᵐ.29)

Cet oiseau forme la transition entre les bécassines et les barges.

De la taille de la bécassine double, il a le bec aussi long qu'elle, mais s'en distingue par une tête beaucoup plus arrondie et par les doigts légèrement palmés à leur base.

En été, le macroramphe a le dessus du corps roux, marqué de noir, le dessous roux clair, tacheté. Les grandes pennes des ailes sont noires, la queue est blanche, barrée de noir. En hiver, le dessus du corps tourne au grisâtre maillé de noirâtre, les dessous deviennent blancs.

Les mœurs de cet échassier qui est originaire de l'Amérique du Nord et qui ne fait en Europe et en France que des apparitions tout à fait accidentelles, sont à peu près inconnues. S'il vous arrive d'abattre un oiseau se rapprochant de la description qui précède, faites-le soigneusement naturaliser.

Sous-famille des Limosiens.

LA BARGE A QUEUE NOIRE OU GRANDE BARGE

(*Limosa Œgocephala.*)

(Leach ex Linn.)

La barge à queue noire ou grande barge atteint presque la taille du livergin ou corlieu, soit celle du pigeon ramier.

Ses pattes très hautes,

La Barge à queue noire. (*Taille,* 0m.40 à 45)

et ses pieds légèrement palmés entre le doigt externe et le doigt médian jusqu'à la première articulation, sont noirs. L'ongle du milieu est dentelé. Elle a le bec deux fois aussi long que la tête, flexible, épais et droit à la base, fin à l'extrémité, très retroussé et arqué en l'air.

En été, le dessus de la tête est roux, légèrement grivelé de brun, ainsi que le cou ; le haut du dos a les plumes noires, bordées de roux, le bas du dos est brun foncé, la queue est blanche à la base et entièrement noire à l'extrémité, le dessous du cou, la poitrine et les flancs sont roux, barrés de lignes noires ondulées ; le ventre est blanc, le dessous de la queue de même couleur et strié de noir. Le dessus des ailes est gris cendré festonné de roux et de blanc ; les grandes pennes sont noires, avec un miroir blanc caché en partie quand l'oiseau est au repos.

En hiver le dos devient brun cendré, la poitrine et la gorge perdent leurs tons roux et deviennent grisâtres.

La femelle, à chaque saison, a les mêmes couleurs que le mâle mais moins vives. Elle est toujours plus grande que lui. Ces oiseaux ont l'iris brun roux.

Les grandes barges nichent en Islande et pondent quatre œufs olive-foncé, piquetés de brun.

Cette barge est appelée aussi en France, *barge œgocéphale*, *grande barge, barge commune, pilai* et *pilui*. Les Anglais la nomment *black-tailed godwit* ou *barge à queue noire*. Elle passe en France en mars, avril et quelquefois en mai, surtout depuis quelques années, en même temps que les livergins. L'an dernier, un passage important de grandes barges a eu lieu en mai à l'embouchure de la Seine, entre Villerville et Honfleur. Plusieurs individus étaient déjà en plumage d'amour, les chasseurs du littoral, les confondant avec les corlieus, les appelaient livergins rouges. Je les ai détrompés, mais leur confusion s'expliquait facilement, les grandes barges fréquentant peu ces parages. Ces oiseaux ne se sont du reste arrêtés sur cette plage que peu de temps et sont remontés au Nord.

Les barges à queue noire repassent à l'automne.

Elles préfèrent les marais aux grèves sablonneuses mais

rayonnent cependant des prairies humides à la mer suivant l'heure des marées.

Leur cri a été traduit par les mots : *Lodzo! Lodzo!* Elles ne sont pas farouches et se laissent assez facilement approcher. Leur chair, sans valoir celle de la barge rousse, est cependant assez délicate.

LA BARGE ROUSSE

Limosa rufa.

(Briss.)

La barge rousse, plus basse sur pattes que la précédente, est à peu près de la taille d'une petite bécasse, mais elle est moins ramassée.

On la nomme souvent *bécasse de mer*, soit à cause de sa lointaine ressemblance avec la bécasse, soit à cause de la délicatesse de sa chair qui en fait, à mon avis, le meilleur gibier de plage.

Ses autres noms, en France, sont : *barge aboyeuse*, par confusion sans doute avec le chevalier aboyeur auquel elle ressemble en hiver, et *barge à queue barrée*. Ces deux dénominations sont la traduction des mots anglais, *barker* et *bar-tailed godwit* qui désignent cette espèce de barge. Dans

La Barge rousse. (*Taille,* 0ᵐ.40)

certaines contrées on l'appelle aussi *bouftémi* et *veneto roux*.

Elle a, comme la grande barge, le bec très long et très relevé, mais moins épais à la base. Ses pattes et ses pieds sont noirs, avec le doigt externe légèrement réuni au médian par une membrane; l'ongle de ce doigt n'est pas dentelé comme celui de la grande barge.

En été, le mâle a la tête roux clair, le dos noir, festonné de brun et d'apparence générale brun foncé, le bas du dos blanc, la queue blanche, barréé de brun. Tout le dessous du corps est roux vif, avec quelques mouchetures noires sur les côtés; les couvertures des ailes sont gris-cendré avec des taches rousses et largement bordées de blanc. Les rémiges sont noires. La femelle, plus grande que le mâle, a le roux des dessous moins vif.

En hiver, le mâle et la femelle deviennent bruns en dessus, avec des mouchetures grises et les plumes bordées de blanc, le cou et la poitrine perdent leurs teintes rousses et sont blanchâtres, striés de brun sur les côtés. La queue est blanche ondée de brun. A cette époque l'aspect général de l'oiseau, comme couleur, rappelle celui du corlieu et plutôt celui du chevalier aboyeur avec lequel on le confond alors quelquefois.

Les barges rousses passent en France en mai et en octobre. Elles nichent dans les endroits les plus rapprochés de la mer, au nord, en Angleterre et en Hollande. Leur ponte est de quatre œufs roussâtres, tachetés de brun.

Leur voix est saccadée et chevrotante, plaintive même. Je puis traduire leur cri par *Pidi! Pidi!*...... *Pidi! Pidi!* Elles fréquentent volontiers les plages à mer basse; avec la pleine mer elles remontent aux marais, mais moins assidûment que les grandes barges.

Elles ne sont pas farouches. En octobre et même en novembre, on rencontre souvent sur les grèves des barges rousses isolées en plumage d'hiver. Il est plus rare de les voir en robes de noces au mois de mai.

La barge rousse rôtie est un excellent gibier; sans valoir la bécasse ou la bécassine, elle mérite de leur être comparée, à l'automne bien entendu.

LA BARGE DE TERECK

Terekia cinerea.

(Bp. ex Guldenst.)

La Barge de Tereck. (*Taille*, 0m.24)

La plus petite des barges. La plus rare aussi, à ce point qu'on a souvent hésité à la classer parmi les oiseaux d'Europe et à plus forte raison parmi ceux de France.

Cependant, comme on a tué en Normandie et en baie de Somme plusieurs individus de ce genre et comme j'ai pu en avoir un spécimen sous les yeux, je mentionne ici cette barge dont voici le signalement : De la taille du cocorli ou bécasseau falcinelle, la barge de Tereck a tout le dessus du corps gris cendré, flammé de noir à certains endroits. Sa gorge est blanchâtre; sa poitrine de couleur grisâtre, striée de brun clair. Tous les dessous sont blancs.

Le bec, trois fois aussi long que la tête, est fortement retroussé. Les pieds ont les doigts réunis par une courte membrane et sont d'un jaune sale.

La barge de Tereck ou Térékie cendrée habite plutôt l'Asie que l'Europe.

Sa ponte est, paraît-il, de quatre œufs olivâtres, tachetés. Elle les dépose au milieu des marais.

J'ignore si sa chair égale en délicatesse celle de ses congénères.

Sous-famille des Totaniens.

COMBATTANTS ET CHEVALIERS

Cette subdivision comprend les combattants et les chevaliers proprement dits.

Le bec des divers membres qui font partie de cette sous-famille est mince, long, droit, plus dur que celui des Scolopaciens.

Leurs pattes sont élevées.

Ils fréquentent les bords de la mer, les marais, les rivières et les queues d'étangs.

LE COMBATTANT VARIABLE

Machetes pugnax.
(G. Cuvier ex Linn.)

Le combattant a tiré son nom autant de la disposition de

Le Combattant mâle vu de trois quarts. (*Taille*, 0ᵐ.35)

son plumage qui lui donne, au temps des amours, un aspect guerrier, que de son ardeur belliqueuse elle-même. Son brillant costume d'été l'a fait appeler quelquefois *Paon de mer* en

France et par les Anglais indistinctement *ruff,* mot qui signifie *collerette* ou *reeve,* ce qui veut dire *bailli.*

Pendant la plus grande partie de l'année, les combattants mâles et femelles sont fort modestement parés. Ils ont le dos brun roussâtre, le plastron blanc, moucheté de gris, pas de collerette, les pattes et les pieds jaunes, le bec de la longueur

Combattant femelle. (*Taille,* 0ᵐ.25)

de la tête droit et brun. L'iris est de cette couleur. Les mâles sont environ de la grosseur d'une tourterelle, les femelles sont beaucoup plus petites. Elles sont appelées *sottes* dans le Nord, nom que prend aussi le mâle quand il perd son plumage de noces.

Mais, du mois de mai au mois de juillet, temps des amours, ce dernier prend une parure superbe, dont les couleurs varient avec chaque individu sans exception. Sa face se dénude et se recouvre de papilles rouges; son cou se garnit d'une large collerette de plumes que l'oiseau peut hérisser comme le font certains coqs, mais d'une façon bien plus accentuée. Cette collerette, qui entoure alors la tête, forme comme un bouclier, au milieu duquel s'avance, menaçant, le bec, mince, droit et pointu, que Toussenel a comparé, avec tant d'à propos, à un fleuret démoucheté. Des deux côtés de la tête, deux espèces d'oreillons emplumés complètent l'aspect guerrier de l'oiseau, quand il est agité par une passion violente.

Au repos, la collerette se rabat, disparaît, et l'oiseau reprend son aspect ordinaire, agrémenté seulement par les couleurs variées à l'infini de sa parure renversée. Chez les uns, cet ornement est noir ou violet, sans mélange, chez les autres, il est fond noir, avec des taches rouges, jaunes ou rousses, chez plusieurs il est roux ou blanc, piqueté de brun; chaque « chevalier » a son armure différente.

Pendant la saison des amours, les combattants mâles se livrent constamment entre eux à des combats qui ne paraissent pas avoir souvent de conséquences fâcheuses pour l'un ou l'autre des adversaires. J'ai vu des batailles de combattants, et je crois que les démonstrations et les provocations en font souvent tous les frais.

Combattant mâle vu de face.

On prétend cependant que quelques oiseaux sortent de la

bagarre dans un piteux état. C'est fort possible, mais il ne faudrait pas prendre à la lettre les descriptions pompeuses de ceux dont l'imagination a vu dans les chevaliers combattants (le premier nom voulait le second) des preux, se livrant à des tournois en règle. Les mâles se battent, comme beaucoup d'autres oiseaux, pour se disputer les femelles, et c'est tout.

En juillet, la mue arrive! Adieu collerettes et amourettes! Les combattants redeviennent ce qu'ils étaient avant le printemps, des chevaliers, mais de bien triste figure, ils reprennent leur livrée rousse et grise et..... leur tranquillité.

Combattant mâle vu de dos.

Comme la plupart des migrateurs, les combattants passent l'hiver dans le Sud. Ils arrivent en France au mois de mars et y restent trois mois environ.

Vers la fin du mois de mai, ils quittent nos rivages pour ceux du Nord, de l'Angleterre et de la Hollande où ils nichent. Ils ne couvent jamais en France. Leur ponte est de quatre à cinq œufs pointus, vert-clair tachetés de points bruns.

Ils repassent en automne, mais, comme ils n'ont plus leur

costume de noces, on les confond souvent avec les autres chevaliers.

Les combattants sont surtout des oiseaux de grèves.

Ils contribuent, dans une trop faible mesure, malheureusement, à alimenter la chasse des bords de la mer, si fertile en variété, en imprévu et en surprises.

LE CHEVALIER ABOYEUR

Totanus griseus.

(Bechst. ex Briss.)

Le chevalier aboyeur (*scolopax glottis* de Linné), est connu aussi sous le nom de *chevalier gris*, *chevalier aux pieds verts*, *barge grise*, en patois sous celui de *tilvau*, de *braillou* et en An-

Le Chevalier aboyeur. (*Taille*, 0^m.40)

gleterre sous celui de *greenshank*.

C'est le plus grand de tous les chevaliers.

Il est presque de la taille de la barge rousse et son bec gros et très retroussé l'a fait souvent confondre avec cette dernière en livrée d'hiver.

Il est haut sur pattes et très élégant.

En été, le mâle et la femelle ont le dessus de la tête et du cou d'un noir varié de blanc, le dessus du dos de la même couleur avec le bout des plumes bordé de blanc et de gris. Le bas du dos est blanc; le dessus des ailes est, aux couvertures, brun foncé, plus bas, il est cendré roux, bordé de blanc; les rémiges sont d'un brun-noir. La queue est blanche, barrée de brun; le cou et la poitrine sont très grivelés et piquetés de noir et de roux, le ventre est blanc; les pieds sont verdâtres. L'iris est noir. En hiver, le dessus de la tête et du cou devient plus terne, le dessus du corps est brun foncé, la gorge et le ventre sont blancs, la poitrine est de la même couleur, grivelée seulement sur les côtés.

Ce chevalier niche au Nord et en Écosse notamment, pond trois à cinq œufs roux, tachetés de brun, qu'il dépose sur le sol ou dans la mousse et le gazon.

Il passe en France en mai et repasse en juillet, août, septembre et octobre. Je l'ai quelquefois rencontré en Normandie en novembre, et toujours sur les bords de la mer, où il se tient à marée basse dans les pierres des moulières et parfois au bord du flot. A mer haute, il se mêle aux petits pluviers à collier et aux alouettes de mer. Je l'ai toujours trouvé facile à approcher et souvent isolé ou par paires, mais assez dur à tuer. J'ai vu plusieurs de ces chevaliers ayant reçu plusieurs plombs n° 8 ou 6 de Paris faire un vol en mer et revenir tomber à bout de forces dans les galets où mes chiens les retrouvaient. Ils piètent alors un peu et finissent par se blottir et se laisser prendre. Leur vol m'a paru tantôt saccadé, tantôt vif et droit, suivant les individus. Leur cri est : *Tiou! ou! ou! Kiie! ouit! Kiie ouit!* Leur chair est assez bonne.

LE CHEVALIER ARLEQUIN

Totanus fuscus.

(Bechst ex Linn.)

Comme les autres chevaliers, cet échassier a des noms bien divers, mais qui, presque tous, lui viennent de la couleur de son plumage. On l'appelle indistinctement *chevalier brun, barge brune, noir-bouillard, chevalier arlequin, grand chevalier à pieds rouges.* Les Anglais le nomment *chevalier noir à jambes rouges* : dusky redshank.

Il a en effet les pattes et les pieds rouges et sa couleur générale est, en été, très sombre.

Pendant cette saison, le mâle a le dessus du corps noir mordoré avec les plumes piquetées de blanc, d'où son nom d'arlequin ; le dessous du corps noir, un peu ardoisé. Les ailes sont noires, variées de blanc et de gris à l'extrémité, la queue est blanche barrée de noirâtre. Le bec, long et droit, est noir

Le Chevalier arlequin. (Taille, 0m.35)

en dessus, rouge en dessous, l'iris est brun foncé. La femelle a les plumes des dessous pointillées de blanc au lieu de les avoir simplement noires.

En hiver, les individus des deux sexes prennent une teinte grise et blanche en dessus, blanche en dessous, sauf aux côtés de la poitrine et aux flancs qui sont gris. Les ailes deviennent brunes piquetées de blanc, noires aux rémiges.

Le rouge des pattes et celui du bec, tranchant sur la livrée sombre de l'oiseau, produisent le meilleur effet, et une bande de chevaliers arlequins trottinant sur le sable ne peut manquer d'éveiller la convoitise du chasseur.

Les chevaliers arlequins, qui nichent au Nord, passent en France en mai et en août. Ils sont toujours en troupes plus ou moins considérables et très sauvages. Il est fort difficile de les approcher en terrain plat et pour les tirer il faut se dissimuler avec soin.

Avec le flot, ils suivent la marée montante, puis, quand la mer ne laisse à nu qu'un espace insuffisant pour leur assurer toute sécurité du côté de la berge, ils reprennent le vol et abandonnent la plage. J'ai vu plusieurs fois des bandes de chevaliers bruns que je guettais, soigneusement caché, à marée montante, se mettre tout à coup à l'essor sans aucune raison apparente au moment où ils allaient se trouver à portée.

Pendant les marées de morte eau, c'est-à-dire lorsque la mer laisse à découvert, pendant son plein, une certaine étendue de sable, j'ai cependant pu réussir à tuer souvent des chevaliers bruns en les tirant de loin et en employant d'assez gros plomb.

Je me souviens qu'un jour que je chassais au bord de la mer avec un Anglais, et que nous avions poursuivi sans succès une petite bande de ces oiseaux, mon compagnon finit par parier que je ne parviendrais pas à en tuer un seul et il s'assit au bord d'une crique en me donnant deux heures pour gagner le pari.

La mer battait son plein, j'avais le temps et je me mis bravement en campagne. Les chevaliers allaient et venaient le long de la côte, parcourant au vol des distances assez considérables ; chaque fois que je parvenais, en faisant un détour dans le marais, à arriver sur eux, ils partaient sans me laisser le temps de leur envoyer un seul coup de fusil. A la fin, je les vis se poser sur un petit banc de sable que la mer, qui commençait à se retirer, laissait à découvert. J'opérai mon mouvement tournant et suivant ma méthode je m'avançai en rampant sur les galets surplombant la berge en cet endroit. C'était au mois d'août, il faisait une chaleur affreuse. Le banc de galets, très surélevé, était large, et les cailloux surchauffés me brûlaient la poitrine et le visage. Je parcourus ainsi plus de cent mètres ; quand j'arrivai sur la crête du monticule de pierres, les chevaliers n'avaient pas bougé, mais ils étaient divisés ; les uns courant sur le sable, les autres entrant dans le flot descendant. Je dus me borner à choisir une victime, qui, bien que tirée de très loin, resta sur place. Il était temps, je poursuivais les oiseaux depuis près de deux heures. Je me hâtai de rejoindre mon Anglais qui, toujours flegmatique, terminait sa pipe et m'avoua franchement que pour tuer un chevalier il ne se serait pas donné tant de peine. Il avait peut-être raison, cependant je n'aurais pas été à ce moment plus heureux de soupeser un beau lièvre que je ne l'étais de lisser le plumage de mon arlequin sous les yeux de ce partenaire sur lequel je venais incontestablement de remporter une victoire d'amour-propre national !

LE CHEVALIER A PIEDS ROUGES OU CHEVALIER GAMBETTE

Totanus Calidris.

(Bechst ex Linn.)

Le chevalier à pieds rouges, appelé aussi *gambette* et *bouillard* dans le Nord, *pied-rouge* en Normandie, concurremment avec le tournepierre, *tirançon*, sur le littoral du Sud-Ouest et *common redshank* en Angleterre, est un bel oiseau de la taille de la double bécassine, haut perché sur de longues pattes grêles, qui, ainsi que les pieds, sont d'un beau rouge de corail. Le bec, assez long, est de la même teinte, nuancé de noir vers la pointe et très légèrement retroussé chez certains individus.

Le Chevalier à pieds rouges. (Taille, 0^m.35)

En été, cet oiseau a le dos brun clair, avec les plumes

frangées de noir et d'un peu de blanchâtre, le cou et la poitrine grivelés de brun sur fond blanc; le ventre est blanc ainsi que la queue qui est lavée et rayée de brun. Les couvertures des ailes sont brun-cendré, les rémiges noires et blanches. L'iris est brun.

A l'automne, l'oiseau prend une teinte plus grisâtre sur le dessus du corps; les côtés de la poitrine et les flancs se nuancent de brun. Les jeunes ont les pattes jaunâtres.

Ce chevalier couve dans les régions tempérées, il est sédentaire ou à peu près dans le Midi de la France. Il se reproduit aussi dans le Nord en avril et mai. Sa ponte est de quatre œufs jaune-vert, marqués de taches formant couronne au gros bout. Il les dépose au milieu des marais ou sur les dunes, à terre, dans le gazon ou sur le sol nu.

Le chevalier à pieds rouges passe au Nord en avril et redescend au Midi dans le mois de juillet, restant quelque temps sur les rivages septentrionaux de la France.

A cette époque la poursuite des chevaliers gambettes est très agréable. A mer montante, quand on a vu une bande de ces oiseaux au bord du flot, il faut se dissimuler sur la limite de la berge. Les chevaliers s'approchent de terre au fur et à mesure que la mer monte et finissent par arriver à portée.

Une fois la mer haute, ils remuent beaucoup et ne font que de courtes stations au même endroit. Ils gagnent même quelquefois les bancs herbeux et les prairies avoisinantes, mais sans toutefois s'éloigner beaucoup du rivage. Ils remontent souvent les criques, dans ce cas, on peut les surprendre en arrivant perpendiculairement sur ces crevasses.

A mer baissante, ils reviennent sur la plage et suivent le flot descendant dans lequel ils entrent parfois pour chercher les petites proies dont ils se nourrissent.

A mer basse, ils sont très farouches, et ne se laissent guère surprendre, quand, dans les flaques d'eau formées par la marée, ils poursuivent les petits crustacés que le flot y a déposés.

Ils sont toujours en bandes, mais quand par hasard il s'en trouve d'isolés, on peut les tirer à portée, en ayant soin de se baisser pour les approcher.

Ces oiseaux ont un cri de rappel court et sifflé : *Tiou !* d'une intonation interrogative qui a le don d'attirer tous les autres oiseaux de rivage.

Les chevaliers à pieds rouges ont subi le sort commun, ils sont bien moins nombreux qu'autrefois et paraissent avoir désappris la route de nos plages. C'est d'autant plus regrettable que ces jolis oiseaux si vifs et si gracieux sont un excellent gibier.

LE CHEVALIER DES ÉTANGS

Totanus stagnatilis.

(Bechst.)

Le chevalier des étangs est le plus élancé de tous les chevaliers. Sa taille est celle de la bécassine ordinaire, mais il est bien plus haut sur des pattes grêles de couleur noir-verdâtre. Le bec est long et mince. L'iris brun.

En été, le mâle et la femelle ont la tête et le cou blancs rayés de noir, le dos roussâtre, grivelé de noir, la gorge et la poitrine sont blanches mouchetées de noir, le ventre est blanc pur. Les ailes sont brunes. La queue est blanche, rayée de brun et de noir.

Le Chevalier des étangs. (*Taille*, 0ᵐ.26)

En hiver, les taches de la poitrine s'effacent en partie, le dos devient gris flammé de noir. Tout l'oiseau, sauf les ailes qui sont brunes, est blanc moucheté, les pattes deviennent vertes.

Ainsi que l'indique son nom, le chevalier des étangs ou *chevalier stagnatile* fréquente plutôt les bordures d'étangs, les marais et les rives des fleuves que les bords de la mer.

Il se rencontre dans le Nord plus que dans le Midi où cependant il émigre parfois. Il est en somme assez rare en France. Je n'en ai jamais rencontré qu'un seul au bord d'une mare de gabion voisine de la mer.

Il niche dans le Nord-Est et, paraît-il, ses œufs sont verdâtres et très pointillés.

Ce chevalier porte en France les noms que j'ai indiqués et ceux de *chevalier à longs pieds* et de *demi-tilvau*. Les Anglais le nomment *marsh sandpiper* ou *bécasseau de marais*. Son cri peut se traduire par les mots : *Fii! hiou!*

LE CHEVALIER SYLVAIN.

Totanus Glareola (1).

(Temm. ex Linn.)

C'est le plus petit des chevaliers proprement dits. Il est à peu près de la même grosseur que la petite bécassine sourde. Son bec est moins long que celui des autres chevaliers. Il a quelque ressemblance, abstraction faite de la taille, avec le cul-blanc.

En été, il a le dessus du corps noir, largement parsemé de taches pâles. Sa gorge et sa poitrine sont, vers le milieu, blanc pur, grivelées sur les bords. Ses flancs sont blancs, mouchetés de noir et de brun. Les ailes sont d'un noir brunâtre, la queue est blanche rayée de brun. Les pieds sont verdâtres. L'iris est noir.

Le Chevalier Sylvain. (*Taille*, 0ᵐ.22)

L'hiver, la gorge est blanche, la poitrine de la même couleur, légèrement lavée de brun vers le milieu.

(1) Bien entendu cet oiseau ne doit pas être confondu avec la Glaréole avec laquelle il n'a de commun que cette qualification latine.

Ce chevalier porte aussi les noms de *bécasseau des bois*, traduction de son nom anglais *Wood sandpiper*, de *pluvier épiette*, de *titi*, de *rititi* et celui de *ramage* dans les environs de Dieppe, ce dernier nom provenant du sifflement assez doux qu'il fait entendre quand il se pose.

Bien qu'il passe régulièrement en France, le chevalier sylvain est assez rare. Il fréquente les marais boisés et les étangs des forêts. Je l'ai rencontré plusieurs fois en septembre au bord des mares dans les prés en Normandie, dans le département de l'Eure, à plusieurs lieues du bord de la mer. Je ne l'ai jamais vu sur la grève. Cet oiseau niche au Nord et pond de trois à quatre œufs roussâtres irrégulièrement tachetés de points sombres qui sont très rapprochés vers le gros bout.

LE CHEVALIER CUL-BLANC

Totanus ochropus.

(Temm. ex Linn.)

Le cul-blanc, ainsi nommé parce qu'il... l'a blanc, est souvent confondu avec la guignette. La guignette dont nous parlerons dans un instant, est nommée aussi cul-blanc de Paris et c'est surtout elle qui procure aux chasseurs parisiens, avec le cul-blanc proprement dit, l'occasion de faire en Seine, au mois de mai, des chasses fort agréables. Le cul-blanc ordinaire, plus grand que la guignette est aussi plus rare, et bien des chasseurs ne savent point distinguer les deux genres. La description que je donne de ces oiseaux pourra peut-être aider les observateurs à faire la distinction.

Le Chevalier cul-blanc. (*Taille*, 0^m.21)

Le cul-blanc est de la taille du mauvis, il a le bec assez long, droit, mince et noir. Ses pattes et ses pieds sont vert-tendre.

Le dos et les couvertures des ailes sont vert-noir bronzé, avec les bordures des plumes piquées de blanc verdâtre. Les rémiges sont noires, le cou, la poitrine et les flancs sont blancs, grivelés de noir. Le dessous du corps est blanc, la queue de la même couleur, coupée à l'extrémité de trois bandes noires. L'iris est brun-noir. Cet oiseau niche un peu partout, même dans les pays du centre de la France et de l'Europe. J'ai trouvé une nichée de culs-blancs dans les falaises de Vasouy en baie de Seine. Le nid est posé soit dans les falaises, soit à terre, généralement composé de brindilles et de feuilles mortes et contient quatre œufs, jaune-clair ou vert-blanchâtre pointillés de taches rousses convergeant au gros bout.

L'habitude qu'a cet oiseau de remuer la queue en marchant lui a fait donner le nom de *hoche-cul* dans certaines localités. Ailleurs on le nomme *pied-vert*, *pivette*, *sifflasson*, *bécasseau cul-blanc*. Les Anglais le nomment *green sandpiper*.

Les culs-blancs font deux passages en France, le premier a lieu de fin avril à fin mai, le second de fin juillet à fin septembre. Mais les habitudes des différents individus qui alimentent ces passages varient beaucoup : les uns se cantonnent sur les bords de la mer, les autres remontent les rivières dont ils animent pendant quelque temps les rives, plusieurs s'isolent sur les bancs, à l'embouchure des fleuves, et fréquentent les criques et les crevasses qui les sillonnent, puis les mares, les trous d'eau, les étangs dans les provinces du Centre.

Le passage de mai paraît cependant fournir le contingent le plus important des fleuves et des rivières. Au bord de la mer, à cette époque, on ne rencontre que peu de culs-blancs, mais au passage de juillet, ces oiseaux sont au contraire abondants sur les grèves et les bancs.

En mai, on chasse le cul-blanc concurremment avec la guignette sur les fleuves et les rivières en bateau. Les bords de la Seine sont couverts de ces petits échassiers et le chasseur parisien n'a qu'à gagner Asnières pour rencontrer ce gibier qui fait tirer bon nombre de coups de fusil à ceux qui sont au courant de ses passages et de sa chasse.

Il faut partir de grand matin, et suivre en barque les bords du fleuve, ce qui dans cette saison procure l'occasion de faire une charmante excursion. Quand on a aperçu une bande de culs-blancs, on doit faire manœuvrer le bateau de façon à arriver autant que possible à portée et tirer les oiseaux soit au posé, soit au départ. Ils vont se remettre plus loin sur les rives; la poursuite dure longtemps et est souvent fructueuse.

Les culs-blancs sont tantôt très farouches, tantôt très confiants. On a remarqué qu'ils se laissent approcher plus facilement par les temps de pluie. Comme ils vérotent au bord de l'eau, sur le sable ou la vase, on les voit de loin et leur recherche n'offre guère de difficultés, cependant quelques chasseurs font battre les bords du fleuve par un chien qui arrête et fait lever les culs-blancs qui se rasent quelquefois dans les couverts et laisseraient passer le bateau pour partir derrière ceux qu'il porte. Le cul-blanc démonté plonge du reste beaucoup et l'aide d'un chien est quelquefois d'une grande utilité pour le chasseur.

Quelques-uns, poursuivis avec trop d'acharnement, prennent un grand parti, montent en l'air, et s'enfoncent à perte de vue dans les terres. C'est ce qu'ils font quand on les lève sur le bord des mares. Ils s'élèvent et vont chercher une autre pièce d'eau où ils s'abattent brusquement après leur randonnée pendant laquelle ils font entendre constamment leur cri.

Au bord de la mer, les culs-blancs sont quelquefois très farouches; dès qu'ils aperçoivent le chasseur sur la grève, ils partent en poussant leur cri : « *Tui! hui! tui! hui!* » très sifflé.

Quand ils sont isolés, sur les mares, comme ils se dissimulent dans les bordures, on les tire au départ très facilement.

Il en est de même le long des criques et des rigoles sur les bancs herbeux de l'embouchure des fleuves, au quinze août, le cul-blanc partant alors comme la bécassine, fort prestement, mais cependant d'un vol tout différent. On a souvent dit que le tir du cul-blanc était un excellent apprentissage pour celui de la bécassine ; ce n'est pas tout à fait exact : cet oiseau vole droit, en rasant le sol, mais très vite, et quand il fait des crochets ils ne sont pas réguliers. La bécassine part d'une façon toute différente.

Il faut aussi n'accepter que sous réserves les affirmations de ceux qui prétendent que le cul-blanc est aussi délicat que la bécassine : c'est certes un bon petit gibier, quoique de fumet très relevé et un peu plus amer que celui de la guignette, qui au mois de mai et au mois de juillet varie agréablement l'ordinaire des amateurs privés à cette époque de tout autre gibier, mais il n'a rien d'extraordinaire comme finesse de goût.

Il paraît cependant que Louis XVIII se faisait servir régulièrement des culs-blancs au moment de leurs passages. Devant une telle autorité je n'aurais qu'à m'incliner, si je n'étais porté à croire qu'il ne mangeait ces oiseaux en juillet que pour trouver les bécassines meilleures en septembre.

LA GUIGNETTE VULGAIRE

Actitis hypoleucos.

(Boie ex Linn.)

La Guignette. (*Taille*, 0m.20)

La guignette, je l'ai dit, a été souvent confondue avec le cul-blanc. En même temps que celle de ce dernier, les bords des fleuves et des rivières reçoivent la visite de ce petit chevalier auquel on peut appliquer à peu près tout ce que j'ai dit du cul-blanc proprement dit. C'est même la guignette qui fait le fond des chasses de rivière et au bord de la mer.

Elle est de plus petite taille que le cul-blanc, de la grosseur environ de la bécassine sourde. Le dessus de son corps est vert-bronzé; ses ailes sont de même couleur variées de noir et de fauve-verdâtre, le ventre et la poitrine sont blancs, la gorge également blanche légèrement mouchetée de noir. La queue est plus sombre que celle du cul-blanc. Elle est plutôt brune barrée de blanc. Les pattes verdâtres sont aussi moins hautes. L'iris est brun. Son bec est plus court que celui du cul-blanc. Elle passe aux mêmes époques que ce dernier, et aux mêmes endroits, surtout sur la Seine où elle porte le nom de *cul-blanc de Paris*. Elle fréquente aussi volontiers les rives des fleuves et des rivières que le bord de la mer.

Sa chasse est la même que celle de son congénère. On la poursuit soit en bateau sur les fleuves, soit sur les bordures de marais avec un chien. Cependant elle ne s'isole pas souvent et reste toujours en bandes assez considérables. On ne la voit guère sur les mares.

Sur les bords du lac de Genève elle porte comme le cul-blanc les noms de *pivette*, *pieds-verts* et de *sifflasson*. En France sur le littoral du sud-ouest on la nomme *farlin*. Son cri ressemble à celui du cul-blanc mais est plus vif et saccadé. On peut le traduire par les mots : *Tui-tui-tui-tui!*

Les Anglais la nomment *common sandpiper*. La guignette niche en mai et juin, à terre, sur les bancs herbeux et dans les laîches. Son nid est composé de roseaux et d'herbes sèches. Elle pond quatre œufs couleur crème.

LA SYMPHÉMIE SEMIPALMÉE

Symphemia semipalmata.
(Harlrtb.)

(*Taille, 0ᵐ.40 environ.*)

La symphémie semipalmée ne fait que de rares apparitions en Europe et en France. Elle est originaire de l'Amérique du Nord.

Elle est de la taille de la grande barge.

Son bec est long et droit, ses pieds sont demi-palmés, de couleur noirâtre.

Les dessus de son corps sont gris, rayés de noir, les dessous sont blancs, avec des grivelures brunes à la gorge et à la poitrine. La queue est grise, marquée de noir. Les grandes pennes des ailes sont noires.

Elle ne visite guère que dans les hivers rigoureux nos côtes de la Manche.

On peut la reconnaître au volume de son bec qui est très fort et à la palmure de ses pieds.

Sous-famille des Tringiens.

MAUBÈCHES ET BÉCASSEAUX

Ces oiseaux sont remarquables par leur petite taille, leur bec de longueur moyenne, leurs pattes peu élevées.

Dans le sud-ouest de la France les chasseurs les nomment tous alouettes de mer.

Ils ne quittent guère les grèves et le voisinage des eaux salées.

Ils alimentent dans une très large proportion la chasse des bords de la mer.

Leur nombre, leur peu de sauvagerie en font l'objectif des débutants.

Leur chair n'est point mauvaise et ils méritent certes mieux que leur réputation de menu fretin indigne d'un coup de fusil.

LA MAUBÈCHE CANUT

Tringa canutus.

(Linn.)

La Maubèche. (*Taille*, 0ᵐ.28)

Le genre des maubèches peut comprendre la maubèche canut, la maubèche maritime ou bécasseau violet et le sanderling. La première toutefois est la seule qui soit considérée comme une maubèche proprement dite. Elle est le type du genre.

Les caractères communs de ces trois espèces d'oiseaux sont : l'étranglement du bec qui, de la longueur de la tête, se rétrécit un peu vers l'extrémité pour s'élargir ensuite, dans le sens de la hauteur, à la pointe de la mandibule supérieure; des formes plus ramassées que les autres bécasseaux et des pattes moins hautes. La maubèche canut et la maubèche maritime ont trois doigts très légèrement frangés d'une petite membrane et un pouce rudimentaire. Le sanderling n'a que trois doigts et pas de pouce.

La maubèche canut est de la grosseur de la bécassine ordinaire mais bien plus massive.

Les trois changements de plumage de cet oiseau suivant l'âge et les saisons avaient fait croire autrefois à l'existence de trois variétés distinctes qu'on avait appelées maubèches ordinaires, maubèches tachetées et maubèches grises. Il y avait confusion. En été, le mâle a le dessus de la tête et du cou noir et fauve, un peu comme l'alouette de mer, le dessus du corps noirâtre, avec les plumes bordées de roux et de grisâtre, le bas du dos grisâtre, la queue brune et noire variée de blanc. Les grandes pennes des ailes sont noirâtres. Tout le devant du corps, gorge, poitrine et ventre, est roux vif. Le bec et les pieds sont noirs, l'iris est brun. La femelle porte à peu près la même livrée. Elle est plus grande que le mâle.

En hiver, le mâle et la femelle deviennent gris cendré, avec des mouchetures brunes et blanches sur le dessus du corps; la teinte rousse du dessous disparaît et fait place au blanc grivelé de taches noires; la queue tourne au grisâtre.

Les jeunes maubèches sont d'un gris-terne, tacheté de brun sur le dessus, la poitrine est fauve-clair tachetée de brun foncé.

Ces oiseaux viennent du Nord où ils nichent.

Leur ponte se fait dans les marais et est de quatre œufs, d'un gris-verdâtre ou roussâtre, irrégulièrement tachetés.

Les maubèches ordinaires passent en France, sur les côtes Nord et Ouest, en mai et repassent en août. J'en ai cependant rencontré à la fin de juin.

A marée haute, elles se tiennent sur les bords des bancs et des prairies. A marée descendante, elles arrivent sur les grèves dès que le sable, la vase ou les pierres commencent à se découvrir. Je les ai quelquefois vues en bandes peu nombreuses, mais le plus souvent isolées.

La maubèche n'est pas farouche, en août surtout, elle se laisse très facilement approcher.

Quand ils sont en bandes, ces oiseaux reviennent au coup de fusil. Il m'est arrivé assez souvent de tirer plusieurs fois de suite de petites troupes de maubèches, sur la grève nue, sans avoir besoin de me dissimuler. Quand les maubèches viennent du large elles paraissent peu s'inquiéter de la sécurité de l'endroit où elles vont se poser, elles arrivent parfois directement sur le chasseur. Leur vol est très vif et en volant et en se posant elles poussent des cris qu'on peut rendre par les syllabes *ti-ou-hi! ti-ou-hi!* sifflées et traînées.

On nomme en France la maubèche canut, *bécasseau maubèche, wiard, canaton*. Le nom exact de cet oiseau en anglais est *knot* et non pas *sandpiper* comme on l'a écrit souvent.

Cette appellation de *sandpiper* s'applique seulement, en Angleterre, avec un qualificatif approprié, à la petite maubèche maritime ou bécasseau violet, au cul-blanc, à la guignette et au cocorli.

A mon avis, la maubèche est un excellent gibier quand elle est grasse; et elle l'est toujours quand elle repasse en août.

LA MAUBÈCHE MARITIME OU BÉCASSEAU VIOLET

Tringa Maritima.

(Brünn.)

La Maubèche maritime. (*Taille*, 0m.23)

Cet oiseau diffère du précédent par sa taille qui est seulement la même que celle du cocorli, le bécasseau bien connu, par le peu d'élévation de ses pattes et par sa queue qui se termine en pointe au lieu d'être égale comme celle de la maubèche Canut.

La couleur violette du dessus du corps de la Maubèche maritime, en été, lui a fait appliquer en France le nom de bécasseau violet; la couleur pourprée de son dos, en hiver, l'a fait appeler en Angleterre *purple-sandpiper*.

Ce petit échassier ne fait en France que des passages irréguliers et y est beaucoup plus rare que sa congénère la maubèche ordinaire.

Il niche comme elle au Nord, et pond trois ou quatre œufs olive clair, tachetés de brun et de roux.

J'ai quelquefois rencontré, mais rarement cependant, des maubèches maritimes, toujours à marée basse, dans les moulières et isolées.

En été ces oiseaux ont le dessus du corps noir violet, tacheté de jaune roux. Le dessous du corps est grisâtre, grivelé de noir, le ventre est blanc, la queue brunâtre et terminée en pointe. Le bec est jaune à la base, noir au bout, les pattes et les pieds sont jaunâtres.

En hiver, le dessus de la tête et du cou est cendré grivelé de noir, le dessus du corps est noir à reflets pourprés, avec les plumes frangées de blanchâtre. La poitrine est grise, marquée de blanc. Les ailes sont brunes. L'aspect général de l'oiseau est assez sombre. Ces maubèches paraissent extrêmement basses sur pattes.

LE SANDERLING DES SABLES

Calidris arenaria.

(Leach ex Linn.)

Le Sanderling. (*Taille*, 0m.17)

Très souvent confondu, sous le nom d'alouette de mer, avec les bécasseaux brunettes ou petites de mer, le sanderling a leur taille, mais son bec est plus court, et il n'a que trois doigts et pas de pouce comme les pluviers.

Cet oiseau, très éveillé et très remuant, change de plumage suivant les saisons :

En été, il a les plumes des parties supérieures noires, bordées de roux et de blanc, ce qui le fait paraître largement tacheté de noir et de blanc roussâtre, tous les dessous jusqu'au ventre, d'un roux tacheté de noir et de blanc, le ventre blanc pur, la queue pointue, brune et noire. Les ailes sont brunes et blanches aux couvertures, noires à l'extrémité. Le bec et les pieds sont noirs.

En hiver le dessus du corps devient brun, ondé de gris et de blanc, les dessous passent au blanc pur. Les jeunes oiseaux ont les parties supérieures noires avec les plumes liserées de blanc et de jaunâtre, les parties inférieures sont blanches, la queue est grise, la poitrine roussâtre.

Le sanderling a bien l'apparence d'une petite maubèche avec un peu plus d'élégance; aussi les Anglais lui ont-ils donné en même temps que ce nom de sanderling celui de *lesser knot* ou petite maubèche.

Il niche au Nord, sa ponte est de trois ou quatre œufs gris verdâtre, très pointillés.

Il passe en France avec les autres bécasseaux en avril et mai et redescend dans les climats tempérés dès le milieu du mois de juillet, faisant une station de plusieurs mois sur nos côtes nord et ouest.

Le sanderling est très aisé à approcher. Sa chair, sans être très délicate, n'a pas le goût de sardine rance, que lui ont prêté quelques gourmets, pour lesquels tout oiseau de rivage est nécessairement un mauvais gibier.

LE BÉCASSEAU COCORLI

Pelidna Subarquata.

(Brehm ex Guldenst.)

Le Bécasseau cocorli. (*Taille*, 0ᵐ.23)

Le bec arqué de ce petit échassier lui a valu de nombreuses comparaisons avec les courlis.

Son nom de *cocorli* est la première manifestation de ce rapprochement, mais les différentes dénominations sous lesquelles on l'a scientifiquement désigné sont aussi suggestives : on lui a tout d'abord donné le nom de *scolopax subarquata* alors que le courlis cendré était primitivement distingué sous celui de *scolopax arquata*, à cause de la forme arquée du bec. On l'a qualifié aussi du sobriquet de bécasseau *falcinelle*, c'est-à-dire à bec en faucille. Les Anglais eux-mêmes le connaissent sous le nom de *curlew-sandpiper* ou *bécasseau courlis*.

L'apparence de l'oiseau est en effet celle d'un courlis minuscule, abstraction faite de la couleur du plumage qui, en été, prend des tons roux.

Pendant cette saison, le cocorli a les parties supérieures noires avec les plumes liserées de roux et de gris. Le bas du dos est brun ondé de blanc, la queue noire et blanche, plus grivelée en dessous, le cou et la poitrine sont roux-foncé, le ventre est de la même teinte mais plus claire. Les couvertures des ailes sont brunes, bordées de gris, les grandes pennes noires.

Le bec est long, arqué et noir ; les pieds, de même couleur, ont trois doigts en avant et un pouce rudimentaire. L'iris est noir.

En hiver, les dessus deviennent bruns, avec les plumes bordées de gris ; la poitrine tourne au grisâtre, la gorge et le ventre sont blancs, les couvertures des ailes grises et les rémiges noires. La queue est cendrée.

Le cocorli couve au Nord trois ou quatre œufs d'un gris verdâtre pointillés, surtout au gros bout.

Il passe en France avec les autres bécasseaux compris comme lui dans le genre des Pélidnes et se mêle à leurs bandes.

On le tue souvent sous le nom d'alouette de mer ou de petite de mer. Il est cependant un peu plus gros que les autres bécasseaux. Sa taille est intermédiaire entre celle de l'alouette et celle du mauvis.

J'ai rarement rencontré de grands voliers composés uniquement de cocorlis. Ces oiseaux semblent préférer la société des bécasseaux cincles et brunettes. Cependant je les ai souvent vus seuls ou par petites bandes de cinq ou six individus.

On peut les approcher facilement et sans faire de détours. Il suffit de se baisser légèrement.

LE BÉCASSEAU CINCLE

Pelidna cinclus

(Bp. ex Linn.)

Bécasseau cincle. (*Taille*, 0ᵐ.20)

Nous arrivons aux petits bécasseaux les plus communs sur tous nos rivages, aux premières victimes des Nemrods débutant sur les grèves. Leur abondance, leur peu de sauvagerie, la facilité avec laquelle on les tire au posé en font une proie facile pour quiconque parcourt les plages le fusil à la main. Qui n'a commencé sa carrière de chasseur de sauvagine par le meurtre d'une *petite de mer*? Lequel d'entre nous ne garde à ces petits oiseaux un souvenir reconnaissant pour les émotions faciles de l'adolescence?

Les *alouettes de mer* sont certes ceux des petits échassiers qui contribuent le plus à animer les solitudes des dunes, des grèves et des plages et à leur donner un peu de gaité.

Toujours en bandes, elles viennent par leurs cris mélancoliques, purs et doux, rompre la monotonie du bruit des flots et rappeler aux plus distraits que la vie est partout, même dans les endroits les plus déserts en apparence.

Les bécasseaux cincles forment, avec la petite variété des bécasseaux brunettes, qui ne sont, pour ainsi dire, qu'une émanation de leur race, le fond des grands voliers d'alouettes de mer.

Le bécasseau cincle est un peu plus gros que la petite bécassine sourde. Il change de plumage suivant les saisons et on le rencontre souvent bariolé de la livrée d'été et de celle d'hiver.

En été, il a le dessus de la tête et du cou noir, avec les plumes frangées de roux; le dessus du dos fauve, marqué de noir; la queue brune, blanche et rousse, les couvertures des ailes gris roux; avec des bordures noirâtres; les rémiges noires, avec les baguettes blanches. Les dessous du cou, de la gorge et la poitrine sont gris-clair, grivelés de brun; le ventre est noir, bordé de blanc et paraît entièrement de cette dernière couleur quand on ne relève pas les plumes, mais chez les jeunes seulement; les vieux ont le ventre entièrement noir et le dessous de la queue blanc; le bec est long, un peu arqué, noir; les pattes sont très fines et de la même couleur que le bec. L'iris est noir.

En hiver, le dessus du corps devient brun cendré très clair, varié de blanchâtre; les dessous sont blancs, avec des grivelures aux côtés de la gorge et sur la poitrine; la plaque noire du ventre disparaît; les ailes sont brunes, frangées de gris aux couvertures, et brunes, liserées légèrement de grisâtre aux rémiges. La queue est brune et blanche.

Les jeunes oiseaux sont de la même couleur, mais avec plus de noir et de blanc sur le dos et peu de tons roussâtres.

Les bécasseaux cincles nichent en mai et juin dans les contrées septentrionales, beaucoup plus au Nord que les bécasseaux brunettes. Ils pondent trois ou quatre œufs généralement jaunâtres, pointillés de roux. Leur nid est construit soigneusement à terre et bien caché; quelquefois il est situé sur les anfractuosités herbeuses des hauteurs inaccessibles.

Les bécasseaux cincles passent en France sur toutes les côtes du Nord et du Midi. Sur les premières, leur passage a lieu au printemps et à l'automne; dans le Midi, on les rencontre plutôt l'hiver.

Cependant, on voit des bécasseaux cincles, même par les plus grands froids, sur nos grèves du Nord et de l'Ouest, et l'espèce ne paraît abandonner absolument ces régions que pendant le temps de la couvaison.

Les bécasseaux cincles sont un peu moins nombreux que les bécasseaux brunettes dont nous allons parler et qui sont le type du genre.

Le bécasseau cincle porte les noms de *pelidne cincle, alouette de mer, petite de mer, petite maubèche* en France et ceux de *stint* et de *sea-lark* en anglais.

LE BÉCASSEAU BRUNETTE

Pelidna Schingii.

(Bp. ex Brehm.)

Le Bécasseau brunette. (*Taille*, 0^m.19)

Ce bécasseau est le même que le précédent, mais exactement de la taille de la petite bécassine sourde, et, par conséquent, plus petit que le cincle. Il est aussi bien plus abondant et plus généralement connu. C'est la vraie *petite de mer*, le *bécot* de Somme, *l'alouette de mer*. On le nomme aussi *pelidne à collier*. Les Anglais l'appellent, comme le bécasseau cincle, *stint*, c'est-à-dire chétif.

Le bécasseau brunette a le bec un peu moins long que son congénère, et ses pattes sont un peu moins hautes. Il a une tache blanche coupant le noir du ventre au temps des amours, un peu moins de grivelures, des tons plus clairs. Ce sont-là, avec sa taille plus exiguë, les seules différences qu'il ait avec le bécasseau cincle.

Il niche plus près de nos pays, quelquefois même en France. La Hollande, l'Écosse et le nord de l'Europe sont cependant les lieux qu'il choisit de préférence pour couver trois ou quatre œufs semblables à ceux du bécasseau cincle.

Les bécasseaux brunettes sont presque toujours en bandes assez considérables, moins nombreuses cependant qu'autrefois. En 1871, de vrais nuages de ces oiseaux passèrent sur les côtes de Normandie. Un de mes amis, avec lequel j'ai beaucoup chassé depuis, et dont je ne saurais suspecter la bonne foi, m'a assuré en avoir tué, un jour, en deux coups de fusil, quatre-vingts dans un volier de plusieurs milliers d'individus. J'ai fait aussi de beaux coups dans de grandes bandes, et il m'est souvent arrivé de tuer toutes les petites de mer de la même petite troupe, au nombre de quinze à vingt, d'un seul coup de fusil, alors qu'elles se rassemblaient en trottinant sur le sable.

Les petites de mer courent beaucoup et fort vite; quand elles aperçoivent le chasseur elles se contentent de se masser en groupe, ce qui leur est souvent fatal.

Elles ont cependant la vie dure; après avoir tiré des petites de mer et qu'on croit avoir couché toute la bande sur place, on est parfois surpris de voir plusieurs oiseaux se relever et s'envoler sans blessure apparente, absolument comme si le coup de feu n'avait fait que les étourdir.

J'ai remarqué que celles qui partent indemnes viennent très souvent se poser de nouveau à côté de celles qui ont été frappées.

Elles crient continuellement et sifflent, sur un ton clair et pur, les mots : *Ouit! ouit!*

A leurs voliers se mêlent volontiers presque tous les échassiers de taille moyenne.

La chair des petites de mer, sans valoir celle des pluviers à collier, n'est pas mauvaise. On vend une quantité assez considérable de ces oiseaux chez les marchands de gibier de Paris où on les étiquette sous le nom de bécassines. C'est une fraude qui ne devrait pas être tolérée, cela constitue assurément une tromperie sur la qualité de la marchandise vendue, mais on en passe bien d'autres à ces excellents industriels dont le moindre tort est de servir de recéleurs à tous les braconniers en toute saison.

LE BÉCASSEAU PLATYRHYNQUE

Pelidna Platyrhyncha.

(Bp. ex Temm.)

Le Bécasseau platyrhynque. (*Taille*, 0ᵐ.17)

Presque toujours confondu avec les bécasseaux cincles et brunettes, ce petit échassier leur ressemble en effet beaucoup et la confusion s'explique aisément.

Il est à peu près de la taille du bécasseau brunette. Ce qui le distingue surtout de ce dernier c'est la teinte roussâtre claire de sa poitrine, les liserés blancs des couvertures de ses ailes, qui le font paraître plus blanc d'ensemble, la courbure et la largeur de son bec qui lui ont fait donner en Angleterre le nom de *broad-billed sandpiper* ou *bécasseau à large bec.*

Cet oiseau a, en été, le dessus de la tête noir et roux, le dos noirâtre, tacheté de grisâtre et de roussâtre, la queue brune, blanche et rousse; les couvertures des ailes noires; la gorge et la poitrine roussâtre-clair, avec des grivelures noires; le ventre est blanc; le bec noir, les pieds sont brun-verdâtre, l'iris est brun foncé.

En hiver, le dessus du corps est gris avec les plumes bordées de blanchâtre, le cou, la gorge et la poitrine sont blancs grivelés de brun.

Les jeunes oiseaux sont plus marqués de blanc sur le haut du corps.

L'apparence générale du bécasseau platyrhynque est celle d'une petite de mer plus blanche que les autres sur les couvertures des ailes et plus roussâtre de poitrine, mais avec des grivelures s'arrêtant plus haut que celles de ses congénères.

On rencontre ces bécasseaux sur les côtes nord et ouest de la France moins fréquemment que les petites de mer proprement dites. J'en ai toutefois tué quelques-uns en Normandie.

On ne sait pas exactement dans quelle région ils nichent. Toutefois, il paraît qu'on a trouvé des couvées en Norwège et que les œufs sont d'un gris jaunâtre ou roussâtre et très pointillés.

LE BÉCASSEAU DE TEMMINCK

Pelidna Temminckii.

(Boie ex Leisl.)

Le Bécasseau de Temminck. (*Taille*, 0ᵐ.15)

Les bécasseaux dont nous venons de parler ont le bec plus long que la tête. Nous allons passer à deux espèces différentes dont le bec est plus court que la tête et qui sont les plus petites parmi les échassiers.

Le premier de ces oiseaux, le bécasseau Temminck est environ de la taille de la mésange charbonnière.

Le dessus de son corps, en été, est noir avec les plumes liserées de roux; la poitrine est gris-roussâtre légèrement grivelée de noir : les couvertures des ailes sont brunes et rousses; les rémiges noires; le ventre est blanc, la queue brune et blanche, le bec brun court et très fin; les pattes sont brun-verdâtre.

En hiver, le dessus du corps est gris-brun, le dessous blanc, avec la poitrine un peu grisâtre et grivelée.

On appelle cet oiseau en France *pétrot gris*, en Angleterre on le nomme *Temminck's stint*.

Cette espèce niche en Islande et pond quatre ou cinq œufs gris, pointillés de cendré ou de noir. Elle passe en France, se mêlant aux bécasseaux précédents, au printemps et à l'automne. On la voit fréquemment sur les bords de la Loire en été; elle en remonte même le cours assez loin.

LE BÉCASSEAU MINULE OU BÉCASSEAU ÉCHASSE

Pelidna Minuta.

(Boie ex Leisl.)

Le Bécasseau Minule. (*Taille*, 0^m.14)

C'est le plus petit des bécasseaux. Contrairement aux oiseaux précédents, il ne voyage pas en grandes troupes, on le voit plutôt seul ou par paire.

Il apparaît en France en avril et en mai, et repasse en septembre.

Il est connu dans le Nord sous le nom de *pétrot rouge* et sous celui de *bécasseau échasse*.

En Angleterre on le nomme *little stint* ou petit chétif. Il est très commun sur les bords du lac de Genève.

Il fréquente les bords de la mer où on le rencontre régulièrement lors de ses passages. Il court avec une grande rapidité, absolument comme une souris et est très difficile à apercevoir dans les pierres et les galets. Son cri est : *Hite! hite!* très sifflé et traîné.

Ce bécasseau couve dans le nord de l'Europe et pond trois ou quatre œufs jaunâtres, pointillés de brun.

En été, ce minuscule échassier a le dessus du corps noir, grivelé de fauve, la queue doublement échancrée avec les plumes du milieu formant une pointe comme celles des bords, elle est noire, rousse et blanche.

Le ventre est blanc, la poitrine grise, grivelée de petites taches brunes, ainsi que le cou. Les ailes sont noires et rousses aux couvertures, les rémiges noires et fortement nuancées de blanc aux médianes.

Le bec est court et fin, les pattes sont hautes, grêles et noires.

En hiver, le dessus du corps devient gris-brun clair, tous les dessous sont blancs.

L'ACTITURE ROUSSET

Actiturus rufescens.

(Bp. ex Vieill.)

Cet oiseau, extrêmement rare, est originaire de l'Amérique du nord, d'où il rayonne parfois en Europe, très rarement en France.

Il a la taille du bécasseau cincle, le bec noir, plus court que la tête, les pattes hautes, grêles et jaunâtres.

Le dessus du corps est brun varié de roux, le dessous roux-clair, ondé de blanchâtre, les côtés de la poitrine et le ventre sont grivelés de noir, les grandes pennes des ailes brunes en dessus, blanchâtres en dessous; la queue est brune et blanche aux plumes du milieu, grise barrée de noir aux autres, les médianes plus longues que les latérales. L'iris est brun-foncé. L'actiture a l'apparence d'une toute petite maubèche en plumage d'amour avec les tons plus pâles en dessous, les pattes plus hautes et la queue plus arrondie.

Je ne me souviens en avoir rencontré que deux il y a une quinzaine d'années, au bord de la mer. J'en ai tiré une à quelques pas, posée, après m'être même reculé un peu pour la tuer. Elle courait devant moi sur une martouse au bord du flot, à mer basse. Je l'avais alors prise pour une toute petite maubèche. Comme elle m'avait cependant paru singulière, j'avais gardé son signalement ce qui m'a permis d'établir plus tard sa véritable identité. Je regrette de n'avoir pas conservé cet exemplaire d'un oiseau qu'on rencontre très accidentellement et qui n'a d'autre valeur intrinsèque que celle qu'il emprunte à la rareté de ses apparitions en Europe.

Sous-famille des Phalaropodiens.

Ces oiseaux, dont l'une des variétés est de la taille de l'alouette de mer, l'autre un peu plus grande, se distinguent des autres bécasseaux par des pieds palmés à la manière des foulques, c'est-à-dire festonnés d'une membrane distincte pour chaque doigt. Singulière fantaisie de la nature qui semble avoir toujours voulu conserver un trait d'union entre toutes les espèces de ses créatures. Plumage duveté des mouettes, pieds frangés des foulques, formes générales des bécasseaux, tels sont les caractères de ces oiseaux qui, vivant sur les bords de la mer, ont des habitudes mixtes, tenant à la fois de celles des mouettes et de celles des autres coureurs de grèves.

La France reçoit la visite de deux sortes de phalaropes : Le phalarope dentelé et le phalarope hyperboré.

LE PHALAROPE DENTELÉ

Phalaropus Fulicarius.

(Bp. ex Linn.)

Le Phalarope dentelé. (*Taille*, 0ᵐ.24)

De la taille d'un gros cul-blanc, ce singulier échassier, si toutefois on peut appeler échassier un oiseau aussi bas sur pattes, a, suivant son sexe, deux livrées différentes en été.

Le mâle a le dessus de la tête noirâtre avec des lacunes blanches; le dessus du corps noir aux plumes bordées de roux; la gorge noire, la poitrine et le ventre roux-rouge, les couvertures des ailes noires bordées de blanc, les grandes pennes noires. La queue est noire grise et rousse, le bec, de la longueur de la tête, noir; les pattes ainsi que les pieds qui sont bordés en feston d'une membrane séparée avec chaque doigt et dentelée sur les bords sont de couleur noirâtre. L'iris est brun.

La femelle, à la même époque, a le dessus de la tête noir, celui du cou rouge; les parties supérieures du corps sont noires et rousses, les dessous roux et les couleurs générales plus vives que chez le mâle avec la taille plus forte.

En hiver, le mâle et la femelle deviennent cendrés sur tout le dessus du corps; la tête est cendrée, marquée de noir derrière les yeux. Le dessous du corps est blanc, avec la poitrine ceinte d'une écharpe cendrée, les ailes sont gris-cendré aux couvertures avec des liserés blancs et noirâtres aux rémiges. La queue est brunâtre. Les plumes de la poitrine et du ventre sont duvetées comme celles des mouettes.

La figure que nous donnons représente un mâle en plumage d'hiver.

Cet oiseau passe en France d'une façon très irrégulière, on le trouve cependant quelquefois à l'automne et même en hiver à l'embouchure de l'Orne. Il est rare sur les autres côtes françaises. Il niche au Nord. Les œufs, au nombre de trois ou quatre, sont jaune-verdâtre très pointillés.

Le phalarope dentelé fréquente seulement les bords de la mer.

Il nage parfaitement. Ses habitudes tiennent de celles des bécasseaux et de celles des mouettes, il vient, quand la mer découvre les plages, véroter sur le sable.

LE PHALAROPE HYPERBORÉ

Lobipes hyperboreus.

(Steph. ex Linn.)

Le Phalarope hyperboré. (*Taille*, 0ᵐ.19)

Plus petit que le précédent, ce Phalarope a les pattes plus hautes que lui, le bec plus long et très mince.

En été, il a le dessus du corps brunâtre, tacheté de roux, un hausse-col blanc, une écharpe rouge-vif sur la gorge et la poitrine, remontant au-dessus du cou, le bas de la poitrine et le ventre blanchâtres, les ailes brunes terminées de noir, la queue brune et blanche.

En hiver, le dessus du corps tourne au cendré, grivelé de noirâtre, les dessous deviennent blancs et cendrés; le roux de la poitrine disparaît.

Ses pattes sont d'un verdâtre-foncé, ses pieds sont bordés en festons sans dentelures. Son cri a été traduit par le mot : *Tirr!*

Les Anglais le nomment *red-necked phalarope*.

Ses passages en France sont très irréguliers.

Il devient du reste fort rare partout. Comme le phalarope dentelé il niche à terre sur les montagnes.

Son nid est profondément enfoncé dans le gazon et contient quatre œufs jaunâtres. Ces œufs sont fort recherchés et atteignent en Écosse le prix de douze francs cinquante l'un.

CHAPITRE IX

FAMILLE DES RÉCURVIROSTRIDÉS

Deux espèces seules appartiennent à cette famille. Elles sont caractérisées par la hauteur de leurs pattes, le peu de développement de leur pouce qui est presque nul, et la fragilité de leur bec qui, presque droit chez l'Échasse, est recourbé en l'air chez l'avocette, d'où le nom donné à la famille.

L'avocette a les doigts palmés, l'Échasse n'a qu'une palmure imparfaite ; mais comme ces échassiers ont, après tout, les doigts plus ou moins palmés, on peut dire qu'ils forment avec le Flamant, dont nous parlerons ultérieurement, la transition entre les Échassiers et les palmipèdes. Cette famille se divise en deux sous-familles : Celle des Himantopodiens ou échasses et celle des Récurvirostriens ou avocettes.

Sous-famille des Himantopodiens.

L'ÉCHASSE BLANCHE
Himantopus Candidus.

(Bonneterre.)

L'échasse est plus rare sur nos côtes que l'avocette. Elle est l'échassier par excellence. Les Anglais l'ont appelée *black winged stilt* ou échasse à ailes noires et *long-legs* ou longues jambes, avec raison. Ses pattes sont d'une hauteur démesurée, mais lui servent merveilleusement pour aborder les endroits vaseux que ne peuvent affronter les autres

L'Échasse. (*Taille*, 0m.35 du bec au bout de la queue.)

oiseaux et les queues de marais et d'étangs où elle cherche sa nourriture.

L'échasse, dont la taille varie beaucoup avec les individus, quoique restant intermédiaire entre celle de la tourterelle et celle du pigeon, a, en été, le dos et les ailes noirs à reflets verdâtres rappelant un peu la couleur du vanneau.

La tête est d'un brun noir, le cou chiné sur le dessus, blanc en dessous, ainsi que le ventre et la poitrine qui prend cependant une teinte rosée.

Le bec est noir, mince et droit. Les pattes et les pieds qui n'ont que trois doigts et pas de pouce, sont d'un rouge pur, l'iris est rouge cramoisi.

En hiver, la tête et le cou deviennent blancs.

L'échasse est un oiseau du Midi. Elle niche dans l'Europe tempérée, rarement en France. Ses œufs, au nombre de quatre, sont brunâtres, pointillés de taches formant couronne au gros bout.

Elle remonte quelquefois au Nord, mais fréquente plus assidûment les côtes du Midi de la France, les bords de la mer et les marais de l'Europe méridionale.

Les échasses, en volant, tiennent le cou tendu, contrairement à presque tous les autres échassiers qui le rentrent entre les épaules.

Sous-famille des Recurvirostriens.

L'AVOCETTE

Recurvirostra avocetta.

(Linn.)

L'avocette appelée *cleppe* en Picardie, à cause de son cri : « *Cleuppe! cleuppe!* » *kluit* en Hollande, oiseau-ral du sud-ouest de la France, *pipe* sur le littoce, et *avocet* en Angleterre, est un bel échassier, un peu plus gros que le pigeon ramier, mais dont les pattes sont d'une hauteur qui paraît en disproportion avec sa taille. Avec l'échasse et le flamant, elle est certainement un des oiseaux les plus haut montés sur jambes de nos contrées.

L'avocette. (*Taille*, 0m.55)

Ce qui, avec cette particularité, caractérise surtout l'avocette, c'est la forme de son bec, qui, long, mince et noir, s'incurve en arrière et en l'air, au lieu de se recourber vers la terre, et affecte la forme d'une faucille renversée, singularité que présente, mais à un moindre degré, le bec des barges. Le cou est long, grêle et blanc. La tête est petite et noire; le corps est entièrement blanc, les ailes seules sont blanches et noires. Les pieds, entièrement palmés, sont, ainsi que les pattes, de couleur bleuâtre.

Les avocettes sont plus répandues au Midi, sur les bords de la Méditerranée et dans nos provinces méridionales que dans le nord de la France. Elles nichent quelquefois dans le Languedoc et le Roussillon. Leur ponte est de trois œufs environ, gris-roux ou vert-clair, parsemés de taches plus foncées.

Elles passent au Nord, sur les bords de la Manche et de l'Océan, en octobre et repassent en avril. Mais comme, ainsi que les spatules et plusieurs autres migrateurs, elles ne font dans ces régions septentrionales que de courtes stations, comme, de plus, leur espèce est peu nombreuse, on a rarement la chance de les y rencontrer.

Elles sont encore à classer pour les chasseurs du Nord et de l'Ouest parmi les oiseaux réservés aux professionnels de la chasse à la Sauvagine qui, parcourant les marais et les grèves tous les jours, peuvent profiter des passages les plus éphémères des oiseaux migrateurs.

On s'est souvent étonné du caprice de la nature qui a donné aux avocettes les pattes et le bec paraissant les moins propres à les aider dans la recherche de leur nourriture.

Mais, ici encore, la critique ne saurait résister à l'examen, et fait place à l'admiration qu'inspire toujours à ceux qui étudient et comprennent la nature, sa merveilleuse prévoyance à l'égard de toutes les créatures qu'elle a dispersées sur la surface de la terre.

L'avocette, en effet, a une fonction spéciale et est destinée à trouver sa subsistance dans les endroits où l'aide de ses hautes pattes et la forme de son bec lui sont indispensables.

Le frai de poisson déposé au bord des eaux constitue le fond de sa nourriture.

Il lui fallait donc un instrument propre à écumer, pour ainsi dire, en l'effleurant, la surface des flots : les outils inventés par les hommes dans le même but n'ont point d'autre forme que le bec de l'avocette; il lui fallait de hauts supports lui permettant d'entrer dans les basses eaux : ses pattes élevées lui donnent la faculté d'explorer les bords du flot où elle ne pourrait nager, de s'engager plus avant que les autres oiseaux dans l'élément liquide. Et quand elle a gagné un fond suffisant pour se mettre à la nage, ses pieds palmés lui servent encore et viennent compléter l'ensemble des avantages dont la nature a doté cet oiseau qu'au premier abord on pourrait croire si disgracié par elle.

Aussi voit-on toujours l'avocette se poser, non sur le sable, mais au bord de l'eau, quelquefois dans le flot mourant sur les grèves, plus souvent au bord des rivières à leur embouchure, et entrer petit à petit dans les eaux à mesure qu'elle épuise les ressources que lui offrent les rives.

Toutefois elle ne s'éloigne pas de l'estuaire des fleuves, ni des bords de la mer. Elle ne paraît pas avoir été rencontrée dans les terres, du moins au Nord, comme bien d'autres oiseaux de passage.

CHAPITRE X

FAMILLE DES PHÉNICOPTÉRIDÉS

LE FLAMANT ROSE

Phœnicopterus Roseus.

(Pall.)

Le Flamant ou phénicoptère en français, *flamingo* en anglais, est un habitant des pays chauds, auxquels il a emprunté sa couleur de feu, et qui ne remonte presque jamais au nord.

Cependant, comme on le rencontre assez souvent sur les étangs du midi de la France, venant surtout d'Afrique, car il est voyageur, il doit figurer parmi la sauvagine de nos contrées méridionales.

Il est pourtant universellement connu et j'ai pensé qu'il était superflu d'en donner ici une figure. Une simple description suffira.

Très haut monté sur de longues pattes roses, il a le corps un peu plus gros que celui du canard, mais son cou fort long le fait paraître beaucoup plus gros. Il est rose-clair avec les couvertures des ailes d'un rouge ardent et les grandes pennes noires.

Son bec est large et aplati sur le dessus, renflé et creux en forme de pelle à bords saillants en dessous, et fortement coudé sur le milieu, moitié rouge et moitié noir. L'iris est jaune.

La tête est petite, les pattes sont hautes de un mètre environ, les pieds sont demi-palmés.

La femelle est un peu plus blanche et les jeunes sont gris.

Les flamants nichent dans le sud-est de l'Europe et quelquefois en France, mais très rarement. Leur nid, au milieu des eaux, émerge en forme de cône tronqué au sommet duquel, dans un petit enfoncement, les femelles déposent deux œufs blancs.

Je ne parlerai pas, à propos du flamant, des Romains et ne ferai pas un cours de cuisine historique et ancienne. Les dîners de Lucullus et d'Apicius où figuraient des plats de langues de phénicoptères ont fait l'objet de trop savantes dissertations pour que je donne ici mon avis sur le mérite culinaire de cet oiseau. J'ai, pour m'abstenir, deux excellentes raisons : La première, c'est que je n'ai jamais mangé de flamant, la seconde c'est que ceux qui, plus heureux que moi, ont pu goûter de ce gibier ne m'ont pas fixé sur sa délicatesse, puisque les uns disent que la chair du flamant est un mets délicieux et que les autres affirment que sa langue seule est mangeable.

N'ayant jamais rencontré cet oiseau à l'état sauvage, ne l'ayant observé qu'en captivité et les mœurs des oiseaux captifs n'ayant aucun intérêt ici, je suis, au point de vue de la manière de chasser le flamant, dans l'obligation de confesser mon ignorance et de prier mes lecteurs éventuels de me pardonner de ne point leur faire sur ce sujet un exposé dont l'imagination ferait tous les frais, ce qui n'entre nullement dans mes vues et ce qu'on n'attend du reste pas de moi, j'en suis convaincu.

TROISIÈME PARTIE

ORDRE DES PALMIPÈDES

LES PALMIPÈDES

Si les échassiers ont pu, presque tous, figurer parmi les espèces composant la sauvagine, tous les palmipèdes doivent y trouver leur place.

Les oiseaux qui composent l'ordre des palmipèdes ont tous, sans exception, les pieds plus ou moins palmés.

Ils sont bien des oiseaux aquatiques.

Les uns ont les trois doigts antérieurs réunis par une membrane avec un pouce détaché, rudimentaire ou nul; les autres ont les doigts simplement lobés, c'est-à-dire séparément palmés et ressemblant à de longues feuilles d'arbre. Les totipalmes ont les trois doigts antérieurs et le pouce réunis par la même palmure.

Tous ces oiseaux ont le tarse ou cou-de-pied, court et comprimé. Leur bec est ou plat comme celui des canards, ou conique et terminé par un crochet, ou entièrement droit et pointu, mais toujours fort et résistant. Quelques espèces comme les mergules et les macareux l'ont conformé d'une façon spéciale.

Parmi les palmipèdes, plusieurs plongent admirablement, d'autres ne plongent pas et ne cherchent leur subsistance que sur les grèves ou à la surface des flots.

Quelques espèces sont presque sédentaires en France, les autres ne font que passer, quelques-unes ne visitent nos climats que poussées par les grands froids.

Certains des représentants de cet ordre si intéressant peuvent voler jour et nuit pendant une semaine entière, d'autres ne peuvent se soutenir qu'un instant dans l'air en rasant la surface de la mer. Les pingouins brachyptères ne réussissent même pas à se mettre à l'essor.

Comme pour les échassiers, une classification raisonnée s'impose donc pour faciliter l'étude des palmipèdes. J'ai choisi celle qui m'a paru la plus pratique et la plus conforme à l'esprit d'un ouvrage d'ornithologie écrit pour des chasseurs.

Bien des auteurs, savants naturalistes, ont comme famille de transition entre les échassiers et les palmipèdes, indiqué celle des totipalmes et commencé par eux leurs études sur les palmipèdes. J'ai cru devoir faire exactement le contraire.

Les totipalmes qui ont les quatre doigts réunis par une même membrane et sont par conséquent les oiseaux les plus *palmipèdes* de tous, me paraissent mieux à leur place à la suite des autres espèces qui n'ont que les trois doigts antérieurs palmés. Les chasseurs comprendront facilement pourquoi j'ai préféré parler des cygnes, des oies et des canards, avant de décrire les cormorans et les fous.

Je crois pouvoir ajouter qu'en intervertissant ainsi l'ordre de la classification, interversion sans importance du reste, je serai peut-être approuvé par quelques naturalistes qui admettent que la classification des oiseaux, étant toute conventionnelle, peut être appropriée, sans hérésie scientifique, aux besoins de ceux qui s'en servent, sans autre prétention que celle d'être compris des lecteurs auxquels ils s'adressent.

GROUPE DES LAMELLIROSTRES

CHAPITRE PREMIER

FAMILLE DES ANATIDÉS

Parmi les palmipèdes, ceux qui attirent le plus les convoitises du chasseur, ce sont les Lamellirostres. Les Lamellirostres sont ainsi nommés parce qu'ils ont le bec garni sur les bords de dents ou lamelles qui n'existent pas chez les autres oiseaux.

Les Lamellirostres, en France, sont représentés par la grande famille des Anatidés ou oiseaux ayant rapport au canard.

Cette famille se divise en cinq sous-familles. Les représentants des quatre premières ont le bec plat, ceux de la cinquième l'ont conique et muni d'un crochet à sa pointe.

La première sous-famille comprend les cygnes, la seconde les oies, la troisième les canards proprement dits et les sarcelles, la quatrième les fuligules ou canards à bec plus fin, la cinquième les harles dont le bec est conformé d'une façon particulière, bien que garni de dents, et dont les habitudes diffèrent notablement de celles des autres oiseaux de la famille.

Tous les anatidés ont les trois doigts antérieurs palmés et un pouce assez peu développé.

Quelques espèces nichent en France, les autres n'y sont que de passage.

Sous-famille des Cygniens.

LE CYGNE SAUVAGE

Cygnus Ferus.
(Ray.)
(*Taille*, 1 m. 50 à 1 m.60)

Le cygne sauvage est le magnifique oiseau universellement connu et qu'il est presque superflu de décrire. Tout son plumage est blanc pur. Son duvet merveilleux, après avoir servi de parure à un de nos plus gracieux volatiles, sert ensuite à encadrer de charmants visages féminins. Une garniture de cygne, un boa de ces plumes aériennes, je ne connais rien de plus séduisant.

Le mâle adulte fournit seul ce duvet si recherché. Les jeunes oiseaux sont gris.

Le bec du cygne sauvage est noir, épais et surmonté d'une protubérance jaune. Les cygnes domestiques ont cette protubérance rougeâtre ou rouge-vif. Les pieds sont noirs.

Le cygne sauvage mesure plus d'un mètre et demi de longueur. La femelle a la protubérance plus petite, le cou plus mince, et posée sur l'eau, elle s'y enfonce plus profondément.

Le cygne est certes la plus belle pièce de gibier qu'un chasseur puisse abattre au marais ou en mer.

Sa taille, son élégance, la majesté de ses attitudes en font sans conteste le roi de la sauvagine.

Royauté de vieille date, célébrée par les poètes des temps les plus reculés.

La domesticité ne l'a point abaissé, et, puisque les mœurs de cet oiseau sont restées les mêmes à l'état d'esclavage qu'à l'état de nature, je ne puis mieux faire que d'emprunter ici la plume d'un écrivain, qui, s'il n'a pas étudié les oiseaux dans leur indépendance sauvage, a su, du moins, communiquer à la description des mœurs de ceux qu'il observait captifs la magie de son style et la majesté de son talent.

Avant de parler de leur nidification voyons donc avec Buffon quelles sont les amours des cygnes.

« Le couple amoureux, dit-il, se prodigue les plus douces caresses, et semble chercher dans le plaisir les nuances de la volupté, ils y préludent en entrelaçant leurs cous; ils respirent ainsi l'ivresse d'un long embrassement; ils se communiquent le feu qui les embrase; et, lorsqu'enfin le mâle s'est pleinement satisfait, la femelle brûle encore; elle le suit, l'excite, l'enflamme de nouveau, et finit par le quitter à regret pour aller éteindre le reste de ses feux en se plongeant dans l'eau. »

La femelle couve à terre, sur un nid composé de brindilles et de roseaux, trois à douze œufs verdâtres. Le mâle la relaye de temps en temps; ils n'abandonnent jamais les œufs.

Les cygnes couvent au Nord, en Irlande et dans les régions du cercle arctique.

Ils sont moins rares en France, au moment des passages, qu'on ne le croit généralement.

Il ne se passe pas d'hiver un peu rigoureux sans qu'on les voie assez nombreux à l'embouchure de nos fleuves et de nos rivières. J'en ai souvent rencontré, à l'embouchure de la Seine et à celle de la Risle, qu'ils remontent parfois fort avant dans les terres.

Leur vol est rapide et sibilant. Un gardien de phare avec lequel je chasse habituellement à l'embouchure de la Seine se trouvait dans la lanterne de son phare, un jour de forte gelée, quand une bande de cinq cygnes vint à passer à quelques pas de lui. « Ils n'étaient pas à vingt mètres, me dit-il, j'ai bien entendu le bruit de leurs ailes, on aurait dit des grelots d'argent ! »

L'expression était poétique certes, mais le brave homme, plus pratique que rêveur, ne pouvait se consoler de n'avoir pas eu de fusil entre les mains. Il s'est dédommagé quelques jours après : il a tué un cygne à soixante mètres, avec une charge de plomb n° 2 dont un seul grain a cassé net le cou de l'oiseau.

Nous avons en France, lors des passages, deux variétés de cygnes. Le cygne ordinaire et le cygne de Bewick plus petit.

L'Angleterre, qui ne voit le cygne sauvage que lors de ses apparitions accidentelles, n'a pas voulu que ce magnifique palmipède manquât à la collection des oiseaux auxquels ses côtes servent de berceau.

N'ayant pas le cygne sauvage, les Anglais ont rendu sauvage le cygne domestique.

Ces cygnes, échappés de la civilisation, vivent à l'état de nature dans toute l'étendue de la Grande-Bretagne.

Considéré comme oiseau royal, le cygne y jouit d'une immunité et d'une sécurité complètes. Il est défendu de tirer ces grands oiseaux qui, reconnaissants de cette protection, couvent sur les *moors* et les marais des Îles Britanniques.

Bons à prendre cependant, quand l'hiver ils descendent en France ! Plus d'un cygne, tué sur nos côtes, a vu le jour sous l'œil bienveillant d'un lord *humanitaire* pour les oiseaux.

Les Anglais nomment le cygne sauvage *wild swan*.

LE CYGNE DE BEWICK

Cygnus Minor.

(Keys. et Blas.)

(*Taille*, 1 m. 25)

Le cygne de Bewick ne se distingue guère du précédent que par sa taille qui est moindre et n'atteint qu'un mètre vingt-cinq environ. Il est tout blanc, avec le bec jaune à la base et seulement un peu renflé dans cette partie, au lieu d'avoir un tubercule aussi accentué que celui de son congénère le cygne sauvage ordinaire.

La pointe en est noire.

La femelle a le bec entièrement plat.

Les jeunes sont gris.

Le mâle adulte prend quelquefois une teinte jaunâtre sur la tête et le cou.

On confond souvent ce cygne avec le cygne ordinaire. La différence de taille et le peu de développement des protubérances sont les deux particularités qui peuvent servir à faire une distinction entre les deux espèces. Le cygne de Bewick couve en Islande.

Sous-famille des Ansériens.

LES OIES

En octobre, alors que la chasse en plaine tire à sa fin, alors que les feuilles commencent à jaunir et les feux à pétiller dans les cheminées; lorsque les étrangers, comme on appelle au bord de la mer les visiteurs des stations estivales, ont dépouillé leur personnage de chasseurs d'occasion pour redevenir chasseurs d'affaires ou de plaisirs; quand les collégiens échangent le fusil des vacances contre leur plume de philosophes involontaires, le chasseur d'hiver, lui, se sent pris de cette fièvre qu'on appelle au mois d'août la fièvre de l'ouverture, avec cette différence que les émotions qu'il attend seront entremêlées de périls, de peines et de fatigues, qui les rendront plus fortes et donneront au succès un attrait de plus.

C'est bien, en effet, une période particulièrement intéressante qui va s'ouvrir pour lui; une ouverture de chaque jour pendant de longs mois, dont les longues nuits d'affût ne le céderont en rien comme attrait aux jours trop courts de cette saison si ardemment désirée.

Les grands migrateurs commencent à s'agiter.

Précédées par les petites espèces, qui ont commencé leur évolution dès le mois de juillet, les grandes bandes de sauvagine sont dans l'air, annonçant, suivant une croyance populaire bien sujette à caution, par leur empressement plus ou moins hâtif, la clémence ou la rigueur de l'hiver qui commence.

LES OIES.

De toutes les espèces des grands oiseaux qui passent à l'automne du Nord au Midi, les oies sont les premières à se mettre en marche, leur mouvement est certainement un des premiers à se manifester.

Une grande partie des bandes d'oies qui passent au-dessus de nos têtes à l'automne se rend en ligne directe au Midi, sans faire en France de stations prolongées, mais quelques-unes se cantonnent cependant, et tant que la température reste sensiblement la même, elles rayonnent dans un large espace de pays, sans se fixer nulle part ni s'éloigner tout à fait.

Les oies circulent en troupes généralement peu nombreuses, de quinze à vingt individus environ. Elles voyagent le jour et la nuit indistinctement. C'est cependant de préférence la nuit qu'elles s'abattent sur les marais et les champs lorsque les besoins de leur subsistance les forcent à interrompre momentanément leur voyage. Tout le monde a vu des bandes d'oies volant en triangle ou suivant une ligne droite ; on connaît leur cri, qu'elles poussent constamment, et qui décèle leur passage pendant l'obscurité des nuits. Leur vol est assez rapide elles parcourent en une minute 800 mètres, en une heure 48 kilomètres.

Chacun sait qu'en temps ordinaire elles passent fort haut, hors de la portée des armes à feu.

Pendant le jour, elles se posent quelquefois sur les grands espaces d'eau tranquille, les lacs, les golfes et embouchures des fleuves, d'où elles peuvent voir de très loin et être assurées qu'elles ne seront pas surprises.

Il est à peu près inutile de chercher alors à les approcher. On y parvient cependant quelquefois en bateau, quand après une trop longue étape, elles viennent de s'abattre et ne songent qu'à se reposer.

Au mois de novembre dernier, une bande d'oies plus considérable que toutes celles que j'avais vues jusqu'alors vint se poser un soir à l'embouchure de la Seine. Il y avait là au moins deux cents de ces oiseaux qui faisaient un vacarme épouvantable. La mer était haute et calme. Elles se réunirent en masse compacte et au bout de quelque temps elles devinrent silencieuses.

Le lendemain matin, elles étaient au même endroit, mais la mer avait baissé et c'était sur un banc de sable que se trouvaient alors les oies, qui, toutes, sauf une ou deux, dormaient profondément.

Lorsque la mer remonta, elles se laissèrent petit à petit soulever par le flot et continuèrent leur somme, jusqu'à l'arrivée d'un grand navire dont l'approche les fit s'enlever.

Elles tournoyèrent pendant longtemps, mais toujours hors de portée pour moi, et finirent par se reposer à l'endroit qu'elles avaient quitté. Ce ne fut que vers le soir qu'elles reprirent leur voyage interrompu par une sieste qui leur aurait été fatale si on avait pu disposer à ce moment d'un canot. Ces oies, qui venaient du large, avaient dû faire une traite considérable, pour passer ainsi une nuit et un jour au même endroit, dans un tel état de torpeur par un temps doux, clair et calme.

En hiver, c'est autre chose. Quand la gelée persiste, quand la neige couvre la terre, les oies se débandent, et on finit par les tirer soit isolées soit en petites bandes, un peu partout, sur les bancs et les marais avoisinant la mer. On les trouve le long des rivières, quelquefois dans les roseaux, mais surtout en mer. A l'embouchure des fleuves, au moment du dégel et de la débâcle des glaces, on peut tuer beaucoup d'oies en suivant en canot les digues et les bords du flot. Elles s'abandonnent au courant sur les glaçons, et se laissent facilement approcher.

En temps de dégel, comme tous les autres oiseaux de passage, elles viennent volontiers à terre et c'est alors qu'on peut quelquefois en tuer même à la hutte ou au gabion.

Les temps de brouillard épais peuvent aussi fournir l'occasion de tirer les oies. Elles se perdent dans la brume et ne sachant où se diriger elles se posent parfois ou passent à portée.

L'oie étant un gibier très recherché, non à cause de sa chair, qui ne vaut pas grand'chose, mais à cause de la difficulté qu'on éprouve à l'approcher et à raison de sa grosseur qui en fait une belle pièce, on a cherché bien des moyens pour parvenir à la tirer à portée.

Le meilleur moyen de tuer les oies, c'est de les chasser en bateau quand il fait très froid ; on se munit alors d'une forte canardière qui permet de tirer de loin.

A terre, on tue quelques oies au gabion ou à la hutte, mais généralement ces oiseaux très défiants viennent mal aux appelants, et leur présence sur un marais ou un étang peut même empêcher les autres palmipèdes de s'approcher des canards d'appel.

Je n'en ai vu tuer au gabion que par les hivers extrêmement rigoureux et dans des gabions voisins de la mer.

Sans parler de la chemise blanche et du bonnet de coton qu'on a préconisés en temps de neige, il est certain que le chasseur vêtu de blanc éveille moins la défiance des oiseaux, et une veste et un pantalon de toile blanche par-dessus les autres vêtements permet souvent, soit sur la neige, soit sur les galets du bord de la mer, d'approcher le gibier à portée ou de se dissimuler suffisamment pour le tirer au passage.

On s'est servi aussi de la vache artificielle et du costume américain en jonc, qui permettent au chasseur, soit de profiter de la familiarité des oiseaux avec les bestiaux, soit de marcher avec son abri. On emploie les filets, dont le plus usité et le plus destructeur est, sans contredit, le hallier ou vol, qu'on tend verticalement et dans lequel viennent donner les bandes de sauvagine quand elles passent au ras du flot.

La France ne reçoit guère la visite que des espèces que nous allons passer en revue.

Les autres variétés classées parmi les oiseaux d'Europe ne sauraient figurer parmi la sauvagine de nos contrées.

L'OIE CENDRÉE

Anser cinereus.

(Meyer.)

Dans cette espèce, le mâle a la tête et le cou roux-cendré, le front blanchâtre, l'iris brun-foncé, les paupières jaune-rouge. Le dos est brun-cendré, avec des lignes transversales blanches, la queue est blanche et brune, le ventre blanc, la poitrine grise, les ailes sont

L'Oie cendrée. (*Taille*, 0ᵐ.80)

brun-cendré, avec les plumes bordées de blanc aux couvertures, les grandes pennes sont noires, bordées de blanc. Le bec est jaune-orange, les pieds sont jaune-rouge.

La femelle est plus grise et un peu plus petite.

L'oie cendrée est celle qui a donné naissance à notre race d'oies domestiques.

A l'état sauvage, elle habite l'Europe tempérée, vers l'Est principalement.

Elle couve aux mois de mars, avril, et mai, en Russie, en Allemagne, et aussi en Angleterre où on l'appelle *grey-lag-goose*. Son nid est situé dans les osiers ou le gazon, et est composé de roseaux et de duvet. Il contient de cinq à douze œufs blanc jaunâtre, quelquefois mouchetés.

C'est l'oie cendrée qui est la plus répandue sur les bords de la mer. Pendant les grands froids on la trouve à l'embouchure des fleuves et on la chasse ainsi que je l'ai indiqué en parlant des oies en général.

L'OIE DES MOISSONS
OU L'OIE SAUVAGE VULGAIRE

Anser Sylvestris.

(Briss.)

Cette oie est l'oie sauvage proprement dite, l'oie vulgaire des moissons, celle qui s'arrête la nuit dans les champs de toutes les parties de notre territoire, sans se cantonner spécialement aux bords de la mer.

Le mâle a la tête et le cou brun cendré clair, le dessus du corps de même couleur,

L'Oie des moissons. (*Taille*, 0^m.85)

avec quelques plumes bordées de blanc. La queue est noirâtre, terminée de blanc, le bas du ventre blanc, la poitrine gris-clair, avec les côtés et les flancs brunâtres. Les ailes sont gris-cendré bordées de blanc, les rémiges noires. Le bec est jaune-orange, avec du noir à la base et l'extrémité, les pieds sont rouge-orange. L'iris est brun.

La femelle ressemble au mâle, mais est plus petite, les jeunes sont plus bruns.

L'oie des moissons couve au Nord, dans les terrains marécageux, elle pond une douzaine d'œufs, d'un blanc sale.

Les Anglais la nomment *bean goose*.

L'OIE RIEUSE

Anser Albifrons.

(Bechst.)

L'oie rieuse est aussi appelée *oie à front blanc*, traduction de son nom anglais *white fronted goose*.

Elle a la tête et le cou brun-cendré, le

L'Oie rieuse. (*Taille*, 0ᵐ.73)

front et tout le tour du bec blanc pur, bordé d'une bande brun-foncé. Le dessus du corps est brunâtre, la queue blanche et noire, le ventre blanc, la poitrine grise, ondée de plaques noires plus accentuées vers les flancs. Les ailes sont brun-roux aux couvertures, noires à l'extrémité; le bec est jaune-orange à la base, noirâtre à la pointe, avec l'onglet blanc. Les pattes sont jaune-orange, l'iris est brun.

Les femelles sont plus petites et de couleur plus claire que les mâles.

L'oie rieuse niche au Nord et pond une douzaine d'œufs blancs.

Son cri, plus moqueur que celui de ses congénères, sans toutefois ressembler beaucoup à un éclat de rire, lui a valu son nom.

Elle se rencontre en France, en hiver, et fréquente, comme l'oie cendrée, les bords de la mer. On la trouve quelquefois en baie de Somme.

L'OIE A BEC COURT

Anser Brachyrhynchus.

(Baill.)

Cette oie ressemble à l'oie des moissons, mais sa taille est moindre et elle a le bec notablement plus court. Ce bec est noir, avec un peu de jaune seulement vers la pointe.

La tête et le cou sont bruns, le bas du

L'Oie à bec court. (*Taille*, 0^m.66)

cou est gris-roux, le dos brun-gris, nuancé de blanc, la queue est noire et blanche, le ventre est blanc. Les flancs sont bruns, nués de blanc, la poitrine est grise. Les ailes ont les couvertures grises et les rémiges noires. Les pieds sont rougeâtres.

L'oie à bec court n'est pas commune en France où on ne l'a guère rencontrée que sur les côtes nord.

Il est cependant certain qu'elle y fait encore des apparitions accidentelles, mais on la confond probablement avec l'oie vulgaire. Tous les chasseurs ne peuvent posséder l'esprit d'observation de Baillon qui a été le premier à décrire cette oie et à la distinguer de l'oie ordinaire.

L'OIE NAINE

Anser Erythropus.

(Newton.)

(*Taille*, 0 m. 55)

L'oie naine ressemble à l'oie rieuse ou à front blanc, mais elle est plus petite et son bec est plus court, de couleur chair blanchâtre.

Cette oie, très rare en France, habite le Nord qu'elle ne paraît quitter que pendant les hivers très rigoureux.

Comme l'oie à front blanc, elle a un bandeau de cette couleur au-dessus du bec. Ce bandeau va rejoindre les yeux et est par conséquent plus développé que celui de l'oie rieuse.

La tête est grise, l'iris brun, le dessus du corps brun-gris, la queue noire et blanche, le ventre blanc, la poitrine gris-brun, nuancée de noir et de roux vers les flancs; les ailes sont grises aux couvertures, brunes bordées de blanchâtre aux rémiges. Les pieds sont couleur chair livide.

LA BERNACHE NONETTE

Bernicla Leucopsis.

(Boie).

Quelques auteurs cynégétiques ont classé par confusion les bernaches parmi les canards.

C'est certainement là une erreur que la vue de l'oiseau suffit à dissiper; les bernaches ont bien toutes les apparences des oies, quelques chasseurs plus

La Bernache nonette. (*Taille*, 0ᵐ.65)

avisés les nomment *ouettes* ou petites oies.

Nous voyons régulièrement en France deux espèces de

bernaches : la bernache nonette et la bernache cravant. Une autre espèce, la bernache du Canada (*Bernicla canadiensis*), qui est reconnaissable à sa taille plus forte et à une bande blanche qui lui entoure le cou, est originaire de l'Amérique et a fait en France quelques apparitions accidentelles. Je ne la mentionnerai donc que pour mémoire, ne retenant ici que les deux espèces que j'ai citées.

La bernache nonette, qu'on confond souvent avec le cravant, à laquelle on donne même ce dernier nom avec celui d'*ouette* et de *religieuse,* se rapproche cependant plus par son aspect de l'oie que du cravant.

Les bernaches nonettes présentent des variétés de taille assez sensibles, sans cependant atteindre la grosseur des oies rieuses ou cendrées.

Le mâle a le bec beaucoup plus court que les oies, de couleur noire, les pieds noirs et les jambes très hautes. La tête est noire, avec le front, les joues et la gorge blanchâtres. L'iris est noir. Le cou et le haut de la poitrine sont d'un noir profond, le dos est gris cendré, le ventre et le bas de la poitrine sont blanc sale. Les ailes ont les couvertures grises, terminées de noir et les grandes pennes noires.

Les femelles sont plus petites et les jeunes sont d'une couleur générale plus foncée.

La bernache nonette niche au nord, ses œufs sont d'un blanc jaunâtre ou verdâtre.

Les bernaches nonettes passent l'hiver dans nos pays. Elles arrivent du nord en octobre, et sont très nombreuses sur les côtes de l'Océan où on les chasse surtout en bateau. On en tue cependant quelques-unes sur les côtes de la Manche dans les huttes disposées au bord de la mer.

Cet oiseau doit son nom scientifique et celui que lui donnent les Anglais *bernacle goose* à une vieille légende qui voulait que les bernaches naquissent spontanément sur des coquillages, les bernicles ou conques anatifères. Comme on ne voyait jamais ces oiseaux quitter la mer, on en avait conclu qu'elles ne pouvaient nicher à terre comme les autres volatiles et on avait inventé le système de la génération spontanée, nous savons maintenant où et comment se propagent les bernaches. Cette légende s'appliquait aussi à l'espèce suivante et aux macreuses.

LA BERNACHE CRAVANT

Bernicla Brenta.

(Steph.)

La bernache cravant est un peu plus grosse que le canard, mais d'une taille inférieure à celle de la bernache nonette.

Haut montée sur pattes, elle a les pieds

La Bernache cravant. (*Taille*, 0^m.60)

d'un beau noir d'ébène, le bec petit, court et de la même couleur que les pieds.

Sa tête est noire, son cou long, mince, brun noir, chiné

de blanc, et coupé vers le bas par une bande blanche qui n'est pas très nettement dessinée. Le dos est gris brun, la queue brune en dessus, blanche en dessous, le ventre est gris foncé marqué de noir, la poitrine est d'un beau gris qui prend souvent une teinte ardoisée. Les ailes sont brunes et noires, marquées de blanc. L'iris est noir.

La femelle est plus petite, les jeunes n'ont pas de tache blanche au haut de la poitrine. L'aspect général de l'oiseau est très sombre, ce qui lui a valu le nom de *religieuse* qui n'est pas caractéristique puisqu'on l'a donné à la bernache nonette et à beaucoup d'autres oiseaux.

Un surnom qui lui convient mieux c'est celui qu'on lui applique sur les côtes de la Manche où on l'appelle *mangeuse de varech*. Cette appellation est assez fondée, j'ai tué une bernache cravant qui avait encore dans le bec une longue tige de varech.

On la nomme aussi *ouette*, les Anglais la désignent sous le nom de *brent goose*.

Elle niche au nord et dépose sur les lieux voisins de la mer une dizaine d'œufs blancs.

L'oie cravant n'a pas les mêmes habitudes que les oies sauvages; elle paraît s'isoler plus volontiers, et par les grands froids il n'est pas rare de la trouver seule sur les grèves et de la surprendre posée, pâturant dans les galets ou les rochers recouverts de varech et autres plantes marines. Les oies cravant tiennent volontiers la mer et ne s'enfoncent guère dans les terres, elles ne sont pas très farouches, j'en ai approché quelques-unes à portée, en terrain plat.

Cependant ces oiseaux, qui au début sont loin d'avoir la même sauvagerie que les oies vulgaires, deviennent aussi, quand ils ont été tirés, fort difficiles à atteindre.

La chair des ouettes n'est pas fameuse; celle des oies cravant est huileuse et assez coriace.

LA BERNACHE A COU ROUX

Bernicla ruficollis.

(Boie.)

(*Taille,* 0m.55)

La bernache à cou roux ne fréquente pas nos pays d'une façon régulière comme la bernache nonette et le cravant. Elle habite surtout l'est de l'Europe.

On l'a rencontrée cependant en France et même en Angleterre où elle porte le nom de *red breasted goose.*

Plus petite que le cravant, cette oie a la tête et le dessus du corps noirs, avec un peu de blanc entre les yeux qui ont l'iris brun clair.

La queue est blanche, le bas-ventre est de la même couleur. Le ventre et les flancs sont noirs, le dessous du cou et la poitrine roux-vif avec un ceinturon blanc qui remonte jusqu'au dos. La gorge est noire. Les ailes sont noires avec un miroir blanc. Le bec est brun, les pieds sont noirs.

La bernache à cou roux niche au nord-est de l'Europe.

Ses œufs sont blancs.

L'OIE D'ÉGYPTE

Chenalopex Ægyptiaca.

(Steph.)

(*Taille,* 0m.65 à 70)

Un peu plus grande que l'oie cravant, originaire de l'Afrique et désignée aussi sous le nom d'oie du Nil, cette espèce ne fait en France que de rares visites. Elle tient le milieu entre les oies et les canards, les tadornes notamment, auxquels elle se rapporte comme formes générales. On l'a appelée aussi *oie-renard* de même qu'on donnait au tadorne la qualification de *canard-renard*.

L'oie d'Égypte a la tête et le cou d'un blanc ocreux, le front et le tour des yeux de teinte marron, le cou roux, le haut du dos de la même couleur ou plutôt marron-clair finement rayé de noir, le bas du dos brun, avec la queue noire et brune, le ventre blanchâtre. La poitrine et les flancs sont jaunâtres, striés de brun, avec une large tache marron sur le haut de la poitrine. Les ailes sont blanches et ont une sorte de miroir noir. Les grandes pennes sont brunes et rousses, noires à l'extrémité. Le bec et les pieds sont rougeâtres, l'iris est rouge orange.

Cette oie fait deux pontes par an, en mars et septembre. Ses œufs sont blanc-jaunâtre ou verdâtre.

En somme, l'oie d'Égypte est en France un oiseau de rencontre, un égaré. Elle n'a été tuée que par les favorisés du sort et je n'ai pas été du nombre.

Sous-famille des Anatiens.

LES CANARDS

Ce qui va suivre s'applique aussi bien aux Fuliguliens qui ne sont qu'une variété des canards, qu'aux canards proprement dits, ou Anatiens.

De toutes les espèces qui composent la sauvagine, c'est certainement celle des canards qui intéresse le plus le chasseur qui tient à la valeur de la pièce qu'il convoite. La bécassine est le gibier des chasseurs « artistes », le canard est celui des chasseurs rustiques et pratiques. S'il est vrai que, pour les paysans, celui qui n'a tué que des perdrix et pas de lièvres, est regardé comme revenant presque bredouille, on peut dire aussi que, sur les marais, celui qui ne rapporte pas de canards est considéré comme ayant fait une triste chasse. J'ai même connu des chasseurs qui, passionnés pour ce gibier un peu « bourgeois », appelaient menu fretin tout ce qui n'avait pas le bec plat et les pieds palmés. Ils regardaient avec indifférence les bécassines, ne comprenant pas qu'on pût pousser l'amour de l'art jusqu'à dédaigner un beau col-vert pour d'aussi petites pièces. En Normandie surtout, où l'intérêt joue toujours un rôle, il m'est arrivé quelquefois de voir un chasseur, ayant tué une douzaine de bécassines, passer pour un malheureux, digne de pitié, parce que l'un de ses compagnons avait dans son carnier un canard quelconque, fusillé au posé ou pris blessé par son chien. C'est une affaire de volume et de poids et non une question d'adresse. C'est aussi une affaire d'argent.

Un canard se vend relativement assez cher, tandis qu'une sourde, cela ne vaut pas la charge de plomb. Quoi qu'il en soit, il est certain que les canards, source de richesse pour les pays qu'ils visitent, forment le fond de la chasse au marais, en rivière et en mer. Tous sont plus ou moins comestibles et leur poursuite demande des aptitudes spéciales; elle offre aussi beaucoup de surprises et d'imprévu.

La France reçoit la visite de vingt-quatre espèces de canards en y comprenant les canards proprement dits, les fuligules et les harles. Les femelles de toutes les variétés de canards diffèrent presque toujours, comme coloration, du mâle. Elles ont les couleurs plus foncées et plus uniformes. Les jeunes ressemblent plus aux femelles qu'aux mâles.

Quelques espèces nichent en France, les autres ne font qu'y passer. Mais, à part la chasse aux halbrans, qui a lieu en juillet, et dont nous parlerons plus tard, c'est pendant l'hiver et par les grands froids que le chasseur de canards peut espérer faire de fructueuses rencontres.

Quand il gèle, quand la neige couvre la terre, et au moment du dégel, le canard remue, « mouve », suivant l'expression pittoresque, il est en mouvement. Les besoins de sa subsistance, le désir de trouver de l'eau claire, lui font oublier sa prudence habituelle et il abandonne les grands espaces couverts d'eau, où il se tient d'ordinaire, pour venir, même en plein jour, s'abattre sur les grèves ou les marais, sur les moindres ruisseaux.

La chasse du canard sauvage est devenue une vraie science, une étude stratégique. On fait à ces oiseaux les honneurs de l'artillerie. Ne sont-elles point en effet de véritables canons, ces canardières de gros calibre disposées à l'avant de bateaux armés en guerre, ou montées sur pivot dans ces forteresses que sont les gabions modernes?

Il faut avouer que le résultat ne dément point souvent les

espérances de ceux qui s'entourent de cet attirail belliqueux. De véritables hécatombes viennent parfois récompenser ceux qui ne craignent pas leur peine et n'épargnent point la dépense. Je n'ai pas la prétention, ne voulant pas faire un traité de chasse, de décrire tous les moyens inventés par les hommes pour s'emparer des canards.

Je ne parlerai point des filets, du becquet, du hallier, grand filet qu'on tend verticalement à la limite du flot, de la *canarderie* de Hollande, vaste entonnoir où s'enfoncent des voliers entiers, conduits par des traîtres; je ne dirai rien des pièges, de l'hameçon amorcé de grain, du lacet avec trois brins tordus disposé dans les marais, de la glanée, planchette garnie de blé enfilé à des hameçons ou recouverte de collets de laiton. Je mentionnerai seulement comme originale la chasse à la calebasse. Étant au collège, tout jeune, j'avais six ans, je me suis vu décerner le prix de lecture, récompense que j'ai peut-être méritée, depuis. Dans ce livre, un des rares volumes qui, offerts à la jeunesse, aient quelque intérêt scientifique, et qui était intitulé : *Quinze jours au bord de la mer*, je me souviens d'avoir lu que les Chinois, pour s'emparer des canards, entrent dans l'eau jusqu'au menton, la tête couverte d'une calebasse, et s'approchant ainsi des oiseaux sans défiance, leur font faire le plongeon, en les saisissant par les pattes, et leur tordent le cou. J'ai lu ailleurs, que les Lapons, au moment de la mue, tuent à coups de bâton les canards qui, privés de leurs grandes pennes, ne peuvent plus voler.

Dans Mayne-Reid, ce naturaliste de l'enfance, j'ai vu aussi que les Indiens, pour s'emparer des canards, se couvrent la tête d'une peau de cygne et parviennent ainsi à la nage au milieu des bandes de vingeons ou autres palmipèdes dont ils tordent le cou sous l'eau. En Amérique, il paraît que les chasseurs se servent d'un chien pour attirer les canards qui le prennent pour un renard; je crois qu'en France on a aussi pratiqué ou du moins essayé ce mode de chasse qu'on nomme le badinage. — J'en passe et des meilleurs...

Je me contenterai aujourd'hui de parler très rapidement, leur étude approfondie pouvant défrayer un volume plus considérable que celui que je me propose d'écrire, des genres de chasse les plus courants, et, disons-le, les plus pratiques, employés pour s'emparer des canards, quelle que soit l'espèce à laquelle ils appartiennent.

Pourquoi, dira-t-on peut-être (on me l'a déjà dit), ne pas traiter ce sujet à fond? Le motif de mon abstention est bien simple. Ce n'est pas dans les livres qu'on apprend à chasser. Les novices trouveront de bien meilleures leçons auprès des professionnels de la chasse aux canards que dans le traité que je pourrais faire, d'un autre côté, les chasseurs de profession auraient peut-être à m'apprendre bien des choses que j'ignore et je crois devoir rester dans le rôle que je me suis assigné en essayant simplement de leur être utile, aux uns et aux autres, en leur permettant seulement de désigner scientifiquement les espèces qu'ils ne savent pas toujours reconnaître, au lieu de leur donner des conseils pratiques dont ils n'ont que faire. Je ne suis pas un théoricien, j'ai beaucoup pratiqué et chassé plus que beaucoup d'autres, mais je ne me crois pas en mesure de donner des leçons à ceux desquels je pourrais probablement en recevoir.

Les cinq genres de chasse les plus usités pour les canards sont : la chasse devant soi, au chien d'arrêt ou sans chien, la chasse à la *volée*, la chasse en mer, la chasse au hutteau, et la chasse au gabion.

A part la chasse aux halbrans dont je parlerai ultérieurement, *la chasse au canard sauvage devant soi*, n'est pas une chasse particulière, on tire les canards qu'on rencontre, on ne peut guère les chercher à l'exclusion de tout autre gibier. En chassant au chien d'arrêt, au marais, on lève une variété infinie d'oiseaux, et le canard peut y figurer, mais on ne chasse pas spécialement le canard. Disons seulement que les endroits où on peut espérer en trouver un, sont les fossés garnis de roseaux, les flaques d'eau, les « banques » ou déclivités formées par la mer au bord des bancs, les rivières, puis tout le marais, ou le rivage, car on peut voir un volier arriver de loin, surtout en temps de gelée, et passer à portée. Dans les roseaux, le long des fossés, le canard part de très près. Si on chasse les autres espèces composant la sauvagine et si on dispose d'un coup chargé de plomb n° 8, comme c'est alors la règle, cette charge suffit, au départ, pour foudroyer un canard; le second coup chargé de plus gros plomb sert, en tout cas, de réserve. J'ai tué des canards à l'arrêt de mes chiens avec du n° 10. Si, au contraire, on remonte le cours des rivières (et, quand il gèle, c'est ce qu'il faut faire), on peut charger son fusil avec deux coups de n° 4.

Les rivières, les ruisseaux et les sources, quand le temps est à la gelée et à la neige, sont les stations préférées des canards. C'est là qu'on doit les chercher.

En chassant devant soi dans les marais, on tombe souvent sur des canards « piqués » au gabion. Ce sont des oiseaux qui ont reçu du plomb mais qui peuvent néanmoins voler, sans toutefois avoir réussi à suivre leur bande.

S'ils ne peuvent voler, les chiens les prennent; s'ils ont assez de force pour s'enlever, le coup de fusil est facile. Au retour, les canards appariés dont le compagnon a été tué à la hutte, restent sur le marais et sont bons à prendre pour celui qui bat la prairie.

Je ne saurais donner ici de conseils pour tirer toutes les espèces. Elles s'envolent de façon différente suivant leurs variétés. Disons seulement que le canard franc, montant perpendiculairement, avant de suivre une ligne droite, il ne faut pas se presser et le tirer un peu en dessus.

Quand il fait « dur » c'est-à-dire quand le vent souffle violemment en tempête et qu'il gèle très fort, les canards, au bord de la mer, passent à la lame, on peut alors les tirer du rivage. Mais l'aide d'un chien ne craignant pas d'affronter l'eau glacée et les vagues est indispensable. C'est pendant ces journées de froid intense qu'on rencontre le plus d'imprévu : les harles, les eiders eux-mêmes, approchent des côtes et viennent donner au chasseur endurci l'occasion de faire des coups de fusil qui comptent dans la vie d'un disciple de saint Hubert.

La chasse à la volée ou *à la passée* demande aussi quelque endurance : le matin et le soir, au crépuscule, les canards vont des marais à la mer et de la mer aux marais. Ils suivent presque toujours, bec au vent toutefois, la même ligne. On va donc s'embusquer, avant la tombée de la nuit ou à l'aurore, aux endroits où on présume qu'ils vont passer et on les tire un peu à l'aveuglette. C'est surtout quand il fait très froid que cette chasse peut réussir. On est prévenu de leur arrivée par le sifflement de leurs ailes et la plupart du temps, on tire « dans le bruit. ».

Il faut attendre qu'ils soient passés pour envoyer le coup de fusil, on n'est averti du succès que par la chute des corps sur le sol qui se perçoit assez aisément. Mais un chien, rapportant bien, rend alors de grands services.

Cette chasse dure un quart d'heure à peine, elle n'est que le complément d'une journée bien remplie. Pendant les temps de grand passage, il n'est pas rare d'entendre autour de soi une cinquantaine de coups de fusil en quelques minutes, car les riverains qui ont négligé la chasse pendant la journée ne manquent pas de venir en foule le soir à la volée.

La chasse en mer est, avec la chasse au gabion, celle qui procure les meilleurs résultats.

Elle se pratique surtout dans les baies, à l'embouchure des

fleuves. C'est en effet dans l'estuaire des cours d'eau que se tiennent le plus volontiers les canards soit en temps ordinaire, soit par les temps de froid rigoureux. Les oies, pendant les grands hivers, y stationnent de préférence.

A cette chasse, on rencontre des individus appartenant à toutes les classes de la société « des chasseurs ». Dans un misérable « rafiot », petit bateau plat, sans quille, armé d'un fusil à baguette, qu'on hésiterait à décharger sans faire au préalable un testament en règle, le miséreux, le braconnier de mer, cherche à prendre sa part du butin qu'offre aux chasseurs la migration des palmipèdes. A côté, dans une barque solide, le marin, chasseur de profession, a abandonné la pêche pour la chasse à la sauvagine. Plus loin, de lourdes détonations, partant d'un yacht gracieux, sonnent le glas de bandes entières de canards et de sarcelles, mitraillées par de véritables canons.

La chasse en mer, comme la chasse au gabion, a ses adeptes parmi les riches et les pauvres et tel qui se pavane dans un côtre élégant pendant le jour, se retrouvera, la nuit, confortablement installé dans une hutte aménagée avec le dernier luxe, voisin de l'occupant du pauvre canot, grelottant dans le vieux tonneau qui lui sert de gabion.

Pour les chasseurs de moyenne envergure, un yacht n'est pas nécessaire pour faire de fructueuses chasses en mer. Une bonne embarcation, conduite par un marin expérimenté, cela suffit. Comme armes, un canardier à main, cal. 8, et un bon fusil double, cal. 12, peuvent faire face à toutes les éventualités. Si toutefois vous pouvez vous procurer un bateau où vous puissiez disposer une canardière à pivot, cal. 4, vous aurez l'occasion de tirer bien des bandes que vous verriez, sans son aide, s'envoler indemnes. Si vous adoptez ce calibre, choisissez une arme ne basculant pas, un fusil du système Gras ou à tabatière.

La bascule, pour les fusils fixés à l'avant du bateau, est incommode et expose le canon à tremper dans l'eau s'il y a du tangage.

En mer, on doit tirer les pièces isolées et à portée avec un fusil ordinaire, en les visant en plein; dans les bandes, il faut tirer en dessus avec la canadière, en haussant sensiblement le coup à mesure que la distance est plus grande. A quatre-vingts mètres, il faut viser un mètre au moins en dessus.

On doit toujours se servir de très gros plomb.

Un canot à voiles est préférable, le gibier paraissant s'effrayer davantage du bruit des rames ou de celui de l'hélice.

Je n'ai pas de conseils à donner en ce qui touche l'approche du gibier. C'est une affaire d'à-propos. Je dirai seulement à ceux qui affronteront la mer, soit en temps douteux, soit en temps de dégel quand la mer charrie des glaçons, d'être prudents. J'ai fait naufrage deux fois. Cela m'a rendu fort circonspect. Si vous n'avez pas de bateau à vous, avec des marins très sûrs, ne vous confiez pas au premier venu.

La chasse au hutteau peut être considérée comme la chasse de jour au gabion.

Quand il fait grand froid, le chasseur creuse au bord de la mer un trou dans lequel il se blottit. Devant lui, sont piqués des canards d'appel. Les bandes qui passent s'abattent quelquefois au milieu des appelants. Mais c'est une chasse pénible. Le froid aux pieds, l'inaction, l'humidité font de cet affût un sport très dur. J'ai pourtant vu sur les bancs de Quillebeuf, par un temps de gelée tel que la Seine était prise, un marin rester une nuit entière dans un trou aménagé au bord de l'eau, avec une mauvaise couverture sur les pieds. Il a tué plusieurs oies cette nuit-là, mais, le matin, il était à demi-mort.

Au hutteau, on ne tue pas seulement, le jour, des canards, on peut aussi tirer des courlis et d'autres échassiers. Généralement on dispose le hutteau au bord d'une crique. Quand le terrain s'y prête, quand la berge est couverte de galets formant talus, on peut s'embusquer derrière cet affût naturel et, à l'abri du vent et de l'humidité, attendre, sans trop souffrir, le passage des canards, mais on les tire alors en contre-bas et le coup dans les bandes est moins rémunérateur.

La chasse au gabion est la chasse classique du canard.

Il n'est pas de modeste riverain d'un marais qui n'ait son gabion, construit avec plus ou moins de confortable. Mais quel que soit le degré de luxe ou de misère qui ait présidé à l'aménagement de cette hutte, elle procure à ses occupants des plaisirs proportionnés à leurs ambitions. « Faire une bonne nuit », c'est pour les uns, tuer une demi-douzaine de pièces dans les belles passées, pour les autres, c'est pouvoir aligner le matin au moins une vingtaine de canards.

Il y a beaucoup de variétés de huttes ou gabions.

Les plus modestes sont tout simplement formés de branches flexibles, recourbées en arc, garnies de paille et recouvertes de gazon. Le fond du gabion, c'est le sol, dissimulé sous une botte de paille ou une couverture. Des trous sont disposés sur les côtés de cette charpente rustique et servent de meurtrières. Ce genre de gabion tend à disparaître.

D'autres sont aménagés dans une vieille futaille, un vieux tonneau à moitié enfoncé dans le sol. Une ouverture est entaillée à la partie supérieure pour permettre au gabionneur de s'y glisser. Ce sont de vraies niches à chien, mais l'amour de la chasse ne fait-il pas souvent perdre à l'homme toute sa dignité ?

Le gabion le plus pratique, c'est celui en usage en Picardie et en Normandie.

C'est une sorte de grande caisse en bois, garnie de zinc à sa partie inférieure pour éviter l'humidité. Elle est enfouie sous terre et ne laisse dépasser à la surface du haut bord ou du monticule dans lequel elle est enchâssée que son toit, qui est goudronné et recouvert de gazon et un petit espace en dessous qui sert à placer les meurtrières. Les meurtrières ou guignettes sont de petits trous carrés, garnis d'une planchette à glissière qui les dégage ou les ferme à volonté. De loin, ces gabions sont invisibles.

On y circule, sinon debout, du moins courbé en deux, on y tient à l'aise à deux ou trois et on peut y dormir, y causer assis, même y souper commodément.

Sur les bancs où la mer peut monter, on a disposé ces gabions de façon à pouvoir flotter.

Leur forme n'est pas alors carrée. Tout le fond est légèrement arqué en forme de dessous de barque sans quille. Ils sont de la longueur d'un homme, assez larges pour abriter deux guetteurs. Mais comme il faut qu'on y puisse demeurer assis, toute la partie du gabion où on doit se tenir est surélevée et forme une espèce de petite tour carrée et basse dans laquelle peut se mouvoir le haut du corps des gabionneurs. Leurs jambes sont au contraire étendues dans l'espèce de boîte oblongue qui forme la partie inférieure du gabion. Dans la cloison supérieure, qui part du milieu de cette boîte et qui se présente en face de la poitrine de l'homme assis, sont percées les meurtrières. Cette petite tour carrée sort seule de la terre, le reste est caché sous le sol, dans une grande cavité. Quand la mer monte par hasard assez haut pour arriver au gabion, elle emplit le trou et met à flot la hutte qui est retenue par une forte chaîne.

Je n'aime pas ce genre de gabion, on y est mal couché, mal assis et peu à l'aise pour tirer. La simple caisse flottante carrée me plaît mieux. Mais sur les bancs, presque tous les gabions sont ainsi disposés. Leur grand avantage, c'est d'être facilement transportables. Pour les chasseurs qui ne tiennent pas à aller poser leur gabion à la limite du flot, ou pour ceux qui gabionnent sur les marais proprement dits, je crois que la grande hutte en planches, enfouie dans le sol, recouverte de gazon et dans laquelle on pénètre par une tabatière située sur le toit est le modèle de gabion le plus avantageux.

Je parle, bien entendu, pour les chasseurs rustiques, ceux qui ne craignent pas de coucher tout habillés sur une paillasse.

Je ne m'adresse pas à ceux qui font construire sous terre de véritables garçonnières où rien ne manque, ni le salon, ni la chambre à coucher, ni la cuisine. Je connais des gabions qui ont même une cave renfermant les vins des meilleurs crus et dans laquelle est disposé un calorifère. On y soupe royalement, on y dort moelleusement et on y tue quelquefois beaucoup de gibier et toujours le temps d'une façon agréable. Mais ce n'est plus là de la chasse.

Revenons à notre gabion d'autrefois, rendu cependant aussi confortable que le permettent les exigences de cette chasse qui, il faut bien le dire, ne passionne que les endurcis et que ceux qui en ont essayé.

Si l'aménagement du gabion demande à être soigné pour le bien-être du chasseur, celui de la mare ne réclame pas moins de soins. C'est de lui que dépend le succès.

Chacun sait que le gabionneur, caché dans sa hutte, a devant lui une certaine étendue d'eau sur laquelle sont piqués les canes d'appel et dont la surface miroitante recevra la visite des bandes de canards sauvages attirés par les cris des appelants et par le désir de se poser sur de l'eau claire.

Beaucoup de gabions sont disposés au bord d'un étang ou d'une pièce d'eau naturelle. Je ne parlerai donc point de ceux-là. Je dirai toutefois que je crois préférable de construire le gabion sur un des bords et non au milieu de l'eau.

Mais, sur les bancs, sur les marais, le gabionneur doit lui-même créer sa mare.

Sur les bancs d'alluvion, les mares doivent être creusées. Le terrain est plat. On enlève donc, dès le mois d'août, une certaine quantité de terre et on forme ainsi une cavité dans laquelle peut séjourner l'eau. On garnit les bords avec la terre enlevée sur le milieu. Les mares, sur les bancs, sont généralement de médiocre étendue, rondes ou à peu près, avec un diamètre ne dépassant pas souvent cinquante mètres.

Sur les marais, les mares sont préparées par la disposition des lieux. En hiver, chaque prairie, entourée de hauts bords, surplombant les fossés et le sol, devient une mare naturelle dans laquelle on amène l'eau. La seule obligation imposée au propriétaire de la hutte, c'est de faucher au ras du sol l'herbe de regain et de l'entretenir sous l'eau aussi courte que possible. La prairie inondée devient ainsi une mare carrée ou à peu près, suivant la hauteur de l'eau qui y séjourne. Le gabion lui-même est enfoui dans le haut bord qui l'entoure. Quand le pré se trouve à proximité d'un petit cours d'eau, on peut s'arranger de façon à avoir toujours de l'eau courante; quand il gèle, cette eau ne se prend pas en entier et laisse au milieu de la glace des trous sombres d'eau vive qui sont excellents pour attirer le canard.

Certains gabions peuvent être arrangés de façon à pouvoir commander deux prairies inondées à la fois, deux mares, l'une devant, l'autre derrière, ils se trouvent à cheval sur le fossé de séparation. C'est là un perfectionnement précieux. En effet, suivant la direction du vent, le gibier tombera plus facilement dans l'une ou l'autre des mares, suivant que le gabion sera en dessus ou en dessous du vent, et celui-ci n'aura pas le désavantage, comme les huttes situées au milieu des étangs, d'éveiller la défiance du gibier qui se méfie souvent d'un îlot au milieu d'une pièce d'eau.

Nous sommes en possession d'un gabion relativement confortable, d'une mare convenable, il nous reste à nous occuper des appelants.

Comme pour le reste, il me serait facile de rappeler longuement, tout ce qu'on a dit sur ce chapitre. Je serai encore très bref et ne dirai absolument que ce que j'ai vu faire et pratiqué moi-même.

Il paraît qu'il existe des canards d'appel dressés, qui vont, en liberté, racoler les bandes qui passent. Je crois que le fait est exact, mais comme je ne me suis jamais trouvé à même de me servir de ces canards, je ne me permettrai point d'en parler. Mais ce que je me hâte d'affirmer, c'est qu'au sujet des appelants, on a écrit des énormités ! N'ai-je pas lu quelque part que les malards ou cols-verts mâles, étaient meilleurs appelants que les bourres ! Il est certain qu'un malard peut appeler, mais en disposer plusieurs comme appelants, je crois que c'est pousser un peu loin le désir d'innover. Voici comment j'ai toujours vu procéder :

Sur la grande mare, devant le gabion, on pique, soit avec une simple ficelle attachée à leurs pattes et maintenue par une grosse pierre, soit avec une corde à rondelle tournante, retenue par un piquet, une demi-douzaine de bourres ou canes sur deux rangées. Chacune des bourres est séparée de sa compagne par un espace de trois à quatre mètres. Entre les deux files on laisse un intervalle de huit ou dix mètres suffisant pour permettre de tirer sans blesser les appelants. Derrière le gabion, sur une petite mare, ou sur l'autre mare, si on en a deux, on pique un ou deux malards.

Ces derniers donnent le branle, ils font entendre de temps en temps un *moin moin* bas et mouillé, pour ainsi dire. Les bourres répondent aussitôt par des *couac! couac! couac!* stridents, c'est l'appel dans le vague. Quand une bande est en vue, les malards n'ont pas besoin de crier, les bourres se chargent du soin d'appeler les passants et elles s'en donnent à cœur joie. Quand le gibier est posé, les bourres cessent leurs cris, elles conversent discrètement avec les nouveaux venus, leur contentement se manifeste par de petits gloussements de satisfaction, si je puis m'exprimer ainsi, tellement faibles qu'on ne les entend pas à vingt mètres. C'est le moment d'ouvrir l'œil. Quand on est rompu au métier, on finit par avoir l'intuition, dans le demi-sommeil, de ce qui se passe sur la mare. J'ai vu mon compagnon habituel, huttier consommé, qui, depuis le premier septembre jusqu'au trente-et-un mars, ne couche jamais que dans le gabion, me dire souvent, tout d'un coup, interrompant ses ronflements formidables : « Monsieur, il y a une bourre sur la mare, je la reconnais à son cri, elle n'est pas sur l'eau, elle est sur le bord dans l'herbe, mais, *guettez-vous*, elle va arriver. » Il ne sortait pas le nez de dessous sa couverture, mais toujours, au bout d'un instant, j'apercevais, en effet, un canard dont je ne soupçonnais pas la présence, venir sans bruit, à la nage, du bord de la mare, se mêler aux appelants. Cela devient de l'instinct, et je commence à m'y faire, mais pour les débutants, cela paraît extraordinaire. Notez que le cri d'un canard sauvage posé n'est pas un cri, c'est une espèce de gloussement imperceptible; comment mon brave ami fait-il pour s'y reconnaître, au milieu de ses ronflements, des bruits les plus divers qui agrémentent son sommeil et m'empêchent de fermer l'œil? Comment est-il toujours le premier à avoir le sentiment de la présence du gibier? J'ai le sommeil léger, mais je n'ai pas encore l'instinct du gabionneur, aussi je veille et ne m'en plains pas, car une nuit passée dans l'attente et l'espérance d'un plaisir moral et sain vaut bien celle que l'on passe dans l'atmosphère viciée d'un cercle dans l'espoir toujours trompeur de gagner quelques louis et avec la crainte toujours fondée d'en perdre davantage.

Les meilleurs appelants sont ceux qui sont issus de canards sauvages; les bourres doivent être petites et crier comme des bourres sauvages, sans être trop bavardes. Une bourre trop loquace est désastreuse. J'en connais qui savent ce qu'elles doivent faire, elles ne crient jamais à faux.

On doit les placer sur la mare de façon que la hutte soit toujous en dessous du vent par rapport à elles. Les canards sentent le gabion et ne tiennent pas quand la brise leur apporte les émanations de la pipe, du grog chaud et autres odeurs que le gabion dégage toujours avec usure.

Auprès des bourres on peut placer des canards empaillés ou des formes en bois, des étalons, blettes, ainsi qu'on les appelle. Je ne crois pas beaucoup à leur efficacité pour le canard. Je n'aime pas non plus les mottes de gazon ménagées dans le même but. Une mare doit être limpide et ne présenter à ses visiteurs que la vie et le mouvement.

Dans les gabions ordinaires, on peut avoir deux fusils. Le fusil double cal. 12, celui dont on aura le plus souvent l'occasion de se servir, et le canardier cal. 8, à un coup, pour tirer dans les grandes bandes. Sur les grands étangs, ce dernier est indispensable, mais sur les mares il est souvent silencieux. Le cal. 12 suffit pour tirer sur les canards qui s'y abattent toujours assez près.

Pour tirer sur le gibier isolé ou sur les bandes moyennes et à portée, le plomb n° 4 est le meilleur, à mon avis.

Le coup de fusil sur un canard isolé et surtout sur une sarcelle n'est pas toujours facile la nuit. Quand il n'y a ni clair de lune ni clair d'étoiles, il est très difficile de viser juste. C'est une habitude à prendre ; on ne voit jamais son guidon, aussi a-t-on inventé divers instruments destinés à faciliter ce tir pendant l'obscurité. Le plus ancien c'est le morceau de cuir en forme de V, qu'on dispose sur le bout du fusil. Pour viser, on prend la pièce juste entre les deux branches de cet angle et on tire.

Je me sers d'un V en acier que j'ai confectionné en coupant le sommet d'une de ces mires rondes dites « merveilleuses » et qui le sont en effet pour faire manquer sûrement le gibier. La mire en acier, ainsi coupée, peut parfaitement, par contre, remplacer le V en cuir; elle est plus résistante.

On fabrique en ce moment un guidon en métal prismatique qui brille à la moindre clarté. Je n'en ai pas encore essayé, mais je crois que par un clair de lune, il peut rendre quelques services.

Pour distinguer, par un temps sombre, les canards posés sur la mare, je crois très pratique de se servir d'une petite lorgnette achromatique. Je m'en suis toujours parfaitement trouvé, cela m'a évité bien des coups perdus sur des mottes de gazon ou des herbes flottantes, voire même sur des rats d'eau.

Quelques chasseurs prennent avec eux leur chien au gabion. Certains de ces excellents collaborateurs sont admirablement dressés à aller chercher les morts et les blessés. C'est assurément très commode, quand on chasse sur un étang, de n'être pas obligé de prendre la petite embarcation pour ramasser le gibier, de n'avoir pas besoin, sur les mares, de passer ses bottes pour aller soi même, par un froid piquant, courir après les pièces démontées, mais le chien n'est malheureusement pas seul, il a des compagnes et les puces sont pour ceux qui ont la peau sensible une véritable torture à la hutte. Quelques gabionneurs quand ils ont tué une ou deux pièces les laissent sur l'eau jusqu'au matin, c'est un mauvais système. Elles effraient les oiseaux qui passent et quand il fait froid elles se gèlent et se gâtent.

Quand on n'a pas la grande habitude du gabion, comme l'a le huttier dont je parlais il y a un instant, il faut veiller constamment, avoir tout le temps l'œil à la « guignette ».

Cependant, on peut se départir un peu de cette surveillance assidue pendant les heures les plus sombres de la nuit. Le meilleur moment, c'est le soir, depuis sept ou huit heures, jusqu'à minuit, et le matin de six heures à huit heures. La passée est active pendant ces quelques heures, elle se ralentit après.

L'heure des marées, pour les gabions situés au bord de la mer, influe aussi notablement sur le passage du gibier. Mais il faut avoir bien soin, si on ouvre une des meurtrières pour regarder au dehors, de souffler la lumière d'abord, puis de tirer la glissière des autres guignettes. Le canard y voit clair.

La première fois que j'ai mené le garde de ma chasse de plaine au gabion, je l'avais installé dans une hutte proche de la mienne. Le brave homme me déclara le matin que bien des canards s'étaient abattus sur la mare, mais que tous s'étaient enlevés aussitôt qu'il avait ouvert la guignette. Il avait en effet conservé une lanterne allumée toute la nuit! Il a saisi facilement la cause de son insuccès et s'est bien promis de ne plus recommencer.

Au gabion, on tire presque tous les oiseaux qui composent la sauvagine :

Des canards et quelquefois des oies, puis des hérons, des butors, des foulques, des râles, le matin des chevaliers, des pluviers, des goélands et des mouettes. On y tue souvent des bécassines.

Les bécassines voyagent beaucoup la nuit. Au milieu du silence des appelants, vous entendez souvent leur *tré-tré-tré*, si caractéristique.

Elles viennent parfois se poser sur les bords de la mare, quelquefois sous les meurtrières elles-mêmes. Comme on les tire alors de trop près, il faut viser bien au-dessus, il se trouve toujours des plombs qui traînent et qui font encore trop bien, ils enlèvent la tête de l'oiseau. Avec un gabion bien disposé, le gibier vient du reste se poser très près des guignettes. Mon compagnon a tué un jour un malard qui, à deux pas d'une de ces ouvertures, regardait curieusement le gabion. Il lui a coupé la tête.

Les canards proprement dits et les fuligules restent assez

longtemps sur la mare. On peut attendre et les tirer « *à coup* ». Mais les sarcelles ne font que « poser », on doit les tirer le plus vite possible. Elles s'abattent vite, sans faire de randonnées. Elles s'envolent de même. Les canards francs, au contraire, font de larges circonvolutions avant de se poser et une fois abattus ils finissent souvent par se rassembler.

On gabionne depuis le mois de septembre jusqu'au mois d'avril, mais les meilleurs mois ce sont les mois d'octobre, novembre, décembre et mars au moment du retour. Janvier ne fournit qu'un maigre contingent à la chasse à la hutte, quand le temps est doux. Par les hivers rigoureux, il peut amener des oiseaux rares.

Les meilleurs vents, en Picardie et en Normandie, sont les vents d'est. Le vent de nord-est peut aussi donner lieu à quelques bons passages; par contre, les vents d'ouest et ceux du sud sont désastreux.

On peut « piquer » sur la glace quand il fait très froid, quand il y a de la neige et que la mare a été au préalable balayée, alors surtout qu'on a quelques clairs d'eau courante. On fait ainsi de beaux coups, mais les meilleurs moments sont ceux qui précèdent la gelée et le temps de dégel. Le dégel amène à terre bien des oiseaux rares. La gelée blanche ne vaut rien, le temps brumeux non plus.

Le gabion offre à ceux qui le pratiquent des plaisirs très vifs. Est-ce à dire que ce soit un sport à la portée de tous? Non, il faut aimer vraiment la chasse pour consentir à passer des nuits sans sommeil, sans lit, sans repos. Mais, pour les endurcis, la chasse à la hutte est sans rivale. On n'y souffre pas du froid. Une simple couverture suffit à garantir contre les rigueurs les plus excessives de l'hiver le plus rigoureux. On y a même trop chaud quelquefois. La chaleur de la simple lampe à esprit de vin, destinée à faire chauffer le café, suffit parfois à rendre la température tellement élevée dans la hutte qu'on est contraint d'ouvrir toutes les issues pour respirer. Je puis donc dire qu'à part le peu de confort du lit et les veilles forcées, le gabion n'a rien qui puisse effrayer un vrai disciple de saint Hubert.

Ce qui passionne au gabion, c'est l'attente toujours accompagnée d'une espérance. C'est ce sentiment qui soutient le pêcheur à la ligne, et de même que ce dernier trouve toujours trop courts les jours où il n'a rien pris, de même j'ai toujours maudit l'aurore des jours d'insuccès, alors qu'elle venait me ravir la dernière espérance. A la chasse, comme en amour c'est l'attente qui passionne.

Incrédules, essayez du gabion, attendez et espérez, je suis certain que vous recommencerez!

LE CANARD FRANC OU CANARD SAUVAGE

Anas Boschas

(Linn.)

Le Canard sauvage. (Taille, 0m,55)

Parmi toutes celles qui composent la Sauvagine, trois espèces seulement ont été domestiquées : ce sont celle des cygnes, celle des oies, et celle des canards proprement dits.

On n'a pas encore pu tirer de la domestication des cygnes des avantages appréciables, mais celle des oies et des canards est pour la France une véritable richesse. Les oies offrent à ceux qui se livrent à leur élevage une double ressource : leur duvet fait l'objet d'un commerce assez important ; leur valeur comme denrée alimentaire est incontestable. Les canards ne donnent pas de duvet, mais ils sont, avec les poules des races privées, les oiseaux de basse-cour qui fournissent le principal contingent aux marchés de la France entière. A l'état sauvage, les canards ne présentent pas un moindre intérêt : avant que la civilisation ait circonscrit le cercle des lieux solitaires où s'ébat la Sauvagine, toutes les populations riveraines des marais ou de la mer trouvaient dans la chasse du canard l'occasion d'augmenter leurs modestes revenus, celle d'ajouter à la richesse de leur pays. Malheureusement, les principes économiques se sont modifiés, les capitalistes ont envahi les terrains réservés autrefois aux incursions des seuls professionnels de la chasse au gibier d'eau. Les marais se sont asséchés, les bancs sont devenus des prairies couvertes de bestiaux et la Sauvagine a désappris la route de nos rivages. Ce qui a fait la fortune des uns a consommé la ruine des autres. Tel petit propriétaire, qui, autrefois, pouvait vivre avec le produit de sa chasse d'hiver, s'est vu contraint d'offrir ses services au tenancier des marais et des bancs envahis par les progrès et désertés par les oiseaux de passage. Les terrains d'alluvion, qui appartiennent soit à l'État, soit aux riverains, suivant leur situation, ont subi le sort commun. Il n'y a plus maintenant de ces vastes espaces où la chasse était libre et où le pauvre pouvait chasser le gibier d'eau, puisque la chasse au gibier de plaine lui était interdite. Cependant, tous les marais ne sont pas affermés, et le nombre, encore fort considérable, des chasseurs et gabionneurs du littoral est là pour prouver que le progrès, si progrès il y a, n'a pas tué tout à fait la chasse à la Sauvagine en France.

Le canard franc ou canard sauvage proprement dit est le type du groupe des Lamellirostres.

Le mâle adulte a la tête et le cou d'un beau vert à reflets cuivrés ; un collier étroit, d'un blanc pur, sépare le cou de la poitrine et du haut du dos. Cette dernière partie, comme les plumes des épaules, est brun-gris, striée de noir. Le bas du dos est noirâtre. Les plumes du dessus de la queue sont noir-vert ; quatre des rectrices sont noir-mordoré. Elles sont relevées en demi-cercle et forment deux crochets très apparents sur le croupion, les autres sont blanches et brunes, le bas ventre est, vers le dessous de la queue, noir et blanc, plus haut, gris-cendré varié de stries noires. L'abdomen et le bas de la poitrine sont blancs, avec des raies brunes formant des stries pointillées peu visibles ; les flancs sont marqués de petits croissants noirâtres sur fond blanc ; la poitrine est marron plus ou moins clair, assez foncé au temps des amours. Les couvertures des ailes sont brun-cendré et variées de blanc et de noir. Les premières rémiges portent un miroir violet, à reflets d'un vert métallique, bordé de blanc ; les grandes pennes sont brunâtres.

Le bec est vert-jaunâtre, avec l'onglet noir ; l'iris est brun, les pieds sont rouge-orangé.

La femelle diffère absolument du mâle comme coloration.

Tout le dessus de son corps est roussâtre grivelé de brun foncé, la queue est brune et blanche, sans crochets ; l'abdomen et la poitrine sont roussâtres, légèrement striés de brun ; les ailes ressemblent à celles du mâle, le bec est plus foncé, les pieds sont d'un rouge orangé plus clair que chez le malard.

Les jeunes ou halbrans ressemblent à la femelle jusqu'au mois de novembre, ils sont cependant un peu moins fauves et plus gris.

Je n'insiste du reste pas sur ces descriptions. Tous connaissent le canard mâle, « *malard* » ou *col-vert*, la femelle, *cane* ou *bourre* et les jeunes oiseaux appelés *halbrans*.

Le nom de malard donné au mâle vient du nom qu'il porte en Angleterre « *mallard* », qui désigne l'espèce.

La femelle porte avec le nom de *bourre* en Normandie et en Picardie celui *d'ainette*.

Les canards francs volent en suivant un ordre géométrique : en triangle, en ligne droite, selon leur nombre. Leur vol est rapide : Ils parcourent en une minute de onze cents à douze cents mètres, en une heure, de soixante-six à soixante-douze kilomètres.

Ils nichent en France, en Angleterre, et dans le nord de l'Europe, dans les marais, au bord des étangs, sur les côtes voisines de la mer et couvertes de bruyères, dans les landes avoisinant un cours d'eau.

Avec les tadornes et les sarcelles, les canards francs sont à peu près les seuls parmi les anatiens qui viennent en plus ou moins grand nombre nicher régulièrement dans nos pays.

Le canard sauvage s'accouple dès la fin de février. Le nid qu'il construit mérite une mention particulière. Il est généralement disposé à terre dans les roseaux ou dans les herbes, quelquefois dans les têtards de saule au bord des étangs. Il faut, je crois, répudier la version qui représente le canard sauvage comme nichant quelquefois dans les arbres, dans les nids abandonnés de pies ou de corneilles.

La bourre pond, en effet, de 10 à 18 œufs gris-verdâtre clair. Ils trouvent leur place dans un nid disposé à terre et façonné de manière à pouvoir les contenir, mais comment admettre qu'ils puissent tenir dans le nid d'une pie ou d'une corneille dont les œufs, plus petits, sont seulement au nombre de trois à six? Comment se figurer que les petits canards, qui quittent le nid aussitôt éclos, puissent se jeter du haut d'un arbre élevé et prendre terre sans se tuer? cela me paraît bien inadmissible, et comme j'ai toujours vu les nids de canards à terre, je crois devoir considérer comme douteuses les relations de ceux qui prétendent en avoir trouvé dans des arbres d'une certaine hauteur.

La femelle seule se charge du soin de la couvaison.

Le nid est formé de roseaux, de brindilles recouvertes de duvet. Il est aménagé de telle façon que l'oiseau doit y entrer par un côté et sortir par l'autre. Lorsque la femelle veut quitter ses œufs, elle appuie sur l'un des bords du nid qu'elle foule avec ses pieds ; ce tassement a pour résultat de faire recouvrir les œufs par le duvet qui les entoure, de façon à leur conserver la chaleur pendant l'absence de la couveuse. Quand cette dernière revient, elle pratique la même opération, mais du côté opposé ; le duvet s'entr'ouvre de nouveau et permet à la mère de reprendre sa position.

Les petits sont conduits à l'eau par la mère aussitôt après leur éclosion. Ils ne quittent plus alors le marais ou l'étang que pour aller, la nuit, chercher leur subsistance dans les terres avoisinantes, champs de froment et autres. On reconnaît facilement la présence de halbrans sur un étang aux coulées qu'ils font dans les roseaux. A deux mois, ils sont bons à prendre, quoique ne pouvant pas voler ; à trois mois ils peuvent prendre l'essor. Ils sont « halbrans volants », à six mois, ils sont canards faits.

En juin et même en juillet, les canards muent. En vingt-quatre heures, ils perdent les grandes plumes de leurs ailes et, pendant quinze jours, sont incapables de voler. Cette particularité et l'impossibilité presque absolue où sont les halbrans trop jeunes de prendre leur essor au commencement de juillet, devrait faire reculer la date de l'ouverture de la chasse dite chasse aux halbrans qui ouvre du 1er au 20 juillet. Cette dernière date devrait toujours être adoptée de préférence. Le 1er juillet, on trouve beaucoup de couvées de canards tardives, des canetons gros comme des râles, des vieux canards en pleine mue, on détruit involontairement en même temps beaucoup de nids de poules d'eau.

Sur les étangs de moyenne étendue, garnis seulement sur

leurs bords d'une ceinture marécageuse de roseaux, on chasse les halbrans en battant la bordure avec un chien rapportant bien à l'eau. Il faut tout d'abord essayer de tuer le père et la mère. On vient alors facilement à bout du reste de la famille. Les jeunes halbrans, à l'ouverture du 1er juillet ne peuvent presque jamais voler ; on les tire sur l'eau, les chiens les prennent souvent, mais ils plongent parfaitement et le bec seul émergeant ils peuvent rester invisibles pendant fort longtemps. Quand on ne peut parvenir à tuer les parents, la mère se charge de conduire la couvée en lieu sûr et même de l'emmener dans les champs voisins sans que le chasseur puisse s'en apercevoir.

Le meilleur chien pour chasser les halbrans est celui qui bourre vivement sans arrêter. Le cocker me paraît pouvoir être recommandé à ceux qui chassent en bordure d'étangs.

Sur les grands étangs, au contraire, on chasse les halbrans en bateau. On fait au préalable couper les roseaux de façon à établir des tranchées. Les bords de l'étang sont battus par des hommes et des chiens et on tire les canards à la traversée des allées ménagées dans les roseaux.

Pour la chasse aux halbrans on peut charger son canon cylindrique avec du n° 6, le canon chokebored avec du n° 4.

Lorsque les halbrans commencent à avoir de l'aile ils abandonnent les endroits où ils ont été élevés. En novembre, ils sont canards faits et alimentent la chasse d'hiver.

C'est vers le 15 octobre que paraissent les premières bandes de canards qui descendent du nord et qui n'ont pas couvé en France. Les sarcelles ont déjà fait leur apparition dès le 15 juillet, suivies par les canards siffleurs.

Tant que la température reste normale et que le froid ne sévit pas, on trouve peu de canards pendant le jour en chassant devant soi dans les marais. Ils se cantonnent dans la journée sur les vastes espaces d'eau, baies ou grands étangs et ne viennent à terre que la nuit.

Quand la gelée prend, quand le temps devient neigeux, le canard remue et la chasse de jour peut offrir quelques bons résultats. Le jour, quand le canard franc tient au marais, on le rencontre surtout dans les fossés alimentés d'eau courante ou dans les endroits remplis de sources. Il se laisse généralement arrêter et est facile à tirer. Il est alors presque toujours isolé.

Son départ est bruyant. Le malard pousse en partant quelques cris, la bourre crie moins. Presque toujours, un canard levé monte en l'air à une certaine hauteur avant de prendre son vol horizontal. Mais ce n'est pas là une règle invariable : j'ai souvent vu des canards francs filer horizontalement, presque au ras du sol, aussitôt levés, ou s'élever obliquement. En tout cas, pour tuer le canard, il ne faut pas se presser et toujours tirer en dessus. A l'arrêt des chiens, on peut parfaitement démonter un canard avec du petit plomb. Quand on tire de loin, dans les bandes, on doit préférer les gros numéros.

Je ne reviendrai pas sur les divers modes de chasse dont j'ai parlé à propos du canard en général. Le canard franc passe à la volée, vient la nuit se faire tuer au gabion; on le poursuit en mer. Il est certainement le plus commun de tous les membres de la famille des anatidés. C'est le canard proprement dit, à ce point que bien des chasseurs ne donnent le nom de canard qu'à l'espèce du canard franc ou sauvage ordinaire, suivant en cela l'exemple des naturalistes; d'autres appellent le canard franc, « gros canard », et confondent indistinctement, sous le nom de petits canards, et dans le sud ouest de la France, sous celui de canards mignons, toutes les autres espèces, fuligules, garrots et anatiens.

C'est à propos de canards francs que je dois dire un mot

des canards dits « canards blancs » qui ont défrayé bien des controverses. Les uns prétendent que les canards blancs forment une espèce particulière, les autres que ces oiseaux sont des canards privés qui ont suivi les sauvages. J'ai vu plusieurs de ces canards. J'en ai rencontré d'isolés, j'en ai trouvé d'autres au nombre de deux ou trois, j'en ai reconnu plusieurs mêlés à des bandes de siffleurs et autres petits canards. Il apparaissent toujours avec les grands froids. Un de mes amis en a tué qui descendaient la Seine sur un glaçon, pendant l'hiver de 1879, j'en ai revu depuis sur les marais de l'embouchure du même fleuve en 1889.

Ils sont toujours entièrement blancs, avec le bec et les pattes jaune-orangé. Leur forme rappelle absolument celle du canard sauvage ordinaire mais ils sont tantôt de même taille, tantôt plus petits. On les nomme en Picardie *vollandoises*, et en Normandie *canards blancs hollandais*.

Comme ils ne sont point classés comme espèce particulière, je me suis informé, j'ai pris mes renseignements aux meilleures sources et il résulte des études scientifiques qui ont été faites sur ces oiseaux qu'ils sont pour la *plupart* des canards présentant des cas d'albinisme, et des métis de canard sauvages et de canards domestiques. Les cas d'albinisme sont nombreux chez les canards francs. Le croisement avec les espèces privées est assez fréquent. Le muséum d'histoire naturelle de Paris a reçu des canards au plumage absolument bariolé, ils avaient été tués avec des canards francs. Ils étaient sans contredit des canards sauvages, mais leur coloration était anormale.

Je crois donc pouvoir, sur la foi des renseignements que j'ai recueillis, d'après mes observations personnelles et en me référant aux études scientifiques qu'on a faites à ce sujet, affirmer que ces oiseaux blancs ou bariolés sont, ou des individus présentant un cas d'albinisme, ou des métis de canards sauvages et de canards privés, ou des individus privés ayant suivi les bandes qui passent. Mais ils ne forment pas une espèce particulière, cela est absolument démontré. Il n'y a pas à l'état de nature, en Europe, de canards blancs.

Les cas d'albinisme s'expliquent d'eux-mêmes. Bien d'autres oiseaux offrent cette particularité.

Les croisements s'expliquent par la facilité qu'ont les bourres sauvages à s'accoupler avec les canards domestiques qui rôdent en liberté sur tous les marais soit de Hollande, soit même de France.

Enfin il est certain que nombre d'éleveurs, qui laissent leurs canards vagabonder sur les marais, voient quelques-uns de leurs élèves suivre les bandes de canards sauvages qui les racolent.

J'ajouterai, en outre, que le canard sauvage se croise, non seulement avec les espèces domestiques, mais encore avec les autres types du genre des fuligules et des anatiens. On connaît des métis de canards francs avec des pilets, des chipeaux, des sarcelles, des tadornes. Je crois pouvoir rester dans le vrai en disant que tout canard qui ne rentre pas dans une des variétés que j'indique comme pouvant former des espèces particulières doit être considéré comme un métis. Je ne pense pas qu'on découvre en Europe d'espèce nouvelle.

LE SOUCHET

Spatula Clypeata

(Boie ex Linn.)

Le souchet. (*Taille,* 0m.52)

Le souchet est facilement reconnaissable à la forme de son bec long, large et évasé comme une cuiller et garni d'une dentelure lamellée très apparente. La mandibule supérieure cache presque entièrement l'inférieure. Ce bec suffit à lui seul pour distinguer le souchet des autres canards, et le fait toujours appeler vulgairement *canard spatule* ou *canard cuiller* et *louchard*. La chair du souchet reste rouge après la cuisson, elle est succulente et très délicate. Cette particularité a valu à ce joli canard le nom de *rouge* et *rouget de rivière* les Anglais le nomment *shoveller*.

Le souchet mâle a la tête d'un vert noir à reflets métalliques, le dos chiné de noir et de gris-cendré, avec, au-dessus des ailes de longues plumes en faucilles de couleur bleu-tendre. Le bas du dos est noir-vert, ainsi que le dessus de la queue, dont les rectrices sont blanches et brunes. Le ventre et les flancs sont marron, la gorge et la poitrine blanches et chez quelques sujets ornées de petits croissants bruns. Les ailes sont variées de bleu-tendre, de blanc et de noir aux couvertures, avec un miroir vert-doré, les grandes pennes sont brunâtres. Le bec long et évasé, comme je l'ai indiqué, est noir, quelquefois jaune en dessous. Les pieds sont jaune-orangé. L'iris est jaune.

Les femelles, sauf la forme du bec qui diffère, ressemblent à la cane sauvage; elles ont seulement un peu de bleu aux couvertures des ailes dont le miroir est vert. Les jeunes souchets sont à peu près semblables aux femelles.

Les souchets couvent en France, plus souvent en Angleterre, en Écosse et en Irlande, au mois de mai. Leur nid composé de roseaux et de duvet est aménagé dans une touffe de gazon sur les landes ou marais avoisinant la mer ou proches des rivières. Il contient sept à quatorze œufs variant du roux au gris-verdâtre clair. Le souchet ne vit pas en grandes bandes, on le trouve presque toujours seul, et plus souvent dans les marais qu'au bord de la mer sur les grèves où il paraît se poser rarement.

Il vient bien aux appelants et se fait tuer à la hutte à l'automne et en février; on ne le rencontre presque pas en hiver, car il semble craindre les grands froids. Il fréquente la Seine, je l'ai trouvé souvent dans les marais qui avoisinent ce fleuve à son embouchure.

Le cri du souchet est : *croak! peuk! peuk!* et assez criard; on l'a comparé au son d'une crécelle tournée d'une façon intermittente.

LE CHIPEAU BRUYANT

Chaulelasmus Streprera.

(G. R. Gray.)

Le Chipeau. (*Taille*, 0m.55)

Le chipeau est de la taille du canard franc. Le mâle a le dessus de la tête et l'occiput roux-foncé, mouchetés de noir et de blanc, les côtés de la tête et du cou gris-cendré, avec des taches brunes. Le haut du dos est noir et gris, le bas brun et gris, avec de longues plumes grises bordées de roux-clair. Le dessus de la queue est noir, l'extrémité grise, le ventre blanc, lavé de jaune. Les flancs sont rayés finement de noir et de blanc, la poitrine est émaillée et comme écaillée de noir et de gris. Les ailes sont brun-cendré et roussâtres aux couvertures, elles portent trois bandes, l'une blanche, l'autre noire, la dernière rousse. Les grandes pennes sont brunâtres. Le bec est aplati, et la mandibule supérieure recouvre complètement l'inférieure. Il est de couleur noire. Les pattes sont minces, et, comme les doigts, de couleur rouge-orange, avec les palmures noires. L'iris est brun roux. La femelle est plus petite que le mâle et ressemble comme couleur, mais en plus foncé, à la bourre sauvage.

Les chipeaux passent en France en novembre et en février. Ils nichent en mai et juin au Nord de l'Europe, en Angleterre, en Écosse, en Hollande. Ils construisent un nid tapissé d'herbes et de duvet au milieu des roseaux et y déposent de neuf à treize œufs jaune-verdâtre-clair.

Le chipeau porte aussi en France les noms de *ridenne* et de *tierce*. Les Anglais le nomment *gadwall*.

Il a le vol du canard sauvage mais beaucoup plus rapide. Il est excellent plongeur. Son cri est : *Couac! couac!* et a une grande analogie avec celui du canard ordinaire.

LE TADORNE DE BELON

Tadorna Belonii.

(Ray.)

Le Tadorne. (*Taille*, 0ᵐ.60)

Un des plus beaux canards, on le nomme aussi en France *canard hollandais* ou de *Flandre, ringan*. Les Anglais l'appellent *common sheldrake*.

Beaucoup plus gros que le canard franc, le mâle, en été, a la tête et le cou vert-foncé, le haut du dos roux-vif, le reste du dessus du corps blanc, avec les plumes des épaules noires, le dessus de la queue est blanc avec l'extrémité noire, le dessous roux. Le ventre est blanc aux flancs, noir à sa partie médiane; la poitrine est entièrement couverte d'un large ceinturon couleur cannelle, toute la gorge et le bas du cou sont blanc-pur.

Les ailes sont blanches aux couvertures, avec un miroir d'un beau vert pourpre, les rémiges sont noires. Les pattes et les pieds sont couleur chair rose, l'iris est brun. Le bec est retroussé, garni à sa base de deux protubérances qui sont ainsi que lui d'un rouge-vif. Ces protubérances tombent en hiver.

La femelle est plus petite que le mâle. Elle n'a pas de protubérances au bec. Sa tête est tachetée de blanc, ses couleurs sont plus pâles.

Les jeunes ont la tête brune, tachetée de blanc, les plumes des épaules sont grisâtres, la poitrine a le ceinturon étroit, varié de noir et de roux. Le bec est de couleur foncée, mais rougeâtre.

J'ai pu observer un nid de tadorne :

Un jour de printemps, je m'étais rendu à l'embouchure de la Seine, près d'un petit marais, dans l'intention de suivre les progrès des couvées des râles et des marouettes qui viennent y nicher régulièrement.

Je ne m'étais arrêté ni dans une auberge, ni dans la demeure d'un propriétaire riverain. Suivant mon habitude, j'étais tout simplement descendu chez le gardien du phare, mon compagnon ordinaire de chasse sur ce marais, très bon observateur et chasseur passionné.

« Vous arrivez bien, Monsieur, me dit-il, nous avons quelque chose de curieux à aller voir. »

Il ne voulut pas m'en dire davantage.

Nous descendîmes du phare, situé sur la hauteur, pour

gagner le marais par un petit sentier qui serpente dans la falaise.

La Seine, qui passe là, a laissé à nu des bancs d'alluvion formant marécage et qui s'arrêtent brusquement à la côte.

Des éboulements successifs ont mis à jour d'anciens terriers de lapins qui viennent ponctuer de noir la muraille jaunâtre de terre glaise enserrant la bande de marais dont la verdure, chatoyante en été, encadre gracieusement les bords du fleuve et sert de refuge à beaucoup d'oiseaux coureurs de roseaux, sédentaires dans nos contrées.

Des chouettes et des moyens ducs, quelques rapaces diurnes, nichent dans les trous abandonnés.

— Cachons-nous là, me dit mon chasseur, en me désignant un épais fourré de ronces et de hautes herbes, et attendons. »

Le silence n'était troublé que par le bruit mourant du flot, le bourdonnement des insectes et le clapotis que faisaient les râles et leurs congénères, qui barbottent à la façon des canards.

Au bout de quelque temps, mon compagnon me poussa légèrement le coude.

Je vis alors, en Seine, volant au ras du flot, un gros canard. Après quelques randonnées, il piqua droit sur un des trous béants de la falaise et s'y enfonça.

A sa tête verdâtre, à son cou blanc, à sa poitrine ceinte d'une écharpe cannelle, à son dos roux, à ses ailes ondées de blanc et de noir, à son bec rouge, surmonté d'une protubérance de même couleur, je reconnus un tadorne, le tadorne de Belon, assez répandu sur nos côtes ouest et que j'avais eu souvent l'occasion de rencontrer en chasse à l'arrière-saison.

— Comment, dis-je, ces oiseaux nichent ici?

— Mais oui, Monsieur, et j'ai été voir leur nid. Le trou n'est pas profond et renferme une douzaine d'œufs, couleur crème, que la femelle ne quitte guère. C'est le mâle qui vient d'arriver. »

L'oiseau sortit peu après et regagna la Seine.

Personne ne connaissait encore le nid et nous fîmes les plus beaux projets. Une chasse d'ouverture aux halbrans de tadorne, ce n'était pas banal.

Une cane sauvage, une bourre, comme on dit en Normandie, couvait déjà sur la côte, au milieu des bruyères du plateau qui surplombe les falaises. Nous avions de superbes tableaux en perspective.

Un mois plus tard, je revins à mon phare. La bourre avait conduit ses petits sur le marais. On les voyait tous les jours. Un seul était resté en chemin. Il n'avait pu suivre les autres à la traversée de la route qui domine la colline. Il était maintenant douillettement couché dans une boîte tapissée de foin et consciencieusement nourri par mon gardien. Ses frères et sœurs s'ébattaient sur le marais.

Quant aux tadornes, ils avaient disparu.

Un fermier des environs avait vu le manège du mâle. Avec une de ces hautes échelles qui servent à cueillir les cerises, appelées guignes dans le pays, il avait atteint le trou et mis la main sur la mère et les canetons. Il les a gardés longtemps. Ils se sont reproduits et ce malencontreux cultivateur possède encore une paire ou deux de tadornes qui font l'ornement de sa basse-cour sans avoir fait celui de notre carnier.

Le mâle, qui n'avait pas abandonné la contrée, reçut un coup de fusil au mois d'août et fut perdu en mer.

Le tadorne vulgaire niche souvent en France, soit dans les terriers de lapins ou les crevasses, soit dans les trous, dans les dunes.

Il se reproduit sur les côtes de la Picardie, près du Havre, sur les falaises d'Orcher, sur celles de Tancarville et de Berville.

Il couve aussi en Angleterre; aux *Farn Islands;* en Écosse, en Irlande, aux îles Hébrides.

Son nid est tapissé d'herbes et de duvet et contient de six à douze œufs.

La femelle couve assidûment et le mâle vaque seul aux besoins de sa subsistance.

Il ne fait entendre qu'un cri qu'on peut traduire par : *Kor!* et qu'il pousse surtout au temps des amours.

En hiver, les tadornes se réunissent par petites troupes de trois à quatre individus rarement plus.

Ils fréquentent les bords de la mer et se font tuer sur les grèves pendant les grands froids.

LE CANARD SIFFLEUR OU VINGEON

Mareca penelope.

(Selby.)

Le Vingeon. (*Taille*, 0m.49)

On connaît sous le nom de marèques deux espèces de canards siffleurs en Europe. Une seule de ces espèces visite régulièrement la France : celle du canard siffleur proprement dit, ou vingeon.

On donne aussi le nom de siffleur huppé à un autre genre de canard, la brante, qui ne doit pas être classée à côté du vingeon, et qui prendra place parmi les fuliguliens.

Le vingeon se distingue des autres canards proprement dits par son bec qui est plus petit, court, bleu à la base, noir à la pointe.

C'est lui qui arrive sur nos côtes l'un des premiers et qui avec le canard franc et les sarcelles fournit le contingent le plus appréciable à la chasse au gabion en automne.

Il apparaît dès le commencement d'octobre et passe soit en grandes bandes, soit isolé.

J'ai tiré des vingeons en plein jour, sur les mares, dans les marais, dès le mois de septembre, j'ai même tué une cane vingeon au mois d'août. Ces oiseaux repassent en mars.

Le vingeon mâle, plus petit que le canard sauvage, a la tête rousse, avec une ligne blanche sur le front et de petites taches noires sur les joues et l'occiput. Le col est brun, pointillé de noir, la gorge noire. La poitrine est roux-vineux, le ventre blanc, les flancs sont brun-cendré, piquetés de blanc. Le dos est blanc, strié de noir et ressemble à du canevas, comme celui de la marèque américaine, sa congénère, à laquelle les Américains ont donné le nom de *canvas back* ou dos-de-toile. Les ailes sont blanches et noires aux couvertures, avec un miroir vert bordé de blanc et de noir. Les grandes pennes sont noires, la queue est noirâtre. Les pieds sont cendrés et l'iris est brun.

Les jeunes et les femelles sont d'apparence grisâtre, la tête et le cou sont d'un roux noir, piquetés de points noirâtres, la gorge est grise, la poitrine et les flancs sont brun-cendré, le ventre est blanc sale, le dos gris-brun foncé. Les ailes sont brunes grivelées de blanc aux couvertures, avec un miroir blanc-sale et les rémiges noires. Les pieds sont couleur de plomb.

Les vingeons nichent quelquefois en France, mais plus communément, au mois de mai, en Écosse, aux îles Orkneys et Shetland, en Hollande et au nord de l'Europe. Ils pondent à terre, dans les roseaux, de six à douze œufs d'un cendré verdâtre terne.

Ce canard porte en France le nom de *marèque, canard pénélope, canard siffleur, double sarcelle, vingeon, vignon, wuiot, oigne, penru, oignard*. Les Anglais le nomment *wigeon*.

A leur arrivée, les vingeons, surtout les jeunes, sont faciles à approcher en plein jour et viennent bien aux appelants la nuit.

Ils affectionnent les bords de la mer et l'embouchure des fleuves, ils sont gais et aiment à patauger dans la vase, sans cependant barboter comme le font les canards, leur bec ne se prêtant pas à ce genre d'exercice; ils se nourrissent surtout d'herbes et de racines aquatiques. Les vents du nord et de l'est surtout sont les plus favorables à leur passage.

Leur nom de siffleurs leur vient de leur cri qui imite un son de flûte très sifflé et qu'ils profèrent même au posé, ce qui permet d'affirmer que ceux qui font provenir ce sifflement du bruit de leurs ailes sont dans l'erreur. Les chasseurs en Normandie les classent dans la catégorie des *petits canards*, n'admettant dans celle des gros que les espèces de taille égale ou supérieure à celle du canard sauvage ordinaire. Sur le littoral de l'Océan, dans tout le Sud-Ouest, suivant les renseignements qui m'ont été fort courtoisement fournis par M. de Perpigna, l'éminent chasseur de sauvagine de cette région, tous les canards autres que le canard ordinaire sont appelés invariablement *canards mignons*.

LE PILET ACUTICAUDE

Dafila acuta.

(Eyton).

Le Pilet. (*Taille, 0^m.68 avec les filets de la queue*)

Le pilet est un plongeur émérite. Sa conformation le dispose du reste à cet exercice où il excelle, son long cou, son corps fuselé et sa queue terminée par des filets fourchus, le servent merveilleusement. Son bec, mince, est de couleur noir-bleuâtre. Chez le mâle, la tête et une partie du cou sont brunes tachetées de noir et de roux-foncé. Le dessus du cou est noir vers la nuque, et garni de chaque côté de deux lignes blanches. Le dessous du corps est blanc, avec le bas du ventre légèrement strié de brun. Le dos est finement rayé de noir et de gris; la queue est cendrée sur les côtés et noire aux plumes médianes qui s'allongent en filets longs d'environ dix centimètres. Les ailes sont grisâtres, avec un miroir vert encadré en haut par une bande rousse et au bas par une plaque blanche; les grandes plumes sont noirâtres. Les pieds sont d'un noir roux et l'iris est brun.

Les femelles sont plus petites et d'une couleur générale qui rappelle un peu celle de la cane sauvage. Elles ont aussi la queue fourchue.

Les pilets se croisant souvent avec le canard ordinaire présentent des variétés qu'il serait impossible de décrire exactement.

Les pilets sont aussi appelés en France *canards-faisan, canards à queue fourchue, pailles-en-cul, pennards, pointards, woimbres à longue queue,* les Anglais les nomment *pintails*.

Ils nichent au Nord de l'Europe et pondent dans les herbes, en mai, de huit à neuf œufs gris-verdâtre. Ils passent en France où ils s'arrêtent à l'embouchure des fleuves, au printemps et à l'automne.

Ils visitent les étangs à leurs deux passages. Leur cri est : *Couac! couac!*

LES SARCELLES

On est d'accord maintenant pour ranger les sarcelles, non seulement dans la famille des anatidés où elles doivent nécessairement prendre place, mais encore dans la sous-famille des anatiens ou canards proprement dits. En effet, les sarcelles sont des canards en miniature : la forme de leur bec, celle de leurs pattes, leur marche aisée, la disposition de leurs couleurs, le miroir de leurs ailes, la structure de leur corps les assimilent aux canards.

La différence de taille et une disposition particulière des narines, ne suffisent pas pour les classer à part et en faire une sous-famille.

Quelques auteurs ont voulu voir une différence générique dans cette habitude qu'auraient les sarcelles, ce qui est inexact, de ne point voyager par compagnies. Cela suffirait pour faire considérer leur système comme bien peu sérieux. Tous les chasseurs de sauvagine savent au contraire que les sarcelles sont très sociables, surtout à l'automne. J'ai observé des bandes de sarcelles de plus de cent individus. Les gabionneurs ont souvent l'occasion de tirer sur des voliers nombreux. J'ai vu des chasseurs en canot tuer d'une seule volée de coups de fusil trente-deux sarcelles, la troupe était certes considérable! Ce qui est vrai, c'est que les sarcelles passent toujours en société à l'automne et par paires au printemps, excepté les sarcelles d'été, qui, en mars, sont presque toujours en nombre.

La France ne reçoit la visite régulière que de deux variétés de sarcelles : la sarcelle d'hiver et la sarcelle d'été sont les seules qu'on rencontre couramment sur nos côtes.

L'Europe ne compte du reste que six espèces de sarcelles, bien que certains auteurs, se reportant aux ouvrages d'un autre siècle, en mentionnent une quinzaine. On ne connaît en Europe que la sarcelle d'été, la sarcelle d'hiver, la sarcelle soucrourou, la sarcelle angustirostre, la sarcelle à faucilles et la sarcelle formose.

Les deux premières variétés sont les seules que les chasseurs français ont l'occasion de rencontrer. Les quelques individus des autres espèces qui ont été accidentellement tués en France ayant été jugés dignes de figurer comme pièces curieuses dans les collections, nous ne parlerons que de celles qui peuvent vraiment être classées parmi la sauvagine de France.

LA SARCELLE D'ÉTÉ

Querquedula circia.

(Steph.)

La Sarcelle d'été. (*Taille*, 0ᵐ.38)

La sarcelle d'été appelée aussi *criquar, cartier, crêpe,* et *sarcelle de Mars* en France, *garganey teal* en Angleterre, est la plus grande des deux variétés de sarcelles de France.

Elle est un peu plus grosse que la perdrix grise. Le mâle a le bec bleu cendré, la tête et le cou roux foncé, piquetés de blanc avec une bande blanche, partant de l'œil et allant encadrer la nuque de chaque côté. Le dos est brun cendré, varié de gris pâle, la queue brunâtre, aux plumes bordées de blanc, le ventre blanc roux, finement rayé de noir, la poitrine écaillée de petits croissants noirs et roux, la gorge noire; les couvertures des ailes sont gris-bleu, avec des plumes noires et blanches et un miroir vert encadré de blanc, les rémiges sont brunâtres; des épaules partent de grandes plumes allongées brunes et bleuâtres; les pieds sont cendrés, l'iris est brun. La femelle, plus petite que le mâle est plus grise, elle a la tête brune, avec une tache blanche aux commissures du bec et la ligne blanche comme le mâle au dessus des yeux. Le dessous du corps est roux brun, la gorge blanche, la poitrine et le ventre sont blancs tachetés de brun. Les jeunes ressemblent aux femelles. Le cri de ces oiseaux est : *Kneck! kneck!* Ces sarcelles, qui craignent le froid, restent peu chez nous en hiver. Elles arrivent plus tôt que les canards à l'automne, quittent nos climats aux premières gelées et repassent pour séjourner quelque temps sur nos marais en mars. Elles nichent dans les contrées tempérées d'Europe, en France quelquefois, sans remonter beaucoup au Nord. Elles pondent dans les marais six à huit œufs d'un blanc sale.

On trouve les sarcelles de mars sur les marais en bandes plus ou moins considérables, le plus souvent d'une dizaine d'individus. Elles ne fréquentent pas seulement les rivières et les étangs, elles se contentent parfaitement des flaques d'eau disséminées dans les endroits marécageux et reviennent plusieurs jours de suite aux mêmes étapes. J'ai levé plusieurs fois des voliers de ces sarcelles en plein marais en chassant la bécassine au passage de mars. Isolées elles se posent sur les mares, les trous d'eau, et ne sont alors pas difficiles à tirer.

LA SARCELLE D'HIVER

Querquedula crecca.

(Steph.)

La Sarcelle d'hiver. (*Taille*, 0ᵐ.34)

C'est la sarcelle commune : *common teal* en anglais, en France : *petite sarcelle, arcanette, sarcelle-sarcelline, trufleur, sarcé, criquet* et *crac* à cause de son cri qu'on peut rendre par les mots : *Crac! crac!* la femelle crie comme une petite cane ordinaire. Sur le littoral de l'Océan la sarcelle d'hiver se nomme *moret* ou *maraton*, à Bordeaux on l'appelle *biganon*.

La sarcelle d'hiver est plus petite que la sarcelle d'été. Le mâle est de la taille de la perdrix, la femelle est bien moins grosse.

Le mâle a la tête et le cou roux-marron, avec une tache blanche près du bec, mais sans points blancs sur les joues; il a une ligne blanche autour des yeux, encadrant elle-même une large plaque verte qui entoure l'œil et s'allonge en pointe vers la nuque qui est noire vers son milieu.

L'iris est brun, le bec noirâtre. Le dos est rayé de blanc et de noir, tout maillé et orné de longues plumes effilées. La queue est brune, noire et blanche. Le ventre est gris clair, blanchâtre même, et les flancs sont striés en zigzag de lignes noires sur fond gris clair. La poitrine est roussâtre, pointillée de noir, la gorge est noirâtre. Les couvertures des ailes sont en partie d'un brun-cendré, quadrillé de noir et jaunâtres à l'extrémité, le miroir est vert-azuré, encadré de blanc en dessus, de noir en dessous. Les rémiges sont brunes, les pieds sont gris cendré.

La femelle est entièrement grivelée de brun et de noir sur fond grisâtre, avec le ventre blanc, les ailes brun-gris aux couvertures et le miroir vert bordé en haut d'une ligne blanche.

Les jeunes lui ressemblent.

La sarcelle d'hiver couve en France, en Grande-Bretagne, et au nord de l'Europe. Elle fait, en mai, à terre dans les roseaux, un nid tapissé d'herbes, de joncs et de duvet où elle dépose de huit à quinze œufs, le plus souvent huit ou six, blanchâtres ou jaunâtres.

Cette sarcelle reste régulièrement en France d'une façon sédentaire jusqu'aux gelées, mais quelques-unes y demeurent toute l'année.

Aux premiers froids, ces oiseaux remuent beaucoup, c'est alors qu'on les voit parfois en bandes très nombreuses, au bord de la mer et à l'embouchure des fleuves. Ils fournissent un précieux contingent à la chasse au gabion pendant les premiers mois de la saison. Quand la sarcelle d'hiver repasse au mois de février on la rencontre le plus souvent par paires, le long des fossés des marais et des rivières.

Les sarcelles ont le départ brusque et le vol très preste et silencieux. Isolées, on peut les approcher assez facilement, mais elles sont assez dures à tuer, bien que j'en aie souvent abattu avec du plomb n° 10.

Au gabion, c'est le matin qu'on a le plus de chances de tuer des sarcelles, elles passent même à la volée un peu plus tard que les autres canards.

Les sarcelles ne font pas comme ces derniers de grandes circonvolutions avant de se poser.

Un volier de sarcelles qui aperçoit les appelants s'abat quelquefois tout d'un coup, alors qu'on peut croire qu'il passe sans avoir l'intention de s'abattre. Comme les sarcelles ne restent pas longtemps en place, il faut les tirer le plus tôt possible, dès qu'elles touchent l'eau.

La chair de la sarcelle, considérée quelquefois comme aliment maigre, est très succulente et de beaucoup supérieure, à mon avis, à celle du canard.

La sarcelle est un joli gibier, et, bien qu'elle n'ait pas aux yeux de bien des chasseurs la valeur du canard sauvage, je trouve plus agréable de tuer une paire de sarcelles que d'abattre le plus beau colvert qu'il soit possible de rencontrer.

Sous famille des Fuliguliens.

**BRANTES, MORILLONS, MILOUINS, GARROTS,
EIDERS ET MACREUSES**

Les fuliguliens sont plus ramassés de corps que les canards proprement dits, leurs pattes sont courtes, situées plus à l'arrière du corps, ce qui rend leur marche malaisée. Leurs pieds sont larges et très palmés. Tous plongent parfaitement. Quelques-uns ne quittent même jamais la mer.

LA BRANTE ROUSSATRE OU SIFFLEUR HUPPÉ

Branta rufina.

(Boie.)

La Brante. (*Taille*, 0ᵐ.59)

Le nom vulgaire de siffleur huppé donné à ce beau canard l'a fait considérer bien souvent comme une variété du siffleur ordinaire avec lequel il n'a aucune affinité.

Le mâle, plus grand que le canard sauvage, a la tête rouge, huppée et forte, la nuque noire, le dessus du corps gris-brun-roux, avec les épaules blanchâtres; le bas du dos et le dessus de la queue sont bruns, presque noirs, la gorge, la poitrine et le ventre sont d'un beau noir. Les flancs sont blancs, les ailes blanches et brunes, avec les rémiges cendrées. La queue est brune. Le bec, assez long et étroit à sa pointe, est rouge, les pieds sont d'un brun-rougeâtre. L'iris est rouge.

La femelle a la tête moins grosse et moins huppée, rouge aussi; le dessus du corps est grisâtre, le cou gris, la poitrine et le dessous du corps sont bruns et gris, le bec est brunâtre.

Les Anglais appellent la brante *red crested pochard,* c'est-à-dire milouin à huppe rouge. Elle est rare chez eux, passe assez souvent, lors des migrations annuelles, au nord de la France mais est plus commune dans le Midi.

L'espèce paraît du reste peu nombreuse dans l'ouest de l'Europe. Ce canard se cantonne plus volontiers dans le Sud-Est. Il paraît qu'il niche à terre dans les roseaux et pond de six à huit œufs d'un blanc verdâtre ou roussâtre.

Comme tous les fuliguliens, la brante ayant les pattes situées très à l'arrière du corps marche avec difficulté à terre, mais plonge parfaitement.

LE MORILLON

Fuligula cristata.

(Steph.)

Le Morillon. (Taille, 0ᵐ.42)

Le morillon est un petit canard trapu, bas sur pattes, aux doigts très allongés, largement palmés et de couleur bleuâtre.

Le mâle, en été, a sur la tête une touffe de plumes retroussées, formant une huppe tombante. Ce toupet, la tête et le cou sont noirs à reflets violets. Le dos est sombre, d'un brun noir, tacheté de points blancs vers les épaules. La queue est noirâtre, la poitrine noire, le ventre soit de la même couleur plus grise, ou tout blanc ainsi que les flancs. Les ailes sont noirâtres, avec un miroir blanc oblique, bordé d'une bande noir-foncé. Le bec est bleu-clair, l'iris jaune brillant.

La femelle a les couleurs plus ternes, sa huppe est moins longue. Elle a des taches roussâtres sur la poitrine, les flancs et le ventre. Son bec est plus foncé que celui du mâle.

Les jeunes ont peu ou point de huppe, et ressemblent à peu près, comme couleurs, aux femelles. C'est un jeune morillon qui a été décrit par Buffon et par plusieurs auteurs modernes, de confiance, sous le nom de canard brun, dénomination donnée aussi à tort par quelques autres à l'oie cravant prise pour un canard.

Le morillon porte aussi les noms de *pilet huppé, jacobin*. Les Anglais l'appellent *tufted duck*.

Il est commun sur nos côtes en hiver. Il ne s'éloigne guère de la mer; je l'ai souvent rencontré sur les bancs, par les grands froids, tapi sous les berges, dans ces refuites qu'on nomme « banques » en Normandie. Les morillons partent alors isolés, au ras de l'eau, sous les pieds du chasseur, encore faut-il que les chiens les fassent lever, car, d'eux-mêmes, ils ne songent qu'à se cacher et laissent passer sans bouger ceux qui côtoient les bords des bancs. Ils plongent parfaitement.

Quand ils sont en bandes ils sont abordables, même en terrain plat, surtout par les grands froids.

Les morillons couvent au Nord une dizaine d'œufs d'un gris vert-clair sans taches.

Quoiqu'on ait dit que le morillon pouvait passer pour un excellent gibier, j'ai toujours trouvé sa chair noire et coriace.

LE MILOUIN

Fuligula ferina.

(Steph.)

Le milouin, de taille inférieure au canard, est assez commun en France, sur les côtes nord et ouest.

Le Milouin. (*Taille*, 0ᵐ.47)

Le mâle a la tête et le cou d'un roux vif au printemps, d'un roux varié de noir ou presque noir à l'automne. Le dos est noir au haut et au bas, avec le milieu et les côtés d'un gris cendré, gracieusement strié de bleuâtre. La queue est noire et brune, le ventre gris-sale vers le milieu, gris-cendré, varié de raies noires en zigzag vers les flancs; le haut de la poitrine est noir et le bas gris perle, strié de fines raies noires. Les couvertures des ailes sont grises, striées de bleu-cendré; les grandes pennes sont brunes. Le bec est petit, bleu-foncé; les pieds ont les doigts bleus et les membranes noires. L'iris est jaune-orange.

Les femelles ont la tête et le cou bruns, avec du blanc autour du bec, le dos brun, strié de gris-blanchâtre, la queue grise, le bas ventre gris-brun, les flancs chinés, la poitrine blanche, les ailes brunes, pointillées de gris aux couvertures, brunes aux grandes pennes, avec un miroir gris-brun-clair. Le bec est noir, les pieds sont gris-verdâtre, l'iris est roux.

Les milouins nichent au nord de l'Europe et dans toute la Grande-Bretagne. Ils font leurs nids, en mai, à terre, dans les osiers, les joncs et les roseaux qui leur en fournissent les matériaux. Ils pondent de sept à treize œufs gris-brun ou verdâtres.

Leur espèce est nombreuse, ils passent au printemps et à l'automne sur nos côtes nord et ouest et descendent au Midi pendant les grands froids.

Leur vol est assez rapide et irrégulier.

Leur cri est : *Croac! kro! kro! kro!*

On donne aussi à ce canard les noms de *vignon, pilet maillé, pilet cendré, pilet tanné, rougeot, plumard* et *moreton*. Les Anglais le nomment *pochard*.

LE MILOUINAN

Fuligula Marila.

(Steph.)

Le milouinan, en anglais *scaup*, est souvent confondu avec le milouin. A peu près de la même taille que ce dernier, le mâle, en hiver, a la tête et le cou noirs, le bec petit et bleuâtre, l'iris jaune, le dos blanc à la partie supérieure avec des raies noires. Le bas du dos est noir, la queue brune, le ventre blanc, légèrement strié de noir, la poitrine mi-partie blanche et noire. Les ailes, aux couvertures, sont noires, marbrées de gris avec un miroir blanc oblique, les grandes pennes brunes, les pieds cendrés.

Le Milouinan. (*Taille*, 0ᵐ.48 à 0ᵐ.49)

La femelle a la tête brunâtre, avec du blanc aux commissures du bec, la poitrine brune, les ailes brunes et blanches, la queue noire et le ventre blanc.

Les jeunes ressemblent à la femelle mais sont plus uniformément brunâtres.

Ce canard niche au Nord, et pond neuf ou dix œufs verdâtres.

Il reste plus volontiers que le milouin pendant l'hiver dans nos contrées.

LA FULIGULE NYROCA

Fuligula Nyroca.

(Steph.)

Le canard nyroca est un habitant du Midi. Il est caractérisé par l'iris de son œil qui est blanc. Il se montre rarement au Nord et fréquente plus régulièrement nos départements méridionaux. Nos côtes ouest ne reçoivent presque jamais sa visite. Il niche dans les climats tempérés, à terre,

Le Fuligule Nyroca. (*Taille*, 0^m.42)

sur les marécages et pond de huit à dix œufs d'un gris jaune-clair.

De la taille du morillon, le mâle, en été, a la tête et le cou roux, avec la partie supérieure de la gorge blanche et le reste roux-brun. Le dessus du corps est noir et roux, le ventre blanc-sale, la poitrine marron. Les ailes sont noirâtres, avec un miroir blanc coupé par une ligne brune. Le bec est brun noir, les pieds sont bléuâtres sur les doigts, avec les membranes noires. L'iris est blanc. La femelle ressemble au mâle. Les jeunes sont plus foncés et ont l'iris gris-clair.

Les chasseurs qui ne connaissent pas le véritable nom de ce petit canard le nomment *petit canard rouge aux yeux blancs*. Buffon l'a décrit sous le nom de sarcelle d'Égypte.

LE GARROT VULGAIRE

Clangula glaucion.

(Brehm.)

Le garrot vulgaire, ou *canard-pie, gros pilet à tête noire, canard aux yeux d'or, golden eye* en anglais, est plus petit que le canard sauvage, avec des pattes moins hautes, des pieds larges et un bec court, bleuâtre, plus haut que large.

Les yeux vifs sont jaune d'or.

De chaque côté des commissures du bec, on remarque chez le mâle deux plaques de plumes blanches. Il a la tête et le haut du cou d'un vert foncé-mordoré. Le dessus du corps est noir,

Le Garrot vulgaire. (*Taille*, 0ᵐ.52)

les couvertures des ailes sont blanc-pur et les grandes pennes noires.

Le miroir de l'aile est blanc. Tout le devant du corps est de cette dernière couleur. Les pattes et les pieds sont d'un jaune-foncé sale.

La femelle, bien plus petite que le mâle, a la tête et le cou brun-roux, le dos brun et gris, le haut de la poitrine gris-foncé, le reste des dessous est blanc, le bec noir.

Les jeunes ressemblent aux femelles.

Chez les uns et les autres la tête est grosse, non huppée mais a les plumes très retroussées.

Les garrots portent la tête très penchée et leur bec s'appuie souvent sur la poitrine, ce qui, avec leurs yeux clairs, contribue à leur donner une apparence ironique très caractéristique.

Ils marchent avec difficulté, et se tiennent plus volontiers sur l'eau que sur la terre.

Leur vol est raide, rapide et sibilant.

Ils ne sont pas très répandus en France, bien qu'ils y restent tout l'hiver, surtout dans le Midi.

Ils passent régulièrement dans toutes nos provinces au printemps et à l'automne.

Le garrot niche au Nord, jamais en Angleterre; il pond de dix à quatorze œufs vert-clair.

LE GARROT HISTRION

Clangula histrionica.

(Boie.)

(*Taille*, 0ᵐ.40 à 45)

Très rare en France, au point que j'ai hésité à le classer parmi les espèces fréquentant nos parages, le garrot histrion habite le Nord, l'Islande notamment. Il est plus petit que le précédent. Le mâle est entièrement noir et bleu-ardoise, avec les flancs roux. Mais il a une ligne blanche de chaque côté des yeux, une tache blanche derrière les joues, une plaque de même couleur aux côtés du cou, au haut de la poitrine un collier blanc rejoignant une tache de même couleur de chaque côté des épaules et un miroir bleu sur l'aile. L'iris est brun-noir, les pieds sont jaunâtres avec les palmures noires.

La femelle est brunâtre, avec des taches blanches de chaque côté du front, des yeux et des joues.

Cette description est faite d'après nature comme toutes celles qui figurent dans cet ouvrage. Je m'étais procuré un garrot histrion à grand peine. Une circonstance fâcheuse m'a empêché d'en faire un dessin d'après l'original. Il aurait été facile de le reconstituer de mémoire, mais toutes les gravures de ce livre étant rigoureusement faites d'après nature, j'ai préféré m'en tenir à une description écrite. L'oiseau est, du reste, facile à reconnaître à sa couleur foncée, brusquement rayée de blanc ce qui lui a valu son nom d'histrion ou d'arlequin. Il est aussi à présumer que peu de chasseurs rencontreront ce canard qui habite plutôt l'Amérique.

Le garrot histrion pond une douzaine d'œufs d'un jaune sale, au milieu des herbes, dans les régions les plus rapprochées du pôle.

C'est ce canard que Buffon appelle le canard à collier de Terre-Neuve et que les pêcheurs de ces parages nommaient *the lord* ou seigneur.

LA FULIGULE MIQUELONNAISE
OU HARELDE GLACIALE

Harelda glacialis.

(Steph.)

La fuligule miquelonnaise, appelée aussi *canard de Miquelon, canard à longue queue de Terre-Neuve, petit pilet, petit dé-*

La Fuligule miquelonnaise. (Taille, 0^m.62 avec les filets de la queue.)

riveux et *long tailed duck* par les Anglais, se rencontre quelquefois sur les côtes nord de la France et sur celles de l'Océan pendant les grands froids.

Oiseau de rencontre, amené seulement par les hivers rigoureux et très singulier.

Le mâle, en été, a la tête blanche, avec le dessus et les

côtés du cou d'un noir pur. Le dessus du corps est de la même couleur, avec une bande rousse de chaque côté des épaules. La poitrine est noire et rousse, le ventre blanc. Les ailes sont noires et blanches; la queue est blanche, ornée de deux filets bruns qui s'allongent démesurément. Le bec est noir, rougeâtre vers le milieu. Les pattes sont courtes, les pieds longs ont les doigts jaunes avec les palmures noires. L'iris est roux.

En hiver, le mâle a la tête blanche avec les côtés du cou roux, la poitrine brune, le ventre blanc. C'est sous ce plumage que nous le présentons à nos lecteurs.

Les femelles n'ont pas de filets à la queue, elles sont plus rousses avec les dessous blancs.

Ce qui caractérise surtout ce genre de canard, c'est la forme de la tête, très ronde, au front proéminent, et celle du bec qui est extrêmement déprimé et de la même largeur à la base qu'à l'extrémité, le peu d'élévation des pattes, la largeur des pieds, et la longueur des filets de la queue.

Le canard de Miquelon niche tout à fait au Nord et pond de cinq à sept œufs vert-clair sans taches.

On le rencontre très accidentellement par paires, le plus souvent il voyage isolé. Il est, comme le pilet, un excellent plongeur.

L'EIDER VULGAIRE

Somateria mollissima.

(Boie.)

L'eider, si remarquable à tant de points de vue, l'est aussi par la disposition de ses couleurs qui, contrairement à ce qu'on

L'Eider vulgaire. (*Taille,* 0m.68 à 70)

observe chez la plupart des autres oiseaux, sont plus foncées sous le corps qu'au dessus.

Le mâle prend son plumage de noces vers le mois de décembre ou de janvier. Il a alors le dessus de la tête noir, séparé au milieu par une raie blanche. Le haut du cou et les joues sont blancs; les plumes des côtés du bec et du front s'avancent très loin sur ce bec et vont rejoindre les narines. Le bec est vert et l'iris clair. Derrière la nuque et sur le haut du cou on remarque une large tache vert-clair. Tout le dessus du corps est blanc, à l'exception du bas du dos et de la queue qui sont noirs.

Le bas de la poitrine, le ventre, les flancs (à l'exception des côtés du croupion qui sont blancs) sont d'un noir profond. Le haut de la poitrine est blanc, lavé d'une teinte roussâtre.

Les ailes sont blanches sur toutes les couvertures, noires aux grandes pennes. Les pieds sont verts. Au milieu de l'été, le mâle quitte son plumage d'amour, et revêt une livrée qui ressemble alors à celle de la femelle.

Cette dernière a la tête et le cou roux, flammés de traits noirs. Le dessus du corps est gris-brun, varié de roux. Le ventre est brun-foncé, ondé de roux, la poitrine est rousse, striée de noir. Les ailes sont brunes avec une bande blanche. Les jeunes ont la tête plus grise et les ailes plus claires.

L'eider, très bas sur pattes et très trapu, est presque aussi gros que l'oie rieuse.

Il niche au Nord, en Norwège, en Islande, en Écosse et aux « Farn Islands ». Il construit son nid à terre, dans les monceaux de pierres ou dans les crevasses des rochers. Il le tapisse avec du gazon, des herbes marines desséchées, mais surtout avec le duvet noir ou brun de son ventre, duvet si élastique, si léger et si moelleux qu'on nomme *édredon*.

L'eider pond de cinq à huit œufs gris-vert ou crème sans taches.

La femelle couve avec assiduité et le mâle la relaye quelquefois, mais rarement.

Quand, par hasard, l'eider quitte ses œufs, il les humecte, paraît-il, d'un liquide huileux, jaune et nauséabond. Il est probable que c'est pour les préserver et pour les soustraire à la gourmandise des mouettes et des goélands qui sont très friands des œufs des autres oiseaux.

On appelle quelquefois vulgairement l'eider *oie à duvet* et *canard édredon*. En Angleterre on le nomme *eider-duck*.

L'eider fait entendre au temps des amours un cri qu'on a traduit par : *Ah! o!* et en temps ordinaire un son inarticulé « *kr! kr! kr!* »

Cet oiseau visite nos côtes pendant les grands froids. Ordinairement l'eider, plongeur émérite, ne vient pas souvent sur les marais et se cantonne plutôt en mer ou sur le bord des grèves. Cependant un de mes amis a tué un eider dans un petit marais à l'embouchure de la Seine, dans des conditions anormales que je crois pouvoir rapporter ici : C'était en 1879. Après une longue période de froid très vif, le dégel était arrivé subitement avec un grand coup de vent. La mer était démontée. Mon ami partit avec son père, de grand matin, pour se rendre à un marais voisin. En arrivant en vue d'une large mare, ils aperçurent un oiseau qu'ils prirent pour une oie et qui se leva à leur approche. Le marais est couvert de mares de gabion. Le volatile allait de l'une à l'autre de ces pièces d'eau sans jamais se laisser surprendre à portée. Mes amis, enragés chasseurs, le poursuivirent pendant plus de quatre heures. A la fin, ayant remarqué qu'il avait toujours une tendance à revenir à la mare où ils l'avaient vu pour la première fois, mare appelée les *Six-acres*, l'un d'eux se cacha dans un fossé, l'autre se mit de nouveau à la poursuite de l'oiseau, qui, au bout de quelque temps revint effectivement pour se poser sur les *Six-acres* et passa assez loin du chasseur embusqué qui lui envoya deux charges de plomb 00, et le blessa, mais pas suffisamment pour l'empêcher de faire une nouvelle randonnée. Relevé encore une fois, il revint passer à portée de mon ami qui l'étendit raide. C'était un eider mâle superbe. Je ne cite ce fait que parce qu'il est rare de trouver des eiders sur les marais et surtout de les voir persister à y rester malgré une poursuite aussi longue. Il est probable que l'état de la mer empêchait l'oiseau de tenir le large.

Bien qu'on tue assez souvent des eiders sur nos côtes, ils ne paraissent pas être de passage régulier. Les grands froids semblent seuls les décider à descendre et à pousser leurs incursions jusque sur le littoral du Sud-Ouest.

L'EIDER A TÊTE GRISE

Somateria spectabilis.

(Boie.)

(*Taille*, 0ᵐ.65)

L'eider dont nous venons de parler est l'eider vulgaire. A côté de lui existe une autre espèce plus rare sur nos côtes.

L'eider à tête grise, à peu près de la même taille que le précédent, mais plutôt un peu plus petit, a le dessus de la tête et de la nuque d'un gris bleuâtre-clair. Le bec est jaune avec deux protubérances rouge-vif à sa base qui est moins emplumée que celle du bec de l'eider vulgaire.

Le dessus du corps est semblable à celui de ce dernier, mais avec un peu de brun aux couvertures supérieures des ailes.

Le ventre et les flancs sont noirs, la poitrine est roux-jaunâtre clair.

Les pieds sont jaunes avec les palmures noires.

La femelle ressemble à peu près à celle de l'eider vulgaire mais, au lieu d'être rayée de noir sur fond roux, la poitrine est simplement tachetée.

C'est cet eider, je crois, qu'on désigne en Angleterre sous le nom de *king eider* ou eider-roi.

Son mode de propagation est le même que celui de l'eider ordinaire.

LES MACREUSES

Les macreuses sont de véritables canards de mer, et n'ont rien de commun avec les oiseaux qu'on chasse sous ce nom sur les étangs du Midi et qui ne sont autre chose que des foulques.

Contrairement aux autres canards, les macreuses ne quittent pas la mer où elles se réunissent en troupes considérables, occupées sans cesse à pêcher sur les hauts fonds. Dès que l'une d'elles plonge, toutes les autres font de même et disparaissent sous l'eau en peu d'instants.

Elles volètent, entre leurs immersions, en passant les unes au dessus des autres et en rasant l'eau; elles visitent ainsi un assez grand espace de pêche.

Quand elles prennent le vol, elles se reposent toutes assez près de l'endroit d'où elles sont parties.

On ne peut, sauf dans des circonstances exceptionnelles, comme celle que je citerai plus loin, tirer les macreuses qu'en bateau, elles n'approchent guère du rivage et se tiennent constamment au large.

Les pêcheurs en prennent souvent de grandes quantités, soit dans les filets qu'ils disposent pour prendre le poisson, soit dans ceux qu'ils tendent horizontalement aux endroits que fréquentent les macreuses.

La chair de ces oiseaux est considérée par l'Église comme aliment maigre. La raison de cette tolérance qui remonte à une époque fort éloignée, a sa source dans une légende bizarre, détruite maintenant, mais qui a laissé subsister le privilège et qu'on a appliquée aussi à l'oie bernache et au cravant.

On avait vu les macreuses apparaître tout à coup en nombre considérable sans qu'on pût se rendre compte de l'endroit où elles avaient établi leur nid et déposé leurs œufs. On en avait auguré tout naturellement qu'elles ne devaient pas se reproduire comme les autres oiseaux.

Certains « *savants* » prétendirent qu'elles naissaient du fruit d'un arbre croissant aux îles Orcades.

D'autres les firent éclore du bois pourri dans l'eau de mer; les derniers voulurent qu'elles sortissent d'un coquillage que pour cette raison on nomma *anatife* c'est-à-dire qui porte des canards.

On prétendit même que les macreuses avaient le sang froid et que leur graisse ne figeait jamais.

L'Église permit donc de manger des macreuses comme chair maigre en carême.

La vraie raison de cette permission anormale, il faut la chercher ailleurs, elle a été, je crois, inspirée par d'autres considérations que des considérations plus ou moins *scientifiques*.

En effet, les macreuses sont très nombreuses au moment du carême, époque du passage de printemps, sur les côtes ouest et nord de la France.

Elles étaient, et sont encore, une ressource précieuse pour les habitants, généralement peu fortunés, du littoral. Un prélat plus avisé et plus humanitaire que les autres aura baptisé la macreuse poisson et permis ainsi d'utiliser sans péché, une richesse envoyée par la Providence elle-même.

Bien des commandements de l'Église ont été inspirés par des considérations tout aussi pratiques.

Sur les côtes de la Manche, on ne vend pas les macreuses au marché, on les expose à la poissonnerie.

Si les oiseaux de mer évoquent toujours pour moi quelque

souvenir de jeunesse, les macreuses, elles, me rappellent ma plus tendre enfance. Pendant les jours forcés d'abstinence, mon plus grand bonheur était d'obtenir de mes parents la permission d'aller, avec la vieille cuisinière, choisir une macreuse à la poissonnerie. C'était du gibier, et le chasseur enragé que je suis devenu sommeillait déjà en moi, puis une macreuse écorchée et accommodée à la Normande, c'est-à-dire préparée en civet, absolument comme un lièvre, n'est pas à dédaigner.

Je suis maintenant moins enthousiaste qu'autrefois, mais j'ai la religion des souvenirs, et c'est toujours avec un nouveau plaisir que je salue sur la table l'apparition de ce plat du pauvre, dont la vue me reporte bien loin dans le passé.

J'ai dit que les macreuses ne quittaient jamais la mer que quand elles y étaient contraintes par une circonstance extraordinaire. Voici un exemple de cette dérogation à leurs habitudes :

Il date d'hier :

Au mois de janvier dernier, un grand navire chargé de pétrole a pris feu à l'embouchure de la Seine, en face de Berville. La mer a été saturée du liquide nauséabond.

De grandes bandes de macreuses se trouvaient en baie. Beaucoup périrent intoxiquées par le pétrole répandu à la surface de l'eau, les autres, ne pouvant tenir la mer, vinrent toutes prendre terre sur les grèves, les marais et les bancs où les chasseurs en firent un massacre incroyable.

Pendant trois jours ce fut une petite guerre; plus de mille oiseaux furent tués sur les côtes sur un espace de trois lieues. Une ville voisine en vit entrer à l'octroi sept cent quarante quatre.

Un de mes amis en a tué trente-sept en deux heures, un autre quarante dans une après-midi.

Mais, car il y a un mais, plusieurs de ces macreuses étaient immangeables. Elles sentaient le pétrole et étaient impropres à la consommation. Que n'avaient-elles conservé le bon goût d'huile naturelle qu'on reproche tant à tous les oiseaux de mer! Mais, la civilisation aidant, les Normands ont pu, pendant quelque temps, apprécier les amertumes de la cuisine au pétrole d'Amérique.

Il y a en France, de passage, trois espèces de macreuses : La macreuse ordinaire, la double macreuse et la macreuse à lunettes.

LA MACREUSE ORDINAIRE

Oidemia nigra.
(Flem.)

A peu près de la taille de la cane sauvage, le mâle de la macreuse ordinaire est entièrement noir, avec des teintes violacées à la tête et au cou.

La Macreuse ordinaire (jeune mâle). (*Taille*, 0ᵐ.52)

Il n'a pas de miroir sur l'aile.
Le bec porte à la base une protubérance noire. Il est jaune aux narines; l'iris est rouge, les paupières sont jaune-orange, les pieds noirs.

La femelle, plus petite, est connue sous le nom de *grisette* en Picardie, de *bizette* en Normandie.

Elle a le dessus du corps brun-noirâtre, le dessous du cou gris, tacheté de brun, le haut de la poitrine brun, le bas brun-cendré ainsi que le ventre.

Les flancs sont bruns, les ailes brunes aux couvertures, noires aux rémiges. Le bec est noir et la protubérance peu apparente. Les pieds sont noirâtres, l'iris brun.

En vieillissant, les femelles tournent au noir terne.

Les jeunes macreuses sont brunes, avec les dessous gris ondés de brun et les pieds d'un jaune vert sale. C'est un jeune mâle que représente la gravure.

La macreuse ordinaire niche dans les petites îles du Nord de l'Europe et de l'Écosse. Elle pond en mai ou juin de six à neuf œufs blanc-sale, dans un vide creusé dans la terre ou dans une déclivité naturelle de terrain et à l'abri d'arbustes ou de touffes d'herbes. Le nid est tapissé de plantes marines desséchées et d'herbes mortes.

La macreuse ordinaire arrive en France de très bonne heure et y reste tout l'hiver.

Les Anglais la nomment *common scoter*.

LA DOUBLE MACREUSE

Oidemia fusca.

(Flem.)

Cette macreuse est un plus peu grande que le canard sauvage. On la nomme aussi macreuse brune. Le mâle est d'un beau

La double Macreuse. (*Taille*, 0ᵐ.58)

noir. Ce qui le distingue de la macreuse mâle ordinaire, c'est un miroir blanc sur l'aile et une tache de même couleur autour des yeux. Le bec est rougeâtre à la pointe, noir aux protubérances.

L'iris est blanc. Les pieds ont les doigts rouges et les membranes noires.

Les femelles sont plus petites, elles sont brunes, avec du blanc aux joues. Le bec ne porte pas de protubérances. L'iris est brun, les pieds sont rougeâtres.

Les jeunes sont grivelés de brun sur fond gris en dessous, bruns en dessus. Leurs pieds sont rouge-orange très foncé.

La double macreuse niche au Nord et pond une dizaine d'œufs blanc-sale. Elle est un peu moins répandue que la macreuse ordinaire, mais visite régulièrement la France où on la rencontre une partie de l'hiver.

On la confond souvent avec la macreuse ordinaire, bien que l'existence du miroir blanc sur l'aile et de la plaque blanche autour des yeux suffisent à faire facilement distinguer le mâle de celui de la macreuse commune.

LA MACREUSE A LUNETTES

Oidemia perspicillata

(Steph.)

Pas de confusion possible avec les autres espèces. Le plumage du mâle est entièrement noir, sans miroir sur l'aile.

La Macreuse à lunettes. (*Taille*, 0m.53)

La tête est caractéristique; le front porte une plaque blanche et la nuque et le haut du cou sont entièrement de la même couleur qui tranche brutalement sur le noir pur du reste du plumage.

Le bec est singulier, difforme. Il a, à chacun de ses côtés, deux énormes protubérances rondes et noires. Le reste du bec est rougeâtre, mais les plumes de la tête se prolongent jusqu'aux deux tiers de la mandibule supérieure qu'elles coupent d'une ligne noire. L'iris est blanc. Les pieds sont rouges et les palmures noires.

La femelle est brune en dessus, avec la tête noire et une tache blanche autour des yeux. Elle a le ventre gris, les couvertures des ailes brunes et les rémiges noires.

Les jeunes oiseaux sont bruns en dessus, grivelés de brun et de gris en dessous. Les jeunes mâles ont la plaque blanche sur la nuque.

Cette macreuse est plus rare que les précédentes sur nos côtes. Cependant on en tue quelques-unes régulièrement tous les ans. Son mode de propagation est, paraît-il, le même que celui des autres macreuses.

Elle porte aussi en France les noms de *macreuse à large bec* et de *canard marchand*. Les Anglais la nomment *surf scoter*.

Sous-famille des **Mergiens**.

LES HARLES

Les harles ont des formes bien caractéristiques. Ils ont la structure des canards, mais avec les pattes un peu plus à l'arrière du corps, leurs pieds sont complètement palmés comme ceux des Anatiens. Ils ont leur vol soutenu, mais leur bec diffère de celui des canards et a une forme toute particulière. Il est plat à la base, cylindrique, mince dans le reste de sa longueur et terminé par un crochet acéré et recourbé. Ce bec est garni de dents ou lamelles parfaitement visibles sur toute son étendue.

Les harles sont d'excellents plongeurs. Ils sont tous huppés. Ces deux particularités pourraient peut-être les faire considérer comme une espèce transitoire entre les canards et les grèbes, mais j'ai lu dans plusieurs ouvrages, qui, dit-on, font autorité en matière de chasse, que les harles tiennent le milieu entre les canards et les hérons ! Je vois bien les analogies qu'ont les harles avec les canards, mais celles qu'ils peuvent avoir avec les hérons me laissent rêveur ! J'ai trouvé l'origine de ce rapprochement fantaisiste dans un ouvrage de chasse datant de bien loin et qui a été depuis consciencieusement copié par beaucoup d'auteurs. Il est du reste pardonnable, même à de grands chasseurs, de n'avoir jamais vu de harles.

J'ai rencontré les trois espèces qui fréquentent ou plutôt

visitent nos côtes, mais par de telles températures que je comprends presque ceux qui préfèrent emprunter leurs renseignements à des écrivains plus ou moins sérieux, qu'on peut feuilleter au coin du feu, sans aller pendant les grands froids observer les oiseaux sur les grèves. On y risque quelquefois la peau de ses jambes, c'est ce qui est arrivé à un de mes compagnons qui, un matin où nous avions pu voir défiler devant nous toutes les variétés d'oiseaux qu'amènent seuls les grands froids, notamment des harles-piettes, a eu les jambes gelées et mises à nu quand il a retiré ses bottes.

L'Europe peut compter parmi ses visiteurs quatre espèces de harles : Le harle bièvre, le harle huppé, le harle couronné et le harle piette.

Le harle couronné ne descendant presque jamais en France, je ne parlerai que des trois autres espèces.

LE HARLE BIÈVRE

Mergus Merganser.
(Linn).

C'est le plus grand et le plus beau des harles. On le nomme

Le Harle bièvre. (*Taille*, 0m.70)

aussi *grand harle, harle commun, bièvre, harle blanc, bec-de-scie, grande ridenne, hère;* les Anglais l'appellent *goosander.*

De la taille d'une petite oie, le mâle a la tête et le cou noirs, à reflets verts, avec les plumes retroussées formant huppe. Le dos est noir en haut, gris-cendré au milieu et au bas, la queue est grise, avec des teintes brunes. Le ventre et la poitrine sont blancs et, pendant que l'oiseau est en vie, présentent une teinte rosée qui disparaît quelques instants après la mort. Les couvertures des ailes sont blanc-jaunâtre, bordées de noir, les grandes pennes brunes à l'extrémité.

Le bec, plat à la base, cylindrique au milieu et terminé par un crochet acéré très prononcé, noir, est recourbé et rougeâtre. Il est garni de dentelures très apparentes en forme de scie qui ont valu au bièvre son surnom de *bec-de-scie* L'iris est rouge, les pieds sont rouge-vermillon.

La femelle, un peu plus petite, est aussi huppée que le mâle mais sa tête est brune, son dos grisâtre, sa gorge blanche, avec une teinte rousse au milieu du cou et de la poitrine. Cette dernière est grise sur les côtés. Les flancs et le ventre sont blancs, les pieds rouges, avec les palmures grisâtres. L'iris est brun-roux. Les jeunes sont semblables à la femelle.

Le harle bièvre niche en avril et mai au nord de l'Europe, dans les îles des côtes d'Écosse notamment. Son nid est aménagé dans les rochers, les crevasses ou même dans les bois, au pied d'un arbre, entre les racines. Il contient de six à douze œufs blanc-crème.

Le harle bièvre nous visite surtout pendant les hivers rigoureux. Comme tous les harles il a la faculté de nager la tête seule hors de l'eau. Son cri est un sifflement plaintif.

Par les grands froids, les bièvres s'approchent des côtes et quand il fait beaucoup de vent ils recherchent les anses où les eaux sont plus calmes.

On les tire soit quand ils se tiennent en mer et qu'ayant plongé ils reparaissent à la surface de l'eau, soit du rivage comme les canards, quand ils passent à la lame à marée haute. On en tue aussi quelques-uns au gabion ou à la hutte.

Bien que la chair du bièvre ne soit pas un mets bien délicat, ce bel oiseau est un gibier très recherché à cause de son volume, de sa rareté et de l'endurance que demande, pour ceux qui le recherchent, la rigueur de la saison où il fait ses apparitions.

LE HARLE HUPPÉ

Mergus Serrator.

(Linn.)

Le harle huppé, plus petit que le précédent, est de la taille d'un fort canard.

Le Harle huppé. (*Taille*, 0ᵐ.60)

Le mâle a la tête noire et huppée, mais d'une façon bien plus prononcée que le harle bièvre. Les plumes de la huppe sont longues et effilées et retombent en arrière. Le cou est blanc, avec une ligne noire verticale sur le milieu de la partie postérieure. L'iris est rouge. Le haut du dos est noir foncé, le bas gris-cendré, avec des stries noires. La queue est brune, le ventre blanc pur, la poitrine rousse, grivelée de noir. Aux ailes, vers l'épaule, on remarque une sorte d'épaulette formée de plumes gonflées et arrondies, noires avec de larges taches blanches à leur extrémité. Les couvertures sont blanches en forme de large miroir et coupées de deux étroites lignes noires. Les remiges sont noires. Le bec ressemble à celui du bièvre, il est rouge. Les pieds sont de couleur orange.

La femelle est plus petite, elle a la tête moins huppée que celle du mâle, d'un brun roux, l'iris brun, le dos gris-brun, le ventre et la poitrine blancs, les flancs gris-brun, la gorge blanchâtre ondée de roux. Les pieds sont de teinte orangée.

Les jeunes ressemblent à la femelle mais n'ont pas de roux à la gorge.

Les harles huppés sont moins communs en France que les grands harles; cependant ils passent régulièrement sur nos côtes et s'y rencontrent aussi l'hiver.

Le harle huppé porte en Picardie le nom de *ripoupée*, les Anglais l'appellent *red breasted merganser*.

Il niche, en mai et juin, en Écosse, aux îles Orcades, Shetland, aux Hébrides, dans les joncs, sur les bancs, dans des trous de lapins. Les œufs au nombre de six à sept sont déposés dans un nid formé de gazon et d'herbes sèches. Ils sont d'un gris olivâtre ou jaunâtre.

LE HARLE PIETTE

Mergus Albellus.

(Linn.)

Le harle piette est de la taille d'un petit vingeon. La tête chez le mâle est huppée, blanche sur le dessus et le front,

Le Harle piette. (*Taille,* 0ᵐ.45)

avec une tache noire à reflets verts sur l'occiput et une grande plaque de même couleur autour des yeux allant rejoindre le bec. L'iris est roux, le bec bleu et de même forme que celui des autres harles, mais plus court. Le bas de la tête, le cou, le ventre sont d'un blanc pur argenté ce qui a fait par erreur croire souvent que le harle piette était un grèbe. Le dos est noir. Une bande de cette couleur passant sous les épaules qui sont blanches vient former deux demi-colliers sur les côtés de la poitrine. La queue est grise et brune. Les flancs sont striés de lignes noires sur fond gris. Les ailes sont blanches aux couvertures, variées de blanc et de noir vers leur milieu et noirâtres à l'extrémité. Les pieds ont les doigts bleus et les palmures noires.

La femelle est plus petite. Elle a la tête huppée et ainsi que le haut du cou de couleur roussâtre; le dessus du corps est brun-grisâtre, la queue brune, le ventre blanc, la poitrine grise; la gorge et le bas du cou sont blancs. Les ailes sont blanches et brunes.

Les jeunes sont semblables aux femelles, mais les jeunes mâles ont la plaque noire du tour des yeux bien indiquée.

Le harle piette niche au Nord, dans les marécages. Il pond une douzaine d'œufs jaunâtres. On le nomme *piette*, *piotte*, *religieuse*, les Anglais l'appellent *smew*. Il fréquente les bords de la mer, les marais, l'embouchure des fleuves et le bord des rivières et des lacs. Les harles piettes volent avec une extrême rapidité et quelquefois à une assez grande hauteur, alors que les autres harles ont le vol bas. Ils vont quelquefois par petites bandes de plusieurs individus, s'abattent sur les mares de gabion et passent surtout le matin à la volée comme les autres canards. Je n'en ai cependant rencontré que pendant les hivers très rigoureux et par les temps de neige. Ils sont excellents plongeurs.

GROUPE DES PLONGEURS BRACHYPTÈRES

Pour beaucoup, tous les oiseaux de ce groupe sont des Plongeons. Sur le littoral de la Manche, sur celui de l'Océan, on ne les désigne pas autrement. Cependant il existe entre les diverses espèces qui composent cette catégorie de palmipèdes de telles différences que la classification adoptée par les naturalistes paraîtra très naturelle à ceux qui prendront la peine de comparer entre eux tous ces plongeurs.

Cependant ils ont entre eux des caractères communs : leurs ailes sont toujours courtes, chez quelques espèces elles sont impropres au vol. Leurs pattes sont situées tout à fait à l'arrière du corps et ne leur permettent de se tenir à terre que dans une position presque verticale. Tous plongent parfaitement et passent une grande partie de leur existence sur ou sous les eaux.

Les Plongeurs Brachyptères forment, pour les espèces qui visitent la France, trois familles. La première est celle des Grèbes, si remarquables par la conformation de leurs pieds. La seconde, celle des Colymbidés, comprend les plongeons proprement dits. La troisième, celle des Alcidés, se divise en deux sous-familles : celle des Uriens, ou guillemots et mergules et celle des Alciens ou pingouins et macareux.

CHAPITRE II

FAMILLE DES PODICIPIDÉS

LES GRÈBES

Les caractères distinctifs des grèbes sont l'absence de la queue et la conformation de leurs tarses que, pour la clarté, je continuerai à désigner sous le nom de pattes, et celle de leurs doigts. Leurs pattes sont très aplaties latéralement, couvertes de grandes écailles et leurs doigts (un pouce en arrière très court et trois doigts en avant dont l'externe plus long que les autres), ne sont pas reliés par une même membrane, mais respectivement palmés : ils ressemblent à de longues feuilles d'arbre verdâtres. Leurs ongles sont plats, larges et rappellent vaguement ceux d'un enfant. Il est facile avec ces données de distinguer les grèbes des plongeons proprement dits dont les pieds sont entièrement palmés et qui ont des ongles semblables à ceux des autres palmipèdes. Leur bec est droit, conique et pointu, leurs plumes brillantes sont soyeuses, duvetées.

Les grèbes sont, avec les Eiders, les oiseaux aquatiques que la valeur de leur plumage a le plus contribué à faire connaître des profanes en matière de chasse et d'histoire naturelle.

Pendant longtemps, la mode a été aux manchons et aux toques de grèbe et cette mode avait quelque raison d'être : Rien de plus séduisant que la *fourrure* du grèbe, rien de plus riche, de plus brillant, de plus moelleux, de plus chaud et en même temps de plus léger.

La partie utilisable de la dépouille des grèbes est le dessous du corps qui, chez la plupart des espèces, est blanc d'argent à reflets métalliques, nuancé sur les bords de brun luisant.

Les pattes sont situées à l'arrière du corps, les cuisses ne sont pas détachées, aussi les grèbes ne peuvent-ils se soutenir que difficilement sur le sol et dans une position presque entièrement verticale. Ils ne peuvent prendre leur vol à terre et, quand ils y sont surpris, ils se laissent appréhender aisément. J'ai été plusieurs fois témoin de la capture, sur les plages, par les pêcheurs du littoral, de grèbes amenés sur le bord soit par un coup de vent, soit par toute autre circonstance anormale. Mais sur l'eau, les grèbes se dédommagent.

Ils sont dans leur élément; plongeurs sans rivaux, ils peuvent rester immergés plusieurs minutes et parcourir sous les eaux des espaces considérables avec une surprenante vélocité ce qui les a fait souvent prendre pour des plongeons.

Ils se tiennent plus volontiers sur les eaux douces que sur les eaux salées. Sur les lacs, les étangs et les rivières, leur chasse en bateau n'est pas sans intérêt et présente quelques difficultés. Les vieux grèbes sont rusés.

On trouve cependant assez souvent les grèbes en mer, surtout à l'embouchure des fleuves. On les chasse en barque, c'est la chasse la plus courante, mais rien n'est plus intéressant que d'essayer, du rivage, de tirer un grèbe qu'on aperçoit sur l'eau. Les grèbes ont toujours tendance à s'approcher de la grève, surtout à mer baissante, pour y trouver le menu poisson qui, on le sait, grouille au bord du flot.

Quand on a avisé un de ces oiseaux à peu de distance de la rive, il faut se baisser et se dissimuler autant que possible pendant que le grèbe reste à la surface, puis profiter du moment de son immersion, et il plonge souvent et reste longtemps sous l'eau, pour approcher le plus possible de l'endroit où on pense qu'il va reparaître.

Autrefois les grèbes qu'on appelait vulgairement, comme on le fait encore aujourd'hui, des plongeons, passaient pour fort rusés et pour très difficiles à tuer. Cela peut se concevoir dans une certaine mesure. On les tirait avec des fusils à pierre. Dès qu'ils voyaient le feu de l'amorce, ils disparaissaient sous l'eau et le plomb ne rencontrait que le remous qu'ils avaient laissé en plongeant.

Mais maintenant, avec les armes dont nous disposons, cette déconvenue n'est plus à craindre.

On doit tirer l'oiseau dès qu'il émerge, mais avoir soin toutefois de ne pas tirer trop haut et de viser en plein corps. On a cependant dit souvent que les plongeons devaient être tirés à la tête. S'ils ne plongeaient pas, ce serait exact. C'est bien la tête que le chasseur doit surtout tâcher d'atteindre chez tous les plongeurs, qui ne restent sur place que lorsqu'ils sont frappés à mort, mais en visant la tête, on risque presque toujours de tirer trop haut et de ne rien atteindre. En effet, le grèbe, comme tous les oiseaux plongeurs, dès qu'il s'aperçoit qu'il devient le point de mire du tireur, plonge de nouveau. Or, au moment de plonger, il fait un mouvement ondulant du cou, mouvement qui ramène la tête presque au niveau de la poitrine pour la faire disparaître la première sous l'eau, aussi, si on vise la tête, alors qu'elle est verticale, le coup passe toujours au dessus de l'oiseau sans rencontrer cette partie visée qui lorsque le plomb arrive se trouve déjà bien en contre-bas. En tirant l'oiseau en plein, au contraire, on a la chance d'atteindre la tête quand, ramenée au niveau du corps par ce mouvement singulier que l'on connaît, elle n'est pas encore immergée. Comme un plomb dans le corps peut du reste tuer raide un grèbe, je crois donc qu'il vaut mieux ne pas tirer trop haut sur l'eau. Quand il est frappé, le grèbe, comme la plupart des autres oiseaux plongeurs, fait le simulacre de plonger, laisse tomber sa tête dans l'eau, et, emporté par l'impulsion que lui donnent les pattes, culbute, et reste à la surface, le ventre en l'air. S'il se débat dans une autre position, soit qu'il n'ait que l'aile cassée, soit qu'il n'ait reçu qu'une blessure lui laissant quelque vigueur, il faut le redoubler immédiatement, car un grèbe qui n'est que blessé est presque toujours perdu pour le chasseur.

Le grèbe nage avec une incroyable vitesse, il semble courir sur l'eau, le corps à moitié hors de l'élément liquide et je comprends parfaitement qu'on ait fait souvent une comparaison entre le grèbe qui rase l'eau en s'enfuyant et le lièvre qui déboule, les oreilles droites et la tête haute, sans faire de bonds. Il y a des instants, où cette analogie, abstraction faite du milieu et de la couleur des deux sujets, paraît frappante.

Les grèbes sont presque toujours fort gras. A mon avis et suivant l'opinion de plusieurs chasseurs ils ne sont pas à dédaigner comme gibier de ceux qui ne craignent pas le goût particulier à toutes les espèces qui constituent la Sauvagine. L'Europe compte sept variétés de grèbes. Cinq seulement visitent la France.

LE GRÈBE HUPPÉ

Podiceps Cristatus.
(Lath.)

Le Grèbe huppé. (Taille, 0m.55)

Le grèbe huppé est le plus grand de la famille. Il atteint et dépasse même la taille du canard sauvage mâle.

Le mâle et la femelle, au printemps, ont la tête ornée de deux houppes de plumes qui simulent des cornes et les joues garnies d'une sorte de fraise ou collerette qui leur donne un aspect tout particulier.

Le dessus de la tête, cornes emplumées comprises, est noir, ainsi que les plumes de l'occiput qui se redressent en une sorte de huppe hérissée. Les plumes des joues et des côtés de la tête, très longues, se ramènent en avant et forment autour du bec et des yeux une collerette blanchâtre à sa partie médiane, d'un roux ardent dans la région moyenne et noire sur ses bords. Le dessus du corps est noir-brun. La queue fait absolument défaut, elle est remplacée par une sorte de duvet soyeux.

Tout le dessous du corps est blanc argenté, brillant, avec des teintes roussâtres aux flancs et aux côtés de la poitrine. Les ailes sont noir-brun, avec le bord supérieur de leurs couvertures blanc et un miroir de même couleur vers le milieu, presque toujours caché quand l'oiseau est au repos.

Le bec est brun en dessus, rouge sur les côtés et à la mandibule inférieure, avec la pointe blanchâtre.

Les pieds, conformés comme je l'ai indiqué, c'est-à-dire avec les doigts séparément bordés d'une large membrane et des ongles plats, sont d'un verdâtre foncé.

L'iris et les paupières sont rouges.

A l'automne les grèbes perdent leur huppe et leur collerette.

Les jeunes n'ont ni toupet ni fraise. Ils ne revêtent leur livrée d'adultes que vers l'âge de trois ans.

Le grèbe huppé est, avec le grèbe castagneux, le plus répandu de la famille sur nos côtes, nos rivières et nos étangs.

Il passe régulièrement en France au printemps et à l'automne. Il fréquente les eaux douces et surtout l'embouchure des fleuves qu'il remonte fort loin. Par un hiver rigoureux j'en ai vu un à Paris, entre le Pont-Neuf et le Pont-des-Arts.

Le grèbe huppé couve en avril, mai et juin en France, dans quelques localités seulement, en Norwège et dans la Grande-Bretagne. Son nid est presque toujours situé au bord des eaux douces. Il est aménagé dans les roseaux croissant dans l'eau et formé de plantes aquatiques. Il contient de trois à cinq œufs, le plus généralement quatre, blancs, qui finissent par se salir beaucoup.

Cet oiseau est appelé par les Anglais *great crested grebe*. En France on le nomme aussi *plongeon* par erreur, *grèbe cornu*; les pêcheurs de Normandie le nomment *trelle*.

Son cri ressemble à un coassement de grenouille.

LE GRÈBE JOUGRIS

Podiceps grisegena.

(G. R. Gray.)

Plus petit que le précédent, ce grèbe est plus rare en France.

Le Grèbe jougris. (Taille, 0m.43)

Chez les deux sexes, au temps des amours, la tête est surmontée d'une huppe formant deux cornes noires; le front est de la même couleur, ainsi que le haut du cou. Les joues et la gorge sont gris bleuâtre très clair, c'est de cette particularité que l'oiseau a tiré son nom de jougris. Le dessus du corps est brun-foncé, le ventre blanc, avec le plumage soyeux et brillant, et quelques petites taches brunes vers les flancs qui sont roussâtres, le dessous du cou et la poitrine sont roux-ardent, d'où le nom anglais de ce grèbe *red necked grebe* ou grèbe à cou rouge.

Les ailes sont brunes et ont une sorte de miroir blanc. Le bec est noir et jaune, les pieds sont d'un noir vert avec les doigts jaunâtres. L'iris est jaune-rouge. En hiver, les cornes disparaissent et le roux de la poitrine devient terne, l'iris tourne au jaune clair. Chez les jeunes, les joues sont blanches, marquées de brun, la poitrine est roux-cendré, l'iris roux.

Le mode de propagation de ces oiseaux est à peu près le même que celui du grèbe huppé.

Une autre variété plus grande et plus forte avec la même livrée que celle du Jougris, a été désignée sous le nom de *grèbe de Holböll*. Je ne puis que mentionner son existence sans m'y arrêter. Je crois que cette variété n'est pas à ranger parmi nos oiseaux de France.

LE GRÈBE ESCLAVON

Podiceps auritus.
(Lath.)

A peu près de la taille de la sarcelle d'été, ce grèbe, au printemps, est reconnaissable à la collerette qui lui garnit les joues et qui est, comme la tête, d'un beau noir lustré, avec deux espèces de cornes de plumes rousses au-dessus des yeux.

La Grèbe esclavon. (*Taille*, 0ᵐ.38)

Le dessous du corps est noir, la poitrine et le ventre sont blancs. La gorge est noire ou brune suivant les individus ; les ailes sont noires avec une bande blanche. Le bec est rougeâtre, les pieds sont vert-foncé. L'iris est rouge-clair. A l'automne, la collerette tombe, le dos brunit, le cou devient gris.

Ce grèbe se cantonne plus au Nord que les précédents. On le trouve cependant en baie de Somme au mois de mars. Il niche dans les marais. Ses œufs sont beaucoup plus petits que ceux du grèbe huppé, mais de même couleur et comme eux ils se salissent promptement. Ce grèbe est appelé en France, *esclavon, oreillard, grèbe à cou brun.* Les Anglais le nomment *sclavonian grebe.*

LE GRÈBE A COU NOIR

Podiceps nigricollis.

(Sund.)

Ce grèbe est de la taille de la petite sarcelle, un peu plus petit par conséquent que le grèbe esclavon, avec lequel on l'a longtemps confondu.

En été, le mâle et la femelle ont seulement le dessus de la tête huppé et d'un noir verdâtre, les joues sont simplement garnies de plumes effilées jaunâtres qui partent des yeux pour retomber gracieusement en arrière. Le dessus du corps est noir, ainsi que la gorge, le cou et la poitrine. Le ventre est blanc avec des teintes rousses aux flancs.

Le Grèbe à cou noir. (*Taille*, 0m.34)

Le bec, très petit, mince et court est noir.

L'iris est rouge, les pieds sont d'un verdâtre foncé.

En hiver, ces oiseaux perdent les attributs qui ornent leur tête et ressemblent au grèbe esclavon pendant la même saison, mais ils sont moins grands, et leurs yeux n'ont pas, paraît-il, le cercle blanc qui partage l'iris des grèbes esclavons. Les jeunes sont plus petits, gris-foncé en dessus, blancs en dessous, avec du roux à la poitrine. Ils ressemblent un peu aux castagneux.

Le grèbe à cou noir, appelé en Angleterre *eared grebe* est plus répandu dans le Midi que dans le nord de la France et fréquente plus volontiers les lacs et les rivières que la mer.

Cependant, il passe au Nord, sur les côtes, au printemps, et est alors en plumage d'amour.

La gravure qui accompagne cette description a été faite d'après un individu mâle, tué au printemps en baie de Somme.

Le grèbe à cou noir niche au bord des étangs et des rivières. Il pond trois ou quatre œufs d'un jaune roux.

LE GRÈBE CASTAGNEUX

Podiceps fluviatilis.

(Degl.)

Est-il bien nécessaire de décrire ce petit grèbe que tous les chasseurs connaissent sous le nom de *petit plongeon, lulu, poussin d'eau* et de *pattes-en-cul?*

Ce qu'il importe de faire savoir surtout, c'est que le castagneux n'est pas un plongeon, mais un grèbe, le plus petit de tous, *little grebe* ou petit grèbe en anglais. Il est aussi le plus petit des plongeurs, avec le mergule nain, toutefois, dont nous parlerons ultérieurement.

Le Castagneux. (*Taille,* 0^m.23 à 0^m.30)

Le castagneux est partout, au bord de la mer à la limite du flot, quand le temps est calme; dans les marécages inondés, dans les fossés remplis d'eau des marais, sur les fleuves, les rivières, les lacs, les étangs et même les mares. Il est répandu dans toute la France.

Il y niche même, ainsi qu'en Belgique, en Hollande, en Suisse, en Angleterre, en Écosse. Son nid est très grand et déposé dans les roseaux ou les herbes. Le castagneux pond ordinairement en mars et mai, quelquefois en août. Ses œufs, au nombre de trois à cinq, sont blancs ou jaunâtres, souvent sans taches, parfois pointillés de brun.

Le castagneux semble n'avoir pas d'ailes. Sa taille varie de celle de la sarcelle à celle d'un gros poussin. Sa couleur est différente suivant les individus. On en voit de teinte jaune-olive, d'autres sont bruns. La livrée ordinaire de ces oiseaux est cependant la suivante :

En été, ils ont la tête et le dessus du cou noirs, tout le dos noir vert, le ventre gris bleuté, avec des teintes marron, la poitrine et le cou de cette dernière couleur, les ailes verdâtres, ondées de blanc, le bec noir, blanchâtre à la pointe; l'iris brun-rouge, les pieds verdâtres.

En hiver, le dessus du corps devient brun, le devant blanchâtre avec du roux au cou.

Les castagneux égayent beaucoup les rivières et les eaux stagnantes, mais, dans les marais, ils font le désespoir des chasseurs. Cependant il est des chiens qui les prennent. Un de mes amis, grand amateur de chasse au marais, avait une chienne nommée *Dinah* qui plongeait admirablement et prenait tous les castagneux qu'elle rencontrait dans les grands fossés. Le castagneux se fait tuer la nuit au gabion sur les mares au milieu des appelants.

Il pousse un cri sifflé qu'on peut traduire par *ouit! ouit!*

On n'est pas bien d'accord sur la valeur du castagneux comme gibier. Ce n'est certes pas là une grosse pièce! Mais il est gras et quoique beaucoup de chasseurs n'en veuillent pas goûter prétendant qu'il sent le musc, je dois reconnaître que sa chair ne me paraît pas désagréable.

CHAPITRE III

FAMILLE DES COLYMBIDÉS

LES PLONGEONS

Nous avons vu que les grèbes ont les doigts séparément palmés, non réunis par une même membrane et garnis d'ongles très caractéristiques.

Les plongeons, au contraire, ont les trois doigts antérieurs palmés comme ceux des canards, avec le doigt externe plus long que les autres. Leur bec est conique et pointu. Leurs cuisses sont collées à l'arrière du corps et cette conformation leur interdit absolument la marche. Ils ne peuvent que se traîner à terre ou y prendre une position tout à fait verticale mais alors sans faire un mouvement. Leurs ailes étant du reste fort courtes, les plongeons passent leur existence sur les eaux, sous les eaux pourrait-on dire, car ils plongent presque constamment et restent immergés pendant fort longtemps. Et encore, quand ils reparaissent à la surface, ne laissent-ils souvent sortir de l'eau que leur tête et leur cou comme le font parfois les Harles et les Cormorans.

Les plongeons n'approchent du rivage, comme les grèbes, quand ils sont en mer, que quand le temps est très calme. Les cormorans m'ont semblé faire exactement le contraire. La raison de cette différence provient de ce qu'à l'encontre des grèbes et des plongeons, les cormorans peuvent assez facilement se mouvoir à terre et ne craignent pas d'y être jetés par les vagues.

Si les grèbes peuvent être considérés comme des plongeurs d'eau douce, les plongeons, au contraire, préfèrent les eaux salées. On rencontre cependant quelquefois des plongeons proprement dits sur les rivières, les fleuves et les lacs du Centre.

Le genre des plongeons ne comprend que trois espèces remarquables par leur volume. Il n'y a pas de petits plongeons; j'ai indiqué que les oiseaux qu'on désigne couramment sous ce nom sont des grèbes.

LE PLONGEON IMBRIN

Colymbus glacialis.

(Linn.)

Le Plongeon imbrin. (Taille, 0m.62)

A peu près de la taille de l'oie, l'imbrin est le plus grand des plongeons.

Au printemps, il a la tête noire; le cou, sur le devant et sous la nuque, rayé de blanc. Les côtés du cou sont blanchâtres. Le dessus du corps est noir, avec deux taches de grandeur variable mais toujours carrées à l'extrémité de chaque plume. Les dessous sont blancs, avec les flancs bruns et quelques traits noirs sur les côtés de la poitrine.

Le bec est vigoureux, de la longueur de la tête, conique, pointu et noir. L'iris est rouge.

Les pieds sont larges, de couleur brun foncé.

En automne, la tête et le dessus du corps tournent au brun noir, les taches blanches deviennent indistinctes et grises, le dessous du corps est blanc. La femelle, qui aux deux saisons revêt le même plumage que le mâle, est toujours plus petite.

Les jeunes sont aussi de moindre taille, bruns dessus, avec des taches grises, blancs en dessous. Leur iris est brun.

L'imbrin adulte est assez rare sur nos côtes. On rencontre plutôt des femelles et des jeunes.

Ces oiseaux passent chez nous pendant l'hiver et fréquentent les côtes de préférence. Cependant ils s'enfoncent quelquefois, suivant les cours d'eau, dans les terres, et on les voit souvent sur les lacs de Suisse.

L'imbrin niche au nord, dans les rochers inabordables. Il ne pond que deux œufs foncés, noir-vert, tachetés de noir.

Il porte aussi le nom de *grand plongeon du nord*. Les Anglais le nomment *great northern diver* ce qui signifie absolument la même chose.

LE PLONGEON LUMME

Colymbus articus.

(Linn.)

Le Plongeon lumme. (*Taille*, 0ᵐ.70)

Le lumme est un peu plus petit que l'imbrin. Il est cependant de la taille de l'oie rieuse. S'il n'est le plus grand, il est du moins le plus beau de tous les plongeons. En plumage d'amour c'est un magnifique oiseau et il ne faut pas que son nom de lumme le fasse confondre avec le guillemot que les Allemands nomment lumme.

Au printemps, les lummes ont le dessus du cou et de la tête brun, le haut du dos noir profond, à reflets verts avec, sur les côtés, deux bandes de taches blanches.

Sur les épaules et au dessus des ailes, ils ont une rangée de taches carrées, blanches, disposées en damier, ce qui donne à ces oiseaux une apparence bien caractéristique qui leur a valu le nom de *plongeons damier*.

Le bas du dos est noir mais moins foncé que le haut. Le dessous de la queue est noir, le ventre et la poitrine sont blancs, avec quelques raies noires aux flancs.

La gorge est admirablement marquée. Tout le haut est occupé par un rectangle géométriquement dessiné, d'un beau noir à reflets violets, avec un hausse-col formé de petites lignes blanches.

Ce rectangle est encadré dans une série de traits noirs ondulés sur fond blanc qui se continuent en longueur pour aller rejoindre le blanc du haut de la poitrine. L'iris est roux, le bec noir, les pieds sont bruns.

En hiver, le noir des parties supérieures devient terne, les taches s'effacent; sous le cou les lignes ondulées tournent du noir au brun.

Les femelles sont plus petites, les jeunes n'ont ni noir ni lignes à la gorge qui est brune.

Le lumme niche au nord, sur les îles qui avoisinent l'Écosse, aux Orcades, en Norvège. Le nid, situé le plus souvent près de la mer, jamais loin de l'eau, est déposé dans une dépression du sol sur la terre, dans le gazon ou entre des pierres. Il est tapissé de racines, de laîches ou d'herbes. Quelquefois il ne contient pas de matériaux. Les œufs, au nombre de deux généralement, bien que souvent le Lummé n'en ponde qu'un seul, sont brun-rouge foncé, tachetés de noir.

Le cri des lummes est singulier. Les Anglais qui nomment le lumme *black throated diver* ou plongeon à gorge noire, ont traduit ce cri par une phrase pittoresque : *Drink! Drink! the lake is nearly dried up!* » Ce qui veut dire : « A boire! à boire! le lac est bientôt à sec. » Ces mots prononcés à l'anglaise, sur un ton roulé, vif et saccadé, peuvent s'écrire en français de la façon suivante : « *Drinn-K! Drinn-K! zeu lèque is nirley draède heup!* : » Cela rend bien le cri du lumme au temps des amours.

Les lummes sont devenus rares. Leurs œufs étaient l'objet d'un commerce important. Ils sont maintenant placés sous une protection spéciale et il faut espérer que l'espèce ne disparaîtra pas totalement.

Ces oiseaux qu'on voyait autrefois, paraît-il, sur les lacs de Suisse et sur nos grands fleuves ne se rencontrent plus guère qu'en mer. En baie de Somme, pendant les hivers rigoureux, on peut en trouver encore quelques-uns. En plumage d'amour, ils sont rares. L'individu dont nous donnons la figure est un des plus beaux spécimens qui existent. Il appartient au Muséum d'histoire naturelle de Paris et fait partie de la collection Marmottan. Il a été tué au Crotoy.

LE PLONGEON CAT-MARIN

Colymbus septentrionalis.

(Linn.)

D'une taille supérieure ou égale à celle de l'oie cravant suivant les individus, le cat-marin est le plus petit et le plus commun des plongeons sur nos côtes.

Le Plongeon cat-marin. (*Taille*, 0ᵐ.62)

Il est reconnaissable à son bec plus relevé en l'air que celui de ses congénères.

Au printemps, il a la tête brune, piquetée de noir, grise vers les joues, le cou grivelé, noir et blanc, le dos brun avec des taches blanches. Le bas ventre est blanc, coupé d'une bande brune, le ventre et la poitrine sont blancs, avec des taches noires aux flancs. La gorge et le haut du cou sont garnis d'une plaque marron-vif qui caractérise l'oiseau et l'a fait nommer par les Anglais plongeon à gorge rouge, *red throated diver*. Les ailes sont brunes, le bec est noir, les pieds sont d'un brun verdâtre, l'iris est rouge.

En hiver, la tête devient grise, marquée de taches noires, le dos se couvre de points blancs, la bande marron de la gorge disparaît.

Les jeunes, de la taille d'un fort canard, sont plus gris, avec des taches brunes au cou et les dessous blancs.

Le cat-marin, chat de mer, plongeon ordinaire, est répandu sur nos côtes nord pendant tout l'hiver. Il remonte quelquefois la Seine assez avant. Il niche au Nord, en Islande, en Norvège, dans les îles des côtes d'Écosse. Les œufs au nombre de deux sont couleur de terre, mouchetés de noir. Ils sont déposés en mai et juin entre les pierres, sur le sol nu ou sur un peu d'herbe ou de laîches.

Le cri du cat-marin peut se traduire ainsi : *Kèkèré! Kèkèré!*

CHAPITRE IV

FAMILLE DES ALCIDÉS

Les Alcidés tirent leur nom de celui du pingouin : *Alca* de Linné. Les caractères distinctifs de cette famille sont : la brièveté des ailes qui dans une espèce sont impropres au vol; l'absence de pouce et la conformation des pattes qui, collées à l'arrière du corps, rendent la marche de ces oiseaux très pénible. Cette famille a été ordinairement divisée en deux sous-familles : celle des Uriens ou guillemots et celle des Alciens ou pingouins proprement dits et macareux.

Tous ces oiseaux sont des plongeurs. Ils ne pondent qu'un œuf.

Sous-famille des Uriens

LES GUILLEMOTS

Les guillemots sont généralement assez connus des chasseurs du littoral du nord et de l'ouest de la France. Ces oiseaux, qui vivent en grandes troupes, nichaient autrefois en nombre considérable sur nos côtes. Ils sont moins communs maintenant.

Ils sont d'excellents plongeurs; leur vol est bas mais soutenu.

On chasse ordinairement les guillemots en mer et on les tire quand, descendant des rochers pour gagner l'eau, ils passent au vol au-dessus des embarcations.

On a aussi quelquefois l'occasion de les tirer quand ils s'abandonnent au courant, et s'approchent du rivage.

Les guillemots sont-ils des oiseaux stupides comme on l'a prétendu?

Je le croirais assez volontiers, car ils semblent quelquefois mériter cette réputation. A terre, ils se tiennent immobiles sur la pointe des rochers et paraissent comme hébétés. En mer, s'ils sont parfois très prompts à disparaître sous les flots, on les dirait au contraire, dans certaines occasions, comme inconscients du danger.

Un jour que je longeais le bord de la mer, complètement basse à ce moment, j'avisai tout d'un coup devant moi, sur l'eau, à cinq mètres du bord, un bloc noir, que je pris tout d'abord pour un morceau de bois bercé par le flot. Je m'approchai et arrivé en face de cet objet qui paraissait inanimé, je vis que c'était un guillemot qui me regardait stupidement, la tête entre les épaules. Je dus me reculer pour le tirer et le tuer. Il n'avait pas été blessé auparavant. Comme cet oiseau ne dormait pas et qu'il me voyait, j'ai compris pourquoi on avait donné aux guillemots l'épithète de niais.

On compte en Europe jusqu'à cinq espèces de guillemots : le guillemot troïle, le guillemot bridé, le guillemot grylle, le guillemot Arra et le guillemot de Mandt.

La France ne reçoit guère la visite que des trois premières espèces. Le guillemot Arra et le guillemot de Mandt paraissent ne pas être des hôtes habituels de nos contrées et se cantonner beaucoup plus au nord.

LE GUILLEMOT TROÏLE

Uria Troïle.

(Lath.)

Le Guillemot troïle. (*Taille*, 0ᵐ.45)

C'est le guillemot vulgaire. Il est environ de la taille du canard.

Les mâles, les femelles et les jeunes se ressemblent à quelque chose près. En été, ces oiseaux ont la tête et le cou, qui est assez court, entièrement noirs, avec une ligne, une vraie balafre, creusant un sillon noir derrière l'œil et sur les côtés du cou. L'iris est brun. Tout le dessus du corps est noir, ainsi que les ailes qui sont seulement bordées, vers le milieu, d'une petite bande blanche. Le dessous du corps est blanc pur, avec des marques noires aux flancs, cachées par les ailes quand l'oiseau est au repos.

Le bec est droit, pointu, comprimé, noir et gris; il rappelle un peu celui de la corneille, mais il a la mandibule inférieure un peu anguleuse et son intérieur est jaune-vif.

Les pieds sont bruns.

En hiver, les teintes de la tête deviennent plus grises et derrière le cou apparaissent quelques taches blanches.

Chez quelques rares individus de l'espèce, la tête et le manteau, au lieu d'être noir-pur sont brun-clair.

Le guillemot troïle niche en communauté, au Nord, en Norvège, mais surtout au nord de la Grande-Bretagne et assez souvent en France, aux Aiguilles d'Étretat, à Aurigny et sur les îles de la Bretagne.

Il dépose en mai un seul œuf sur le roc nu au bord des falaises, sur le sommet des rochers. Cet œuf est de couleur très variable et irrégulièrement tacheté.

Le guillemot troïle est appelé *common guillemot* par les Anglais et lumme par les Allemands. Il ne faut pas toutefois le confondre avec le plongeon lumme avec lequel il n'a rien de commun.

En France on le nomme quelquefois *corneille de mer, corbeau plongeon, guiot*. Sur le littoral du Sud-Ouest il est désigné sous la qualification de *plongeon* nom donné indistinctement dans cette région à tous les oiseaux plongeurs sans exception. Le guillemot préparé comme la macreuse est mangeable : comme elle c'est un mets qui ne doit figurer que sur une table modeste.

LE GUILLEMOT BRIDÉ

Uria Ringvia.
(Brünn.)
(*Taille*, 0m. 40 à 0 m. 45)

Le guillemot bridé est souvent considéré comme une simple variété du guillemot troïle.

Il lui ressemble absolument comme taille et plumage, mais il a autour des yeux un cercle blanc qui se continue en ligne courbe derrière ces organes, remplaçant par un trait clair la balafre noire de son congénère.

Il se mêle aux bandes de ce dernier, couve en communauté avec lui, mais est bien plus rare. Cependant il doit figurer parmi nos espèces indigènes.

Le Guillemot arra ne saurait être classé ici au même titre. Je ne crois pas qu'on l'ait rencontré en France d'une façon bien régulière.

Un peu plus petit que le précédent, il ressemble aux autres guillemots que j'ai décrits, mais son bec est beaucoup plus large, plus court et plus recourbé.

LE GUILLEMOT GRYLLE OU A MIROIR

Uria Grylle.

(Lath.)

Le Guillemot grylle. (*Taille*, 0ᵐ.36)

Le guillemot grylle ou petit guillemot à miroir, *black guillemot* en anglais, ce qui signifie guillemot noir, est beaucoup plus petit que les précédents. Il est de la taille de la sarcelle.

Le mâle et la femelle, en été, sont entièrement noirs avec un large miroir blanc occupant presque toutes les couvertures des ailes.

Le bec est noir, moins fort et moins pointu que celui du

guillemot commun. L'intérieur en est rouge-vif. L'iris est brun. Les pieds sont rouges. En hiver, la tête se pointille de blanc, les plumes du dos sont bordées de blanc. Les ailes sont noires à leur partie supérieure, et, comme en été, garnies du large miroir blanc.

Les grandes pennes sont noires. Tout le dessous du corps est blanc pur. Les jeunes sont noirs en dessus, avec de nombreuses taches blanches, le devant du corps est blanc, lavé et taché de noir. Leurs ailes ont le large miroir blanc.

Le guillemot que nous représentons est un mâle en livrée d'hiver. A terre, il est plus souvent assis ou couché que debout, ce n'est que lorsqu'il veut se mouvoir qu'il prend la position indiquée par le dessin.

Autrefois on désignait cet oiseau sous le nom de *colombe tachetée du Groënland*. C'est en effet dans ces régions qu'il niche. Il pond un ou deux œufs grisâtres très tachetés qu'il dépose dans les crevasses des rochers.

Le guillemot à miroir est plus rare en France que ses congénères ; cependant il y fait quelques apparitions en automne et en hiver.

LE GUILLEMOT DE MANDT n'est qu'une variété du guillemot grylle. Il en diffère seulement, paraît-il, par des plumes blanches aux grandes pennes de l'aile qui sont noires chez le guillemot grylle.

Je ne cite qu'en passant l'existence de cette variété qui n'est pas de passage courant en France.

LE MERGULE NAIN

Mergulus Alle.

(Vieill.)

De la taille de la grive, ce petit plongeur a, en été, la tête, le cou, la gorge, le haut de la poitrine, tout le dessus du corps, noirs. Le bas de la poitrine et le ventre sont blancs, les ailes noires, avec un peu de blanc aux plumes des épaules.

L'œil est tout noir, le bec de même couleur, petit, court, anguleux, avec des narines en bosse très apparentes. Les pieds sont brunâtres.

Le Mergule nain. (*Taille*, 0m.23)

En hiver, la gorge, le cou, le haut de la poitrine deviennent blancs. La femelle prend à cette saison des taches blanches derrière le cou.

Le mergule nain niche dans les régions du cercle arctique. Il pond un œuf verdâtre, avec ou sans taches.

Il passe quelquefois sur nos côtes nord et ouest en hiver. Comme les macareux et bien d'autres oiseaux de mer, les mergules nains ne peuvent supporter les violentes tempêtes qui les font périr en grand nombre. Les Anglais nomment le mergule nain *little auk*.

Sous-famille des Alciens

MACAREUX ET PINGOUINS

LE MACAREUX ARCTIQUE

Fratercula Arctica.

(Vieill.)

Le macareux mérite une étude particulière.

Le Macareux. (Taille, 0m.30)

Sa bizarrerie, son assiduité à visiter les côtes de France, ses habitudes singulières en font un oiseau intéressant.

Perroquet de mer, bec de perroquet, moine de mer, petit moine, petit plongeon, tels sont les noms qui servent à le désigner en France. Les Anglais le nomment *Puffin.*

Il est impossible de le confondre avec aucun autre oiseau, la forme de son bec le singularisant suffisamment.

Le macareux n'atteint pas tout à fait la taille de la sarcelle d'été.

Il a le dessus de la tête et du corps d'un beau noir, avec un collier de même couleur, mais plus terne, autour du cou. Tout le tour des yeux, les joues, le haut de la gorge sont gris-blanc. Quelques plumes du bord des ailes ont l'extrémité blanchâtre.

Les pieds sont rouge-orange.

L'œil, à l'iris blanc, est encadré dans une excroissance ou cirrhe triangulaire, de couleur grise.

Il est entouré de paupières rouges.

Le bec est caractéristique. Il occupe, dans le sens vertical, tout le devant de la tête qui est fort grosse. Il est plus haut que long, triangulaire et assez largement aplati, dans le sens latéral, pour figurer l'extrémité de deux lames de couteau se rencontrant l'une par le dos, l'autre par le tranchant. Ce bec est gris de fer avec du bleu à la base, rouge-vif à la pointe et porte trois ou quatre sillons blanchâtres à la mandibule supérieure, deux ou trois à la mandibule inférieure.

En hiver les teintes du bec se ternissent.

Les jeunes oiseaux ont le bec plus petit.

Les macareux ont un aspect grotesque. Leur maintien est sérieux et grave. Ils se tiennent droits sur leurs pattes écartées tournées en dehors; la marche leur étant pénible, ils restent fort longtemps dans une complète immobilité. Ils volent bas, mais d'une façon assez soutenue. Quand la mer est calme, ils abandonnent leurs rochers pour passer tout leur temps sur l'eau. Le cri des macareux est sonore, on peut le traduire par *o-r! r!* ou *ar! ar!*

Les macareux nichent en France, aux mois de mai et juin, sur nos côtes nord et ouest, à Étretat, dans les îles de Bretagne, sur toutes les côtes ouest de l'Angleterre, de l'Écosse, aux îles Hébrides, puis surtout aux Farn-Islands.

Le macareux, ce disgracié, rachète sa laideur physique par des qualités morales. Il ne pond qu'un œuf grisâtre ou blanc sombre, pointillé de brun pâle et de gris, surtout au gros bout, mais il le cache avec jalousie soit dans des trous qu'il a souvent soin de creuser lui-même dans le sable ou la tourbe, soit dans des crevasses inaccessibles. Le fond du nid est garni de mousse et de duvet. L'œuf se salit promptement au contact de la terre ou du sable qui l'entourent. Le macareux couve avec assiduité et soigne avec sollicitude son unique petit qu'il semble aimer davantage en raison même de sa difformité.

Les macareux nichent quelquefois en communauté et la plage qu'ils ont alors choisie est tellement minée par leurs terriers que ceux qui s'y aventurent risquent d'enfoncer jusqu'aux genoux dans ces galeries d'où sortent les oiseaux comme des lapins furetés à blanc.

Ces oiseaux sont des migrateurs. Ils arrivent dans les contrées où ils couvent en avril et repartent en août pour descendre au midi.

Bien qu'étant des plongeurs dans toute l'acception du mot, destinées à vivre sur les flots, les macareux ne peuvent supporter les tempêtes. Les fortes lames les tuent. Après les ouragans, ils jonchent de leurs cadavres les grèves battues par les vents. Un de mes amis, revenant d'Algérie, m'a appris que l'an dernier, à la suite du cyclone qui a bouleversé l'Europe et s'est fait sentir sur les côtes nord de l'Afrique, quantité de macareux avaient trouvé la mort et que leurs petits corps étaient venus s'échouer en grand nombre sur les plages algériennes.

Il y a deux espèces de macareux :

Le macareux arctique, celui dont nous venons de parler, appartient seul à la faune française.

L'autre espèce, le macareux à croissants ne visite jamais nos parages.

LE PINGOUIN MACROPTÈRE

Alca Torda.

(Linn.)

Le Pingouin macroptère. (*Taille,* 0ᵐ.40)

Avec cet oiseau nous arrivons aux pingouins proprement dits.

Deux espèces de pingouins peuvent figurer parmi les oiseaux se rencontrant accidentellement en France : la première, celle dont nous parlons, a des ailes qui permettent à l'oiseau de voler, la seconde n'a que des rudiments d'ailes, qui lui interdisent ce genre de locomotion aérienne.

Le pingouin macroptère a la tête et le cou entièrement noirs, avec une petite ligne blanche partant de l'œil et allant rejoindre le bec.

Tout le dessus du corps est noir, ainsi que les ailes qui sont seulement coupées vers le milieu par une bande blanche.

Tous les dessous sont d'un blanc pur lustré.

Le bec large en hauteur, très comprimé, est noir avec trois stries blanches; il est garni à l'intérieur d'une peau jaune-orange.

Ce bec tranchant a fait donner à l'oiseau en Angleterre le nom de *razorbill* ou *bec de rasoir*. L'iris est blanc et les pieds sont noirs.

En hiver l'aspect de l'oiseau est à peu près le même qu'en été, mais la bande blanche de l'aile s'accentue et s'élargit.

Les jeunes sont plus petits et ressemblent aux adultes. A l'époque de la mue, le bec tombe, il devient alors petit et court pour repousser ensuite large et tranchant.

Le pingouin macroptère est à peu près de la taille du guillemot troïle, mais il est plus trapu et a la tête beaucoup plus grosse.

Il visite nos côtes nord en hiver. Il niche en mai et juin quelquefois en France, à Étretat et sur les côtes de Bretagne, plus souvent en Écosse et aux Farn-Islands.

Il pond sur le sol nu, dans les crevasses des rochers, un œuf blanc ou brun-roux-clair.

Le cri du pingouin ressemble à un grognement sourd.

LE PINGOUIN BRACHYPTÈRE OU GRAND PINGOUIN

Alca Impennis.
(Linn.)
(*Taille*, 0ᵐ.65)

Ce pingouin n'a que des moignons au lieu d'ailes; il est de la taille d'une petite oie mais a le corps très allongé et le cou court. Tout le dessus du corps est noir, la tête de même couleur, avec une tache blanche entre l'œil et le bec.

Les dessous sont blancs, les rudiments d'ailes noirs, avec une ligne blanche à l'extrémité des remiges secondaires. Le bec est plus long que celui du pingouin macroptère et noir, avec une grande quantité de stries blanches.

L'œuf est très gros, roussâtre, tacheté et rayé de noir.

Cet oiseau fort rare ne fait en France que des apparitions très accidentelles.

Les Anglais le nomment *great auk*.

GROUPE DES LONGIPENNES

Les Longipennes sont les oiseaux de mer à grandes ailes. Leur large envergure leur permet d'affronter les solitudes de l'Océan et de parcourir l'immense étendue des côtes. Leur structure est parfaitement appropriée au genre de vie qui leur a été imparti. Leur corps est généralement fuselé, léger, relativement à son volume, leurs ailes sont puissantes, beaucoup plus développées que chez les autres oiseaux, leurs pieds sont palmés. Ils peuvent se mouvoir avec plus ou moins de facilité sur le sol et se soutenir aisément à la surface des flots. Mais comme il semble, qu'en faisant la répartition des avantages dont elle a comblé les oiseaux, la nature n'ait pas voulu se montrer trop prodigue à l'égard d'une même catégorie de volatiles, elle a réservé à d'autres palmipèdes, qui ne sont pas aussi bien doués sous le rapport du vol, la faculté de plonger.

Les Longipennes, en effet, ne plongent pas et il nous faut ici mettre encore une fois les lecteurs en garde contre les descriptions séduisantes de ceux qui ont puisé dans leur seule imagination les renseignements trop fantaisistes qu'ils donnent sur les mœurs des oiseaux de mer. Il est certainement très pittoresque de se figurer les mouettes, après leurs capricieuses évolutions à la surface de la mer, disparaissant tout à coup sous les flots à la poursuite du poisson qu'elles ont aperçu du haut des airs et remontant ensuite avec leur proie soit dans leur bec, soit dans leurs doigts, comme on l'a même écrit. Assurément, cette fiction ne peut avoir une grande importance, mais pourquoi inventer quand la simple observation suffirait à défrayer des volumes. Il me paraît plus intéressant de rechercher le « pourquoi » des habitudes des oiseaux.

Ce « pourquoi » se trouve toujours dans le rôle qui leur est assigné et on pourrait le trouver souvent sans aller sur les lieux-mêmes étudier les habitudes des diverses espèces.

Les mouettes, les goélands, les hirondelles de mer, les pétrels ne peuvent plonger parce que leur conformation le leur défend. L'étonnante légèreté de leur corps qui les rend aussi insubmersibles qu'un morceau de liège, la longueur de leurs ailes et la position de leurs pattes leur interdisent absolument, pour un observateur qui raisonne, de chercher sous les eaux les moyens d'échapper à leurs ennemis ou de poursuivre les poissons dont ils font leur subsistance. Au contraire, les oiseaux plongeurs apparaissent, à première vue, disposés merveilleusement pour s'enfoncer sous les flots : leur corps est très lourd, leurs ailes sont presque nulles et leurs pattes situées tout à fait à l'arrière du corps. Ils ne peuvent ni marcher ni voler avec aisance, il leur fallait un mode de locomotion où ils pussent exceller. La faculté de plonger leur était naturellement réservée. Et comme le raisonnement que j'ai toujours suivi m'a paru constamment trouver sa confirmation dans ce qui existe, il fallait une espèce de transition entre les plongeurs parfaits et les voiliers par excellence. Les anatidés, cygnes, oies et canards, sont la famille transitoire. Ils n'ont pas le vol aussi puissant que les Longipennes mais ils ont la faculté de plonger, sans toutefois être des plongeurs aussi émérites que les plongeurs proprement dits.

N'accordons donc aux Longipennes que la supériorité qui leur a été donnée par la nature et considérons-les comme des oiseaux au vol puissant et soutenu, n'en faisons pas des plongeurs.

Mais, si nous refusons de leur reconnaître un attribut qu'ils n'ont point, ne leur prêtons pas, par contre, des mœurs qui seraient de nature à les rabaisser.

Les Longipennes sont toujours représentés comme des oiseaux immondes se nourrissant de débris et de détritus répugnants, nous verrons plus loin qu'il ne faut point prendre à la lettre les assertions de ceux qui, sur la foi de renseignements inexacts ou d'observations isolées trop généralisées, ont fait de ces palmipèdes des mangeurs de chair morte, des fossoyeurs de l'Océan.

Le groupe des Longipennes est divisé en deux grandes familles : la famille des Laridés et celle des Procellaridés.

CHAPITRE V

FAMILLE DES LARIDÉS

La famille des Laridés comprend trois sous-familles : La première celle des Lestridiens, les labbes ou stercoraires, la seconde celle des Lariens ou mouettes et goélands, la troisième celle des Sterniens ou hirondelles de mer.

Cette famille se distingue de celle des Procellaridés par la conformation des narines qui sont percées dans le bec alors que les Procellaridés ont les narines en forme de tuyaux surmontant le bec. Les Laridés fréquentent aussi plus volontiers les grèves que ne le font les Procellaridés.

Sous-famille des Lestridiens

LES LABBES OU STERCORAIRES

Ceux qui chassent occasionnellement sur les bords de la mer, éprouvent toujours quelque difficulté à distinguer les différentes espèces d'oiseaux qu'ils rencontrent.

Les *Longipennes,* en particulier, offrent des différences scientifiques tellement insaisissables et leurs variétés sont si considérables, qu'il est parfois impossible, à première vue, de les désigner par leur nom générique.

Combien de chasseurs ignorent jusqu'à l'existence du *labbe* ou stercoraire, combien le confondent avec les goélands et les mouettes avec lesquels il a du reste de grandes affinités !

Mais les différences entre les stercoraires, les goélands et les mouettes sont cependant assez tranchées pour qu'on ait créé dans la nombreuse famille de Laridés la sous-famille des Lestridiens comprenant les peu nombreux genres de labbes, qui fréquentent plus ou moins régulièrement les côtes de France.

Ces différences reposent, d'abord sur la forme du bec supérieur, qui, au lieu d'être d'une seule venue, comme celui des goélands et des mouettes, est, chez les labbes, recouvert d'une espèce de cire sur la moitié de sa longueur et terminé par un crochet recourbé qui paraît surajouté ; ensuite sur la disposition de la queue, dont les rectrices *médianes* dépassent notablement les autres plumes, ce qui donne à cette partie de l'oiseau l'apparence d'un fer de lance plus ou moins aigu, alors que la queue des autres Laridés est égale, ou à peu près, dans toute sa largeur.

Le plumage des stercoraires, comme celui de tous les oiseaux, varie beaucoup suivant l'âge ou le sexe. Il change de couleur, chez les mâles, avec chaque saison. Certains individus ont une coloration qui diffère parfois notablement de celle qu'on reconnaît comme caractéristique des genres qui composent cette famille.

Mais pour un observateur attentif, tous ces oiseaux sont aisément reconnaissables à leur bec et à leur queue, conformés comme je l'ai indiqué plus haut et surtout à leur tête aplatie, ainsi qu'à leurs yeux brillants, qui leur donnent le regard fier et railleur, l'aspect hardi et cruel des oiseaux de proie terrestres.

Les labbes ont tiré leur appellation de stercoraires d'une vieille légende :

Le mot *stercus* en latin, d'où on a fait stercoraire en France, signifie littéralement « fiente ». On a cru longtemps, en effet, que les labbes poursuivaient les autres oiseaux de mer pour les effrayer et profiter des conséquences habituelles de la peur, qui se traduit, on le sait, chez les oiseaux comme parfois chez les humains, par un manque absolue de... retenue. On pensait donc que les stercoraires ne se nourrissaient que des déjections des oiseaux qu'ils pourchassaient. Il a fallu les observations d'un chasseur naturaliste trop peu connu, Baillon, pour mettre à néant cette légende :

Le labbe poursuit les oiseaux pêcheurs pour leur faire lâcher le poisson qu'ils ont pris et s'en emparer.

Comme la proie ainsi abandonnée est de couleur claire, des observateurs superficiels avaient pu croire que ce que rejetait le volatile poursuivi ne tombait pas précisément de son bec, d'où les conséquences fâcheuses pour la dignité du labbe.

On sait maintenant que les stercoraires se nourrissent non seulement des poissons qu'ils dérobent aux oiseaux qui les ont capturés, mais qu'ils ne dédaignent nullement les œufs et même les petits des autres palmipèdes.

Oiseaux de proie par leurs formes, ils le sont aussi par les mœurs. On a vu des labbes, en captivité, avaler de petits chats qu'on leur jetait vivants.

Si les oiseaux de passage reviennent presque toujours aux blessés, dans une toute autre intention que celle de les achever, quoiqu'on ait dit et écrit, les stercoraires, eux, se jettent volontiers sur les petites pièces démontées, avec le désir bien évident d'en faire leur profit. Ils se précipitent souvent sur les sternes qu'on laisse à la traîne derrière les barques pour attirer leurs congénères.

Aimant les proies vivantes, ils paraissent occuper dans l'ordre des Longipennes la place assignée parmi les rapaces aux falconidés, alors que les goélands représentent, avec plus de noblesse et de poésie, la famille des vulturidés qui ne reculent pas devant la chair morte.

La mer, suivant les règles immuables de la nature, devait nous offrir, parmi ses oiseaux, une classe de rapaces correspondant à celle des oiseaux terrestres du même genre.

Les stercoraires font la transition, ce sont des rapaces, aux pieds palmés, au vol puissant, rapide ou lent suivant les circonstances, courageux parce qu'il leur faut lutter contre des créatures vivantes et que toute lutte pour la vie entraîne avec elle la hardiesse et l'audace.

Comme les oiseaux de proie, les labbes sont toujours isolés; on en tue quelques-uns au large de la baie de la Somme, et à l'embouchure de l'Orne, sur les côtes de l'Ouest et sur celles de la Méditerranée. Ils suivent les mouettes et les goélands dans leurs déplacements, et, là où ces oiseaux sont en grand nombre, on peut espérer rencontrer leur parasite, dont heureusement pour eux, l'espèce n'est pas nombreuse.

On compte en Europe quatre variétés de Labbes :

Le Labbe cataracte.

Le Labbe pomarin.

Le Labbe parasite.

Et le Labbe longicaude, le plus commun sur les côtes de France.

Nous allons les passer rapidement en revue.

LE LABBE CATARACTE

Stercorarius Catarractes.

(Vieill.)

(*Taille*, 0^m.55 à 0^m.60)

Le labbe cataracte, très souvent confondu avec les goélands sous le nom de *goéland brun* ou *stoéland brun,* appelé aussi *cordonnier* par les marins, *poule de mer* en Normandie et *common skua* en Angleterre, est le plus grand de tous les stercoraires. Sa taille égale presque celle des grands goélands.

L'aspect de son plumage, à fond brun et roux et aux plumes usées à leur extrémité, rappelle celui de certains rapaces.

Cet oiseau a la tête et le dessus du corps d'un brun noir grivelé de roux et de gris. Le ventre et la poitrine sont brun-cendré lavé de roux, la gorge et le cou sont brun-gris ondé de roussâtre. La queue est brune avec deux filets dépassant les autres plumes de trois centimètres environ. Les ailes sont brunes, pointillées de blanchâtre et de roux aux couvertures, avec un large miroir blanc, et brunes à l'extrémité. Le bec, conformé ainsi que je l'ai indiqué, c'est-à-dire, portant à sa mandibule supérieure un crochet qui paraît surajouté, est noir et brun. Les pieds sont noirâtres. L'iris est brun noir.

En hiver, le plumage subit peu de modifications, mais s'assombrit aux parties inférieures. Cette description s'applique également aux mâles adultes, aux femelles et aux jeunes, mais ces derniers ont les grivelures moins accentuées.

Ce stercoraire, assez rare, se rencontre accidentellement sur les côtes du nord, de l'ouest, du midi de la France. Il est originaire des îles du Nord de l'Europe, des îles Shetland notamment, où il couve plus spécialement maintenant et où ses nids sont l'objet d'une protection particulière. Mais la destruction des couvées pendant de longues années avait tellement réduit l'espèce du labbe cataracte que, malgré les mesures actuelles de conservation, cet oiseau ne se trouve plus qu'en petit nombre. Il couve en mai et juin, sur le sol, dans la mousse ou la bruyère. Sa ponte est de deux œufs brun-olive foncé, couverts de taches grises plus nombreuses au gros bout où elles forment couronne. Le labbe cataracte attaque tous les oiseaux qui viennent approcher de son nid.

Son cri est : *Skua!* et *egg! egg!*

LE LABBE POMARIN

Stercorarius Pomarinus.
(Vieill.)

Le Labbe pomarin. (*Taille*, 0m.45 *sans les filets de la queue.*)

Le labbe pomarin a été pendant longtemps et est encore quelquefois désigné sous le nom de labbe parasite, par confusion avec le labbe parasite proprement dit. Ce qualificatif de parasite est du reste appliqué couramment à tous les labbes.

Le labbe pomarin est de la taille d'une très forte mouette. Le mâle et la femelle ont la tête plate, noire. Ils possèdent la faculté de redresser les plumes de la nuque.

Le dessus du corps est noir-brun foncé, la queue brune, avec les deux plumes médianes formant des filets contournés qui dépassent les autres plumes de cinq à dix centimètres. Cependant, chez beaucoup d'individus, ces plumes sont cassées ou usées. Le ventre est blanc, les flancs sont tachetés de brun. La poitrine est blanche, comme moirée et présente un ensemble de petites taches brunes sur les côtés. La gorge et le cou sont blanc-jaune. Les ailes sont brunes, le bec, jaune à la base, est noir au crochet.

L'iris est brun. Les pieds longs et largement palmés sont noirs.

C'est là la livrée d'été.

L'hiver, le dessus du corps se couvre de mouchetures cendrées; les taches des parties inférieures se multiplient et viennent couvrir une partie du ventre et de la poitrine. Les jeunes oiseaux sont gris-foncé obscur sur le dessus; la poitrine et le ventre sont gris avec les plumes bordées de roux. Leur aspect est assez sombre.

Le labbe pomarin niche au Nord, sur les îles désertes. Il dépose à terre, dans la mousse, de deux à trois œufs brun-olive foncé, parsemés de taches comme le sont ceux du labbe cataracte.

Le labbe pomarin se rencontre parfois sur nos côtes de l'Atlantique et de la Manche où on le nomme *penmarin*. Les Anglais l'appellent *pomathorine skua*.

LE LABBE PARASITE

Stercorarius Parasiticus.

(C. R. Gray.)

(*Taille, 0^m.40 sans les filets de la queue*)

Le labbe parasite est à peu près de la taille de la mouette rieuse. Il se cantonne dans le Nord plus volontiers que les espèces précédentes et s'aventure moins au Midi.

Le mâle est ordinairement en hiver d'une apparence très sombre. Il est noir foncé, grivelé sur le dessus et noir cendré en dessous du corps.

En été, la poitrine et le ventre deviennent blancs, le cou tourne au jaune-foncé et les rectrices médianes s'allongent notablement.

Le bec et les pieds sont bleuâtres.

La femelle et les jeunes sont bruns, entièrement grivelés de roux-clair.

Le labbe parasite niche au nord, aux îles Orcades, Shetland, Hébrides, en Écosse où on le connaît sous le nom de labbe de Richardson, *Richardson's skua*. Il niche à terre, dans la mousse, et pond, en mai, deux œufs brun-sombre, pointillés de taches qui se réunissent au gros bout pour former une couronne.

Le cri de cet oiseau peut se traduire par les mots : *Mie! auk!*

LE LABBE LONGICAUDE

Stercorarius Longicaudus.

(Briss.)

(*Taille,* 0^m.38 *sans les filets de la queue*)

Le labbe longicaude a été quelquefois confondu avec le labbe parasite, auquel il ressemble comme coloration, mais il est plus petit et les filets de la queue sont deux fois plus longs, atteignant parfois jusqu'à vingt centimètres.

Il fréquente les côtes nord et ouest de la France, où il est de passage régulier.

Son mode de propagation est le même que celui des autres labbes.

En Angleterre on le nomme *Buffon's skua.*

Sous-famille des Lariens

LES GOÉLANDS ET LES MOUETTES

Ce n'est pas derrière un grillage qu'il faut étudier les mœurs des animaux. Vouloir se faire une idée de ce que sont exactement les goélands et les mouettes en observant ces oiseaux en captivité, en les voyant se disputer un morceau de viande douteux ou des restes de poissons corrompus, avec cette âpreté à la curée que donnent seules aux êtres captifs les angoisses de la faim et la résignation à la perte de la liberté, c'est vouloir recueillir des observations aussi fausses que celles que pourrait prendre un étranger, désireux de connaître les habitudes des Parisiens, en allant visiter les prisons de Mazas ou de la Roquette.

C'est pourtant ce qu'ont fait bien des naturalistes auxquels manquaient les renseignements précis. Nos savants modernes se sont prémunis contre ces observations dangereuses, mais le mal était fait et ce qu'on a écrit sur les mouettes, à une époque où l'étude d'après nature n'était pas possible, a encore son contre-coup dans les publications populaires.

On n'a point pris garde, en écrivant sur les mouettes et les goélands des tirades majestueuses qui les représentaient comme des vautours et des corbeaux avides de chair corrompue, que l'aigle lui-même, en captivité, n'est ni plus ni moins répugnant, quand il déchiquette un os avarié, que le goéland qui lui, du moins, a presque toujours soin de laver les débris qu'on lui jette.

Les oiseaux de mer dont je veux parler ont donc été, à mon avis, de tout temps bien méconnus et bien calomniés.

Depuis Buffon, qui avoue n'avoir étudié les goélands et les mouettes que derrière les grilles du jardin du Roi, jusqu'au chasseur fin de siècle qui ne les a entrevus que de loin, du bord de la grève, sans même penser à affronter, à mer basse, leur habitat fangeux et sans oser risquer sa vie, à mer haute, dans un canot peu confortable, tous, jusqu'à ce jour, n'ont eu pour les mouettes et les goélands qu'expressions de mépris : voraces, voleurs, lâches, corbeaux de la mer, vautours de l'Océan, ce sont les qualificatifs les plus modérés que j'aie entendu appliquer à ces malheureux palmipèdes.

Je voudrais réhabiliter ces beaux oiseaux et démontrer que leurs mœurs n'ont rien de répugnant, que l'étude de leurs variétés présente quelque intérêt.

Rendons-nous donc sur une plage. La mer baisse, le sable, les lagunes vaseuses, les galets se découvrent peu à peu et se dessèchent avec ce bruissement particulier qui semble animer encore les endroits que naguère le flot emplissait de vie et de mouvement.

En se retirant, la mer n'oublie pas les créatures ailées qui ne vivent que de ce qu'elle leur abandonne et chaque marée sert aux oiseaux un somptueux festin.

Arrivant du large, apparaissent tout à coup des bandes innombrables de goélands et de mouettes qui viennent se poser bruyamment sur le bord du flot qui semble reculer devant elles.

Ce ne sont pas seulement des détritus ou des cadavres de poissons que viennent chercher ces oiseaux de mer, ils préfèrent de beaucoup les petites proies vivantes qui se débattent sur la vase, dans les galets ou sur le sable. Demandez plutôt aux pêcheurs dont ils dévalisent les « ains », hameçons attachés à une petite ligne maintenue sur le sable par un piquet.

Mais, toujours la légende! Les vautours ne peuvent manger que de la chair morte, et comme les goélands sont les vautours de l'Océan, ils doivent se repaître de débris!

Les goélands et les mouettes ne sont ni les vautours de l'Océan, ni les corbeaux de la mer.

Ils se nourrissent comme bien d'autres oiseaux, et quand ils peuvent choisir, ils dédaignent les détritus.

Puis, ont-ils l'air vraiment de corbeaux ou de vautours?

Leur manteau gris-perle, leur poitrine d'un blanc éclatant, l'élégance de leurs formes, ne permettent-ils pas de s'insurger contre cette appellation fantaisiste.

Ce sont des oiseaux stupides, dit-on, on les tue à coups de bâton! Essayez, et, au lieu de bâton, munissez-vous d'un bon fusil, vous reconnaîtrez facilement que les goélands et les mouettes, sur nos rivages, sont farouches et abandonnent plutôt leur proie que le soin de leur conservation.

Je veux bien qu'après les ouragans quelques-uns harassés, fatigués par le vent se laissent appréhender, mais en temps ordinaire, ce n'est pas la même chose. Et cette sauvagerie est raisonnée. Dans les ports de mer, dans l'intérieur des villes, sur les bassins où ils se savent en sûreté, ces oiseaux sont presque familiers; au bord de la mer, sur les rives désertes, au contraire, ils comprennent que leur sauvegarde c'est la fuite et ils fuient juste à temps pour éviter les coups du chasseur qui les poursuit. En effet, alors que les autres oiseaux s'envolent instinctivement à la vue de l'homme, les goélands, eux, ne s'enlèvent que quand ils pensent qu'il y aurait vraiment danger à demeurer.

Pour les tirer, il faut ou les surprendre ou les tromper. On les surprend à marée baissante, en se couvrant du talus formé par les galets ou des déclivités du terrain; à mer basse, on les trompe, soit en tournant autour d'eux, sans avoir l'air de les voir, soit en faisant des allées et venues qui leur permettent de croire que vous avez autre chose en vue. C'est surtout le regard du chasseur qu'ils observent. Leur œil est toujours rivé au sien et si on les fixe un instant, à n'importe quelle distance, ils s'enlèvent. En mer ils sont moins défiants; habitués à voir les barques de pêcheurs et les navires à voiles, ils passent souvent à portée.

Pour tirer les mouettes et les goélands, je crois qu'il est préférable d'employer le gros plomb. Je me sers toujours du n° 2 de Paris.

Ils reviennent toujours « bavoler » au-dessus des leurs blessés ou morts. Je ne crois pas que ce soit, comme on le dit, dans l'intention de les achever ou de les dévorer. J'ai constamment vu les goélands, après quelques circonvolutions, finir par s'éloigner. J'ai même laissé des oiseaux sur place pendant assez longtemps sans me découvrir, jamais je n'ai observé que leurs congénères les aient attaqués. Il en est autrement entre oiseaux blessés en même temps. Ils se battent alors quelquefois.

Mettant à profit cette habitude qu'ont les goélands et les mouettes de venir reconnaître leurs congénères on peut se servir d'appelants pour les attirer à portée. On attache devant un affût disposé sur la grève une mouette privée. Quand un goéland ou une mouette passe au large, on tire le fil qui retient la captive. Elle ouvre les ailes et ses évolutions attirent l'attention de l'oiseau qui vient alors tournoyer à portée.

La chasse des goélands et des mouettes, quand il n'y a pas d'autre gibier en vue, permet, à mon avis, de passer quelques heures d'une façon agréable.

Je trouve à cette chasse un double intérêt :

Sur les grèves les goélands et les mouettes sont très difficiles à approcher. J'ai dit qu'il fallait ruser pour les tirer, et, quand le succès a couronné vos tentatives, vous avez la satisfaction de la difficulté vaincue.

D'un autre côté, l'étude des variétés de ces oiseaux est très intéressante, il est agréable de comparer et de distinguer les différentes espèces qui croisent sur nos côtes. La chasse au bord de la mer demande plus d'endurance que la chasse en plaine. Elle offre aussi plus d'imprévu et c'est l'imprévu qui passionne le chasseur de Sauvagine.

Un dernier mot pour terminer : Sur la foi de personnes qui n'ont jamais vu de goélands et de mouettes ailleurs que dans les livres ou dans les jardins où on les tient en captivité et qui d'après des renseignements erronés ont écrit que les goélands et les mouettes étaient immangeables, on en est généralement arrivé à se persuader que ces oiseaux ne sont pas comestibles. C'est encore là une exagération.

Certes, loin de moi la pensée de comparer, au point de vue culinaire, le goéland ou la mouette à la bécasse ou au faisan !

Mais de là à affirmer, comme l'ont fait Buffon et bien d'autres après lui, *qu'on n'en saurait pas goûter sans vomir si, avant de les manger, on ne les avait exposés à l'air, pendus par les pattes, la tête en bas, pendant quelques jours, afin que l'huile ou la graisse de baleine sorte de leur corps et que le grand air leur ôte le mauvais goût,* » il y a une nuance! J'ai mangé souvent du goéland, je n'ai jamais ressenti les inconvénients annoncés, ce qui aurait pu m'arriver, toutefois, si j'avais pris la précaution indiquée de laisser, en été, les oiseaux suspendus pendant plusieurs jours en plein air, opération qui aurait peut-être été de nature à donner à la chair ainsi exposée un tout autre goût que celui d'huile de baleine !

Les goélands n'ont pas, du reste, l'occasion de se nourrir souvent de l'huile des cétacés dans nos parages. J'ai cependant vu deux baleines échouées sur les côtes du Calvados mais j'ai remarqué que les oiseaux de mer n'y avaient pas touché.

Je n'aurais pas été chercher aussi loin la citation qui précède si elle n'avait été, par plusieurs auteurs, considérée comme lettre d'évangile.

Cette croyance que les goélands ne sont pas comestibles est tellement enracinée chez beaucoup de gens que j'ai vu des personnes n'en ayant jamais goûté déclarer qu'elles ne le feraient jamais. J'ai dû pour les convaincre leur en faire servir sous un autre nom, elles ont trouvé le plat, sinon excellent, du moins supportable. Plusieurs m'ont même demandé de leur envoyer des goélands quand j'aurais l'occasion d'en tirer.

En réalité c'est la sauce qui fait manger ces oiseaux. Préparés comme les macreuses, écorchés et en civet, les jeunes grisards valent mieux qu'un mauvais poulet.

Si toutefois vous vous ne pouvez vaincre votre répugnance, ne jetez point les oiseaux que vous aurez tirés, donnez-les aux pêcheurs. Vous ferez la charité et vous n'aurez pas inutilement semé la mort autour de vous.

Les savants n'admettent pas la distinction entre les goélands et les mouettes.

Pour eux il n'y a que des goélands.

Il paraît en effet que, parmi les lariens qui habitent les pays étrangers, il y a des espèces qui servent de lien entre les goélands et les mouettes. J'ai cependant maintenu la division. Nous n'avons en France, comme espèce de transition entre les goélands et les mouettes, que le goéland à pieds bleus ou goéland cendré. En Normandie, les chasseurs font trois distinctions. Les grands goélands sont appelés des *margas*. Ils se reconnaissent à l'état adulte, à leur volume, à la couleur claire de leurs yeux, à la force de leur bec. Les jeunes sont toujours grivelés et désignés sous le nom de *grisards*. Ils ont les yeux noirs.

Le goéland à pieds bleus est appelé *margadon*. Il a les yeux noirs à tous les âges comme les mouettes, mais son bec tient le milieu entre celui des goélands et celui de ces dernières. Cet oiseau forme l'espèce de transition.

Les mouettes appelées aussi *mauves*, sont reconnaissables à leurs yeux noirs étroitement cerclés d'un iris brun sombre à tous les âges, à leur taille inférieure à celle des goélands et à leur bec fin et mince. Toutes, sauf la mouette tridactyle, ont, au temps des amours, la tête couverte d'un capuchon de couleur foncée.

Quelques espèces sont sédentaires en France, les autres sont de passage, mais demeurent sur nos côtes une partie de l'hiver.

Ainsi que je l'ai indiqué, les mouettes et les goélands ne plongent pas et trouvent leur subsistance soit à la surface des flots, soit sur les grèves.

Leur vol est tantôt lent, tantôt rapide; il peut leur permettre de parcourir neuf cents mètres par minute; cinquante-quatre kilomètres à l'heure.

LA PAGOPHILE BLANCHE

Pagophila Eburnea.

(Kaup.)

(*Taille, 0ᵐ.45 environ*)

La pagophile n'est point classée parmi les goélands proprement dits. Elle forme un genre à part.

Elle est de la taille d'une forte mouette.

Toute blanche, d'où son nom anglais *ivory gull*, ou goéland d'ivoire, elle a sur les dessous du corps une teinte rosée qui disparaît après la mort.

Le bec est très court, jaunâtre avec la pointe rouge. Les pieds ont les palmures *très échancrées* et sont noirs. L'iris est brun.

Les jeunes sont grivelées de grisâtre sur les parties supérieures.

Ce goéland est connu aussi sous le nom de *sénateur* et de *mouette blanche.*

Il est rare en France, et se cantonne au nord de l'Europe où il niche.

Il pond deux ou trois œufs d'un gris verdâtre très tachetés.

LE GOÉLAND BOURGMESTRE

Larus glaucus.

(Brünn.)

(*Taille*, 0^m.69 à 0^m.72)

C'est le plus grand des goélands.

En été, il a la tête et le cou blancs, l'iris jaune, glauque, le bec jaune-citron avec une tache rouge à l'angle de la mandibule inférieure.

Le dessus du corps est gris-cendré-bleuâtre, très clair, les couvertures des ailes sont de la même couleur. Le reste du corps, queue et grandes pennes des ailes comprises est blanc pur. La queue n'est pas échancrée. Les pieds sont couleur chair pâle.

En hiver la tête et le cou se flamment de brun.

Les jeunes sont entièrement grivelés de brun sur fond blanc et leur iris est noirâtre.

On appelle aussi ce goéland, *goéland à manteau gris*. Les Anglais le nomment *glaucus gull*.

Il est rare et se cantonne au Nord. Il paraît qu'il pond dans les rochers deux ou trois œufs jaunâtres, tachetés.

Il ressemble au goéland argenté, mais est plus grand et a l'extrémité des ailes blanche au lieu de l'avoir noire.

Je ne me souviens avoir tué que deux de ces oiseaux : Un, isolé sur un banc de sable, dont j'ai conservé longtemps les ailes à cause de leur envergure considérable et le bec que je possède encore ; un autre, en même temps que trois goélands à pieds jaunes, des jeunes connus sous le nom de grisards et que j'ai abattus du même coup de fusil dans une bande.

Je n'en ai pas tiré depuis. Ceux que j'ai tués étaient incontestablement des vieux.

Leur envergure atteignait deux mètres, alors que celle du goéland à manteau bleu ou argenté dépasse rarement un mètre soixante-dix.

LE GOÉLAND LEUCOPTÈRE

Larus Leucopterus.

(Ferber.)

(*Taille, 0^m.55 environ*)

Le goéland leucoptère ou à ailes blanches ressemble au précédent mais il est plus petit et a le bec plus court. Il est à peu près de la taille du goéland à pieds jaunes.

Sa tête et son cou, en été, sont blancs; le dessus du corps est gris cendré bleuâtre, presque blanc, les ailes sont de même couleur aux couvertures, complètement blanches à l'extrémité.

La queue est blanche et non échancrée.

Le bec est court, jaune, avec une tache rouge à l'angle de la mandibule inférieure.

Les pieds sont jaunâtres, l'iris est jaune d'or. L'hiver, la tête et le cou se couvrent de grivelures brunes. Les jeunes sont entièrement tachetés de brun mais leurs grivelures sont comme lavées surtout à leurs parties inférieures. Ils ont l'aspect plutôt blanc-sale. Leurs pieds sont livides, leur iris brun-noir.

J'en ai tué quelques-uns à l'embouchure de la Seine. Ce goéland est appelé aussi goéland d'Islande, *Iceland gull* par les Anglais.

Il est originaire de ce pays, des îles Feroë et du Groënland.

Il y niche et pond de deux à trois œufs roux-foncé très tachetés.

LE GOÉLAND A MANTEAU NOIR

Larus Marinus.

(Linn.)

Le Goéland à manteau noir. (*Taille*, 0ᵐ.37)

Le goéland à manteau noir, connu aussi sous le nom de *goéland marin*, *goéland à ailes de velours*, appelé *tartane* en Normandie sur les côtes du Calvados, *greater black backed gull* en Angleterre, est, avec le bourgmestre, le plus grand des goélands. Il atteint la taille d'une petite oie.

En été, le mâle et la femelle ont la tête et le cou d'un blanc pur, le dessus du corps est noir-velouté. La queue est blanche, non échancrée; tout le corps en dessous est blanc. Les ailes sont noires, avec du blanc à l'extrémité des grandes pennes, sauf à celles formant la pointe de l'aile.

Le bec est jaune, avec une tache rouge à l'angle de la mandibule inférieure. L'iris est blanc jaunâtre, le regard fier, cruel même. Les paupières sont rouges, les pieds de couleur chair-pâle bleutée.

En hiver, quelques traits bruns viennent strier le blanc de la tête et des dessous du corps.

Les jeunes sont grivelés de brun sur fond blanc sale; leurs yeux sont noirs, leur bec est de la même couleur. Ce sont ces goélands en livrée de jeune âge et les jeunes goélands à pieds jaunes qu'on désigne sur nos côtes sous le nom de *grisards* et dont quelques auteurs cynégétiques ont, comme les naturalistes anciens, fait une espèce distincte. Les *grisards* sont simplement les goélands à manteau noir ou à pieds jaunes qui n'ont pas atteint l'âge adulte. Le goéland à manteau noir niche, en mai et juin, en Écosse, en Angleterre, en France, dans les rochers et sur les landes. Il fait un nid avec des brins d'herbes, sur le sol et y dépose deux ou trois œufs d'un gris-verdâtre ou jaunâtre, très pointillés.

Ce goéland est très commun sur nos côtes, sous sa livrée de jeune âge, en août, septembre, octobre et en hiver.

Les jeunes femelles sont en majorité.

Les adultes sont plus rares; cette particularité trouve son explication dans ce fait que les goélands à manteau noir ne revêtent leur livrée d'adultes qu'à l'âge de trois ans.

Les jeunes sont assez farouches mais très curieux. En rusant, on peut les tirer à portée. Les vieux sont plus sauvages. J'en ai cependant tué quelques-uns en terrain plat, en tournant autour d'eux.

Ils reviennent avec beaucoup de persistance tournoyer autour des blessés.

Quand deux de ces oiseaux ont été blessés en même temps,

ils se battent et se font même des blessures dangereuses. Au mois de novembre dernier, j'avais, en deux coups de fusil, cassé l'aile à deux goélands à manteau noir, en livrée de jeune âge mais d'une taille supérieure à la taille ordinaire. Tombés l'un à côté de l'autre, presque à mes pieds, ils s'attaquèrent violemment et le plus gros reçut même sous l'aile un coup de bec qui le fit expirer presque aussitôt. En mourant, il rendit par le bec une *limande* plus large que la main et qu'il avait avalée entière. Comme ce goéland était d'une grosseur remarquable, je l'ai envoyé à un de mes amis qui l'a fait naturaliser.

Les goélands à manteau noir semblent appeler le coup de fusil. Quand ils sont levés, narquois, ils reviennent tournoyer autour du chasseur, en poussant cet éclat de rire moqueur : *Qua! qua! qua!* qui est leur cri habituel quand ils volent.

Au repos, ils ont un autre cri stupide qu'ils émettent en allongeant le cou comme des coqs et qui est horriblement criard et désagréable. Le meilleur moyen d'approcher ces oiseaux à portée c'est de feindre de ne pas les remarquer. Habitués à voir les pêcheurs inoffensifs pour eux, toujours penchés vers la terre, ils ne se défient pas de ceux qui regardent le sol.

Se baisser sur le sable, regarder de côté, c'est ce qu'il faut faire quand on voit un goéland venir majestueusement au-devant de soi. Combien de fois en ai-je vu passer au-dessus de ma tête quand je leur tournais le dos! Posés, ces oiseaux suivent, non vos mouvements, mais la direction de vos yeux. N'ayez jamais l'air de les regarder, ils se laisseront approcher. Ce que je viens de dire s'applique à tous les goélands.

LE GOÉLAND A PIEDS JAUNES OU GOÉLAND BRUN

Larus Fuscus.
(Linn.)

Le Goéland à pieds jaunes, mâle adulte. (*Taille*, 0ᵐ.50 à 0ᵐ.55)

Ce goéland est souvent désigné sons le nom de *goéland brun*. Or, cette appellation crée souvent une confusion. On a décrit plusieurs fois, comme l'avait fait Buffon du reste, le labbe cataracte sous ce nom de goéland brun. Je préfère donc le nom de goéland à pieds jaunes.

Le mâle adulte, en été, n'a pas, en effet, une seule plume de couleur brune.

Il a la tête et le cou blancs, le dessus du corps noir cendré, ardoisé, mais très foncé. La queue est blanche, non échancrée.

Tous les dessous du corps sont blancs, les ailes sont de la couleur du manteau mais elles sont, vers l'épaule, à la jointure, blanches, ainsi que le représente notre gravure. L'extrémité de leurs pennes est largement marquée de blanc, c'est ce qui forme les taches blanches qui varient le bas du manteau. Le bec est jaune citron, avec l'angle de la mandibule inférieure

Le Goéland à pieds jaunes, jeune femelle. (*Taille*, 0^m.49 à 0^m.55)

rouge-vif. Les paupières sont rouge-orangé, l'iris est jaune-clair. Les pieds sont jaunes.

En somme, ce goéland ressemble au goéland à manteau noir mais il est plus petit, le noir de son dos est plus terne, plus ardoisé, il a plus de blanc à l'épaule, des taches rondes blanches à l'extrémité des grandes pennes et des pieds jaunes, au lieu de les avoir, comme le goéland à manteau noir, de couleur chair livide.

En hiver, la tête et le cou se flamment de brun. Les jeunes

sont grivelés de blanc sur fond brun en dessus, de brun sur fond blanc sale en dessous. Ce sont des *grisards*, plus petits que les jeunes goélands à manteau noir, avec la même coloration mais plus sombres en dessus et avec des pieds jaunâtres. Leur bec est noir, l'iris brun-foncé presque noir.

Ce goéland est assez commun sur nos côtes, il passe en mai, disparaît des rivages où il ne niche pas pendant les mois de mai et de juin et revient en juillet et en août pour rester une partie de l'hiver occupé à rayonner sur une large étendue de plages.

Il niche en France et en Angleterre sur les rochers déserts ou dans les landes. Il fait un nid avec de mauvaises herbes et des plantes marines desséchées, il y dépose deux à trois œufs roussâtres ou grisâtres, parsemés de taches rondes noirâtres.

Ce goéland porte aussi le nom de *petite tartane, aile-de-velours*, les jeunes sont appelés *grisards, gros gris, margas gris, poules de mer*.

Les Anglais appellent le goéland à pieds jaunes petit goéland à manteau noir : *lesser black backed gull.*

Le cri de cet oiseau est : *Ah! ah! ah!* Il prononce ces mots sur un ton moqueur.

LE GOÉLAND A MANTEAU BLEU OU ARGENTÉ

Larus argentatus

(Brünn.)

Le goéland à manteau bleu, mâle adulte, en hiver. (*Taille*, 0^m.60 à 0^m.65)

De taille intermédiaire entre les deux espèces dont nous venons de parler, c'est-à-dire plus gros qu'un canard sauvage, le goéland à manteau bleu ou goéland argenté a, en été, la tête et le cou d'un blanc pur. Le bec est jaune, avec l'angle de la mandibule inférieure rouge-vif. L'iris est jaune-clair et donne à l'oiseau le regard de l'oiseau de proie.

Le manteau est bleu-cendré-clair, la queue blanche. Tous les dessous du corps sont blancs.

Les ailes sont pareilles au manteau, avec les grandes pennes noires, liserées et quelquefois tachetées de blanc.

Les pieds sont couleur chair-livide ou jaune pur, cette dernière couleur s'observant cependant plus rarement.

En hiver, ainsi que le représente la gravure, la tête et le cou se couvrent de lignes brunes.

Les jeunes, comme ceux des espèces précédentes, sont entièrement grivelés de brun et de blanc, mais ils sont plus clairs, ont l'aspect plus blanchâtre et leur dos prend rapidement une teinte bleuâtre.

Le goéland à manteau bleu adulte est un des plus jolis de la famille.

La délicatesse de ton de son manteau mauve, la blancheur immaculée de son plastron, lui donnent un air de propreté et de coquetterie que ne dépare pas la fierté du regard qui tient de celui du rapace.

Ce goéland est très agressif; quand il est blessé il se défend avec plus d'acharnement que les autres oiseaux de mer.

Il est un terrible destructeur d'œufs. Dans les pays où il niche il devient un véritable fléau pour les oiseaux qui couvent dans son voisinage.

Il se reproduit dans le nord de l'Europe, en Angleterre, en France, sur les côtes de la Manche et de l'Océan. Il pond, soit à terre dans le gazon, soit dans les anfractuosités des rochers inaccessibles, deux ou trois œufs brun-olive ou brun-roussâtre tachetés.

Il se rencontre sur toutes nos côtes de France, au nord, à l'ouest et sur la Méditerranée où il descend en hiver.

On lui donne les noms de *gros margas, miaulard, goéland à manteau gris, grande mauve*. Les Anglais le nomment *herring-gull* on *goéland du hareng*.

Son cri est : *Hiaue! hiaue! hiaue!* c'est le cri qu'il profère en volant. Son cri d'alarme est : *Ki iok!* très sifflé d'abord et traînant à la dernière syllabe.

LE GOÉLAND RAILLEUR

Larus gelastes.

(Lichst.)

(*Taille*, 0ᵐ.45)

Il ne faut pas confondre cet oiseau avec la mouette rieuse. Tous les goélands et les mouettes sont plus ou moins susceptibles de se voir appliquer ce qualificatif de rieurs ou railleurs.

Ce goéland a été appelé aussi *mouette à bec grêle*, les Anglais le nomment *slender billed gull*.

Il a en effet le bec assez long, mince et tout rouge.

Plus petit que les goélands dont nous avons parlé précédemment, il a la tête et le cou blancs.

Son manteau est bleu cendré, sa queue blanche; tous les dessous du corps sont d'un blanc teinté de rose.

Les ailes sont de la même couleur que le dos, avec les grandes pennes variées de blanc et de noir.

Les pieds sont rouges.

Les jeunes n'ont pas de rose à la poitrine, leur queue est barrée de brun et leur bec et leurs pieds sont plus foncés que ceux des adultes.

Ce goéland appartient au Midi, à la Méditerranée principalement. Il couve souvent en France, dans les marais de la Provence.

On ne le voit pas dans le Nord.

LE GOÉLAND CENDRÉ OU GOÉLAND A PIEDS BLEUS

Larus Canus.

(Linn.)

Le Goéland à pieds bleus (jeune âge). (*Taille*, 0ᵐ.46)

Pour les naturalistes savants, il n'y a que des goélands. Les mouettes ne forment pas pour eux un genre particulier. Elles sont classées parmi les goélands, mais en Normandie, nous autres chasseurs, naturalistes d'occasion, si je puis m'exprimer ainsi, nous avons créé trois genres de *Lariens*. Nous faisons une distinction entre les goélands proprement dits ou *margas;* les petits goélands ou *margadons;* et les mouettes ou petites *mauves*.

Le goéland cendré fait la transition et est désigné sur nos côtes de Normandie sous le nom de *margadon;* sur celles de Picardie sous celui de *grande miaule*.

LE GOÉLAND CENDRÉ OU GOÉLAND A PIEDS BLEUS.

Sa taille tient le milieu entre celle des goélands et celle des mouettes. Son bec se raproche de celui des premiers, ses yeux sont noirs comme ceux des mouettes à tous les âges.

En été, les adultes ont la tête et le cou blancs, le manteau gris bleuâtre très clair, mauve pâle.

La queue est blanche.

Le dessous du corps est blanc, les ailes sont pareilles au manteau avec les grandes pennes noirâtres marquées de blanc.

Les paupières sont rouges, le bec assez fort est jaune avec l'intérieur orangé. Les pieds sont teintés de bleu. L'œil est noir, avec l'iris brun.

En hiver, les pieds deviennent entièrement bleus, le bec prend une teinte de la même couleur. La tête et le cou se couvrent de taches noirâtres.

Les jeunes ont la tête et le cou grivelés de brun. Leur dos est brun, moucheté de roux-clair, avec du blanc grisâtre aux épaules, la queue est blanche, noire au bout. Le ventre est blanc, la poitrine et la gorge sont blanches, légèrement mouchetées de brun ou sans taches. Les ailes sont, aux couvertures, variées de brun et de blanc, les grandes pennes sont noires, avec des ronds blancs à la pointe. Le bec est noir, les pieds jaunâtres.

C'est un jeune oiseau que représente la gravure.

Ce goéland niche au nord de l'Europe, de l'Angleterre et de l'Écosse, quelquefois en France, en mai et juin.

Il pond deux à quatre œufs d'un blanc plus ou moins jaunâtre ou verdâtre, très tachetés, il les dépose dans un nid aménagé sur le sol avec du gazon et des détritus d'herbes rejetés par la mer.

Cet oiseau est le goéland commun, le *common gull* et *common sea-mew* des Anglais. Il reste une partie de l'hiver sur nos côtes où il arrive en août.

LA MOUETTE TRIDACTYLE

Larus Tridactylus.

(Linn.)

La Mouette tridactyle (jeune âge). (*Taille*, 0ᵐ.40)

Avec cet oiseau nous arrivons aux mouettes proprement dites.

La mouette tridactyle ou mouette à trois doigts se distingue de ses congénères en ce que le pouce n'existe chez elle qu'à l'état très rudimentaire.

Le mâle et la femelle, en été, ont la tête et le cou blancs, le bec noir, quelquefois jaunâtre avec l'intérieur rouge-orange. L'iris est noir.

Le dos est bleu-cendré, la queue blanche, le ventre et la poitrine sont blanc-pur, les ailes bleu-cendré aux couvertures, avec les grandes pennes variées de noir et de blanc à leur extrémité.

Les pieds, dont le pouce est à peu près nul, sont noir-vert ou d'un verdâtre sale.

En hiver, la nuque et le cou deviennent gris-cendré, quelques traits bruns apparaissent sur la tête.

Les jeunes ont le dos bleu-cendré avec les plumes bordées de brun.

Les ailes sont également bleu-cendré, brunes aux épaules, noires aux grandes pennes.

La queue est blanche, noire à son extrémité.

Cette mouette niche, en mai et juin, en Angleterre, en Écosse aux *Farne Islands*. Elle établit son nid, très bien tapissé d'herbes, sur les anfractuosités des rochers inaccessibles, et dans les crevasses des falaises. Elle pond de deux à quatre œufs brun-clair ou couleur de pierre, tachetés de gris.

Elle a le vol très vif et très droit.

Son cri est : *Kitt! ée!* et *guette! éoué!* Les Anglais l'ont traduit par les mots *get — away*, et ont donné à l'oiseau le nom de *kittiwake*.

Extrêmement gracieuse, cette mouette visite toutes les côtes du nord, de l'ouest et du midi de la France pendant le printemps, l'automne et l'hiver.

Les jeunes mouettes tridactyles, appelées petites mauves et petites mouettes cendrées, se mêlent aux bandes de jeunes mouettes rieuses et comme elles rayonnent sur les grèves, mais avec plus de vivacité dans les mouvements et avec un vol plus rapide.

LA MOUETTE ATRICILLE

Larus atricilla.

(Linn.)

(Taille, 0^m.40)

Cette mouette a été longtemps confondue avec la mouette rieuse.

A première vue elle lui ressemble en effet.

Mais, au vol, ses ailes semblent bien plus noires que celles de la mouette rieuse qui paraissent toutes blanches.

On a, du reste, rarement l'occasion de faire la confusion, car cette mouette est assez peu répandue en France.

En été, elle a la tête et le cou couverts d'un capuchon noir; le dos est gris-brun, la queue blanche. Les dessous sont blancs, nuancés de rose. Les ailes sont gris-brun, avec les grandes pennes noires. Le bec et les pieds sont rouge-brun, les pieds parfois noirâtres.

En hiver, la tête et le cou deviennent blancs, avec quelques taches grises devant les yeux.

Le dessus du cou est noirâtre, le manteau brun-gris clair, les dessous sont blancs, les ailes sont grises aux couvertures, noires aux grandes pennes.

Les jeunes oiseaux sont grivelés, sur le dessus du corps, de grisâtre et de brun. La queue est brunâtre, la poitrine et la gorge sont brun-clair. Leur ventre est blanc, les ailes sont grivelées comme le manteau aux couvertures, noires à leur extrémité, le bec est noir, les pieds sont rougeâtres.

Cette mouette niche dans l'Amérique du nord, où, paraît-il, elle pond trois œufs d'un blanc sale, tachetés de brun.

Elle semble rare en Europe, cependant, il peut se faire qu'on la confonde quelquefois avec la mouette rieuse.

LA MOUETTE RIEUSE

Larus Ridibundus.

(Linn.)

Mouettes rieuses, livrée d'été à droite, plumage d'hiver à gauche. (*Taille*, 0ᵐ.40)

C'est une des mouettes les plus répandues en France.

En été, le mâle et la femelle adultes ont la tête couverte d'un capuchon noir, quelquefois brun, qui descend sur le haut du cou, le bec est rouge, l'iris brun-noir. Le bas du cou est blanc, le dessus du dos gris-cendré bleuâtre très clair. La queue est blanche, le dessous du corps blanc, un peu rosé, les ailes sont cendré-bleuâtre très clair à leurs couvertures, blanches à l'extrémité, avec une légère ligne noirâtre sur le bord des plumes ; les pieds sont rouges.

L'hiver, le capuchon disparaît, la tête et le cou deviennent blancs, avec quelques taches noirâtres. La gravure représente, à droite, un mâle en plumage d'été, à gauche, un mâle en plumage d'hiver.

Les jeunes ont la tête et le cou blancs, avec quelques taches brunes, le bec est décoloré et a la pointe noire. Le dos est brunâtre, irrégulièrement varié de roux blanchâtre. La queue est blanche et brune, les dessous sont blancs, quelquefois lavés de brun à la poitrine. Les ailes sont brunes, maculées de blanc roussâtre aux couvertures, blanches et noires aux grandes pennes, le blanc y dominant.

Les pieds sont jaunâtres.

Cette mouette niche en avril et mai, quelquefois en France, mais plus souvent dans les îles désertes du nord de l'Écosse et des côtes anglaises. Elle fait un nid à terre, le tapisse d'herbes sèches et y dépose deux ou trois œufs de teintes très variées, grisâtres, roussâtres ou olivâtres, très tachetés et se confondant avec la couleur du sol ou de la mousse qui les entourent.

La mouette rieuse est appelée en France *miaule, mouette à capuchon*, en Normandie on nomme les adultes en livrée d'été des *étaillets*, par confusion avec les hirondelles de mer, en Picardie on leur donne celui de *poverets*. Les Anglais désignent cette mouette sous le nom de *black headed-gull* ou mouette à tête noire.

Elle est très commune sur toutes nos côtes du nord, de l'ouest et du midi.

Elle fréquente également les fleuves et les étangs de l'intérieur.

Les jeunes mouettes rieuses arrivent dans nos parages nord et ouest de très bonne heure et y séjournent pendant un certain temps. Quand elles ont adopté un canton elles y restent sans jamais beaucoup s'en écarter.

A marée basse, elles affectionnent les endroits de la plage où une dépression a formé une lagune vaseuse. C'est dans la vase molle qu'elles paraissent chercher de préférence leur nourriture, mais avec quelle précaution pour ne point souiller la blancheur de leur jabot ! Elles vont et viennent d'un vol moëlleux et lent au dessus de cet espace fangeux, se posant à peine un instant, effleurant le plus souvent le sol pour s'élever ensuite et reprendre leur course capricieuse. A marée haute, elles n'abandonnent pas la contrée, elles suivent le bord de la plage et croisent dans les airs jusqu'à ce que la mer en se retirant leur permette de recommencer leurs gracieuses évolutions au-dessus de la grève abandonnée par les flots.

Je ne connais rien de plus charmant que les jeunes mouettes rieuses. Leurs yeux noirs et doux, leur bec fin et élégant, de longueur voulue à raison de la grosseur de la tête, l'harmonie de leurs formes de dimensions bien proportionnées, m'ont toujours séduit.

Comparez le corps de la mouette à celui du pigeon et jugez : l'élégance de la première ne saurait être méconnue, la mouette a les pattes assez élevées, le pigeon est bas sur ses appuis, il est trapu, elle est élancée !

Ces mouettes ne sont que plumes et bien qu'elles paraissent atteindre la taille d'un ramier elles sont loin d'avoir le même poids. Elles ne pèsent rien. Toujours maigres, elles ne sont qu'ailes et duvet. Les adultes, avec leur capuchon me paraissent moins séduisants, mais à leur passage ils m'amusent. Quand ils viennent de prendre cette livrée qui semble les gêner et que plusieurs couples s'abattent sur la grève, j'ai toujours, malgré moi, pensé à une noce, à une bande de jeunes fous. Se bousculant en riant, se posant à peine au même endroit, pressées de retourner aux endroits où elles nichent, les mouettes rieuses, à leur premier passage, m'ont paru ne faire qu'une halte sur nos côtes. Leur cri, qui à l'automne n'est pas trop criard, est, au printemps assez désagréable. Je puis traduire le premier par ces mots : *Kèque! kèque!* le second par *Krie! kriie!*

LA MOUETTE MÉLANOCÉPHALE

Larus melanocephalus.

(Natterer.)

La Mouette mélanocéphale. (Taille, 0ᵐ.44)

Plus grande que la mouette rieuse, elle lui ressemble à première vue.

Elle a, en été, la tête et le cou noirs, l'iris brun-foncé, le bec rouge avec une bande noire à la mandibule inférieure vers la pointe.

Le manteau est cendré *très clair;* tout le reste, rémiges comprises, est blanc.

Elle a l'air, de loin, complètement blanche, avec la tête et le cou seulement d'un beau noir.

En hiver ces deux parties deviennent entièrement blanches.

Les jeunes ont la tête et le cou grivelés et, comme chez toutes les jeunes mouettes, leur dos est varié de brun et de blanc. Leurs ailes ont l'extrémité noire et la queue est terminée par une bande de cette dernière couleur.

Cette mouette, qu'on confond souvent avec la mouette rieuse, se tient de préférence dans les contrées méridionales.

J'en ai cependant tué, sur les côtes du Calvados, il y a quelques années, une qui faisait partie d'une petite bande de trois individus.

Mais elle est rare au nord; la Méditerranée, l'Adriatique, et le sud-est paraissant être ses stations préférées. Elle visite pourtant Arcachon et le littoral du sud-ouest de la France.

Son cri ressemble à celui des hirondelles de mer : *Krie! krie! krie! Pirre! pirre!*

Elle couve au sud-est de l'Europe deux ou trois œufs semblables à ceux de la mouette rieuse.

Les Anglais la nomment : *adriatic gull*.

LA MOUETTE PYGMÉE

Larus Minutus.

(Pall.)

La Mouette pygmée (jeune âge). (*Taille*, 0ᵐ,28)

La plus petite des mouettes. Elle n'atteint pas la taille de la tourterelle.

En été, elle a un capuchon noir, couvrant la tête et le cou. L'iris est noir, le bec rouge obscur.

Le dos est bleu-cendré clair, la queue blanche, les dessous sont blanc-rose.

Les ailes sont bleu-cendré aux couvertures et aux grandes pennes qui sont terminées de blanc. Les pieds sont rouges.

En hiver, la tête et le cou deviennent blancs tachetés de noir.

Les jeunes ont la tête noire, grivelée de blanc, le dos gris-cendré, tacheté de noir, les dessous blancs, les ailes blanches avec les couvertures très largement tachées de noir.

LA MOUETTE PYGMÉE.

Cette petite mouette, appelée *little gull* en anglais, est assez rare en France. Elle ne fait au Nord que des apparitions. Elle se reproduit au sud-est de l'Europe, dans les marais et sur les bords de la mer. Elle pond, paraît-il, trois œufs semblables comme couleur à ceux des autres mouettes.

LA MOUETTE DE SABINE

Larus Sabinei.

(Leach.)

La Mouette de Sabine. (*Taille*, 0m.36)

Toutes les mouettes dont nous venons de parler, sauf la mouette tridactyle qui a la queue légèrement échancrée, ont cette partie du corps égale; la mouette de Sabine l'a fourchue.

Elle est un peu plus petite que la mouette rieuse, elle a la taille de la tourterelle, avec laquelle elle a, surtout dans le jeune âge, une grande ressemblance.

En été, la mouette de Sabine a la tête et le cou de couleur ardoise, avec un collier noir au bas de ce capuchon. L'iris est noir, le bec court, fin et renflé à l'extrémité, noir avec la pointe jaune. Le dos est bleu-cendré aux couvertures, avec les grandes pennes noires, tachetées de blanc.

En automne, la tête devient blanche, mais le collier noir demeure presque en entier.

Les jeunes sont grivelées, mouchetées sur tout le dessus du corps, avec fond gris-foncé. Elles ressemblent un peu comme aspect à une tourterelle sauvage. La poitrine est grisâtre.

Cette mouette est rare, on la rencontre au Midi sur les côtes du sud-ouest de la France.

Les Anglais la nomment *Sabine's gull*.

Sous-famille des Sterniens

LES HIRONDELLES DE MER

Sternes et Guifettes.

Ces oiseaux, créés pour vivre dans les airs, nous offrent une fois de plus l'occasion d'admirer la merveilleuse sagacité qui a présidé à la création de tous les êtres animés.

Comme les hirondelles de mer sont destinées à remplir sur les flots et sur les rivages le rôle assigné sur terre aux hirondelles, comme elles doivent se nourrir de proies vivant dans les airs ou à la surface de la mer, la nature ne leur a strictement accordé que les instruments nécessaires à leur subsistance aérienne : leurs ailes sont puissantes, leur vol rapide, leur taille exiguë, leur queue très longue. Mais, leurs pattes qui ne doivent point les porter à terre, sont petites et courtes, leurs pieds qui ne doivent pas leur servir à nager ne sont que semi-palmés et semblent n'avoir été ajoutés à leur corps que pour compléter l'harmonie de l'ensemble et répondre seulement aux incidents de leur existence qui pourraient, par hasard, soit les contraindre à prendre temporairement un appui sur le sol, soit les amener à se poser momentanément à la surface des flots.

A la taille près, elles ressemblent comme formes générales à de grandes hirondelles, revêtues des couleurs les plus habituelles des oiseaux de mer, le gris-cendré et le blanc; leur vol capricieux et léger, elles l'empruntent à leurs ailes, longues et échancrées.

Mais leur bec est toujours assez long, assez volumineux et très pointu.

Les hirondelles de mer sont des oiseaux sociables. Toujours en troupes, elles ne se séparent même pas de leurs congénères pour couver et l'incubation a lieu en communauté.

Pour le chasseur, les sternes n'offrent que l'intérêt d'un coup de fusil, quelquefois difficile mais stérile, car si la plupart des oiseaux d'eau sont un gibier médiocre, on peut dire que les hirondelles de mer ne sont pas du véritable gibier.

Les sternes sont de tous les oiseaux d'eau ceux qui reviennent avec le plus d'acharnement aux blessés. Quand on a tué une hirondelle de mer, il suffit de la laisser à terre pour tirer à coup sûr tous les individus composant la bande et qui viennent « *bavoler* » sur la pièce gisant sur le sol. En lançant en l'air une sterne abattue, on attire aussi toutes ses congénères à portée des coups de fusil. Le petit plomb s'impose. Les grandes ailes reçoivent toujours un grain qui fait tomber l'oiseau.

Comme il est admis que sur les grèves et en mer on tire tout ce qui vole et comme les sternes font partie de la Sauvagine, nous allons examiner rapidement chacune des variétés de ces oiseaux qui sont divisés en deux genres : les sternes et les guifettes. En Normandie on nomme toutes les hirondelles de mer *étaillets* sans distinction.

LA STERNE TSCHEGRAVA

Sterna Caspia.

(Pall.)

La Sterne Tschegrava. (*Taille*, 0ᵐ,58)

De la taille d'une forte mouette, mais paraissant bien plus longue à cause du développement de ses ailes, la Tschegrava est la plus grande des hirondelles de mer.

Sa taille et la conformation de sa queue permettent de la distinguer facilement de ses congénères : avec la sterne Hansel qui est plus petite, elle est la seule hirondelle de mer qui ait la queue *non fourchue.*

Elle a, en été, tout le dessus de la tête noir-pur, le cou blanc, le dessus du corps bleu-cendré très clair, avec le bas du dos et la queue d'un blanc pur. La queue est plus courte que les ailes et non échancrée. Tous les dessous sont blanc-brillant, les couvertures des ailes sont bleu-cendré clair, les grandes pennes brun-gris clair. Le bec est gros, long, très pointu, rouge avec la pointe noire. La mandibule inférieure est vers son milieu légèrement anguleuse. Les pattes sont assez hautes, les pieds sont très petits, noirs. L'iris est brun-jaunâtre. En hiver le dessus de la tête se couvre de points blancs. Les jeunes ont le manteau tacheté de noir.

Cette hirondelle de mer habite le Midi, les bords de la mer Caspienne, d'où son nom en anglais, *Caspian tern*.

On la rencontre sur la Méditerranée. Elle remonte cependant parfois au nord sur nos côtes de la Manche, au Crotoy et sur les grèves de la Seine-Inférieure.

Elle couve même, paraît-il, en Danemarck, dans les sables, sur le sol. Elle pond deux ou trois œufs jaunâtre-clair très tachetés.

LA STERNE HANSEL

Sterna Anglica.

(Montagu.)

D'une taille un peu inférieure à celle d'une tourterelle, cette hirondelle de mer est caractérisée par la forme de son bec, qui, noir et assez court, rappelle un peu celui des mouettes, ce qui a fait appeler cet oiseau, en Angleterre, Sterne à bec de mouette *gull billed tern*. Comme celle de la Tschegrava, la queue de la sterne Hansel n'est pas fourchue.

La Sterne Hansel. (*Taille*, 0ᵐ.36)

Elle a le dessus de la tête et du cou d'un noir pur, le dessus du corps bleu-cendré clair, la queue non échancrée et blanc-grisâtre.

Tous les dessous sont blancs.

Les ailes sont bleu-cendré aux couvertures; les grandes pennes sont terminées de brun.

L'iris est brun. Les pieds sont noirs, les pattes élevées.

En automne le dessus de la tête se couvre de mouchetures blanches.

Les jeunes ont la tête blanchâtre, avec des taches brunes sur les ailes.

Cette hirondelle de mer est une habitante du Midi. Elle fréquente la mer Noire, le sud de l'Allemagne, la Méditerranée. Elle apparaît cependant quelquefois sur nos côtes nord.

Elle couve dans les régions tempérées et plutôt au sud-est de l'Europe. Elle pond de deux à quatre œufs d'un gris jaunâtre ou verdâtre, tachetés de gris.

LA STERNE CAUJECK

Sterna Cantiaca.

(Gmel.)

La Sterne Caujeck. (*Taille,* 0ᵐ.45)

Cette sterne est d'une grosseur intermédiaire entre celle de la sterne Tschegrava et celle de la sterne Hansel. A l'encontre de ces deux dernières, elle a la queue très fourchue. Son bec est long, fort, noir, avec la pointe rousse.

En été, sa tête est noire. Les plumes de la nuque, de même couleur, s'allongent en pointe et quand l'oiseau les hérisse elles forment une petite huppe. Le cou est blanc, le dessus du corps bleu cendré, le bas du dos blanc, ainsi que la queue qui se sépare en deux fourches très aiguës.

Tous les dessous sont blancs avec une nuance rose à la poitrine. Les ailes sont bleu-cendré aux couvertures, gris-foncé à l'extrémité.

Les pattes sont courtes, les pieds petits, noirs en dessus, jaunes en dessous. L'iris est brun foncé.

En hiver, le front se couvre de blanc.

La sterne caujeck niche au nord, dans les îles désertes, notamment aux *Farne Islands* : Elle couve à terre, dans les pierres, en bandes très nombreuses, en mai et juin.

Sa ponte est de deux ou trois œufs d'un blanc roussâtre, tachetés de points noirâtres, leur couleur se confond avec celle du sol.

On appelle cette sterne en Angleterre *Sandwich tern*.

Elle est commune en France sur nos côtes nord et ouest, principalement aux mois d'août et de septembre.

Toujours en bandes, ces oiseaux sont très criards, leur cri peut se traduire par : *Kir! hit!*

LA STERNE HIRONDELLE OU PIERRE-GARIN

Sterna Hirundo.

(Linn.)

La Sterne Pierre-Garin. (*Taille*, 0m.42)

C'est l'hirondelle de mer vulgaire appelée autrefois *grande hirondelle de mer Pierre-Garin*.

Elle n'est cependant pas la plus grosse, puisque la Tschegrava et la Caujeck ont une taille bien supérieure. Son corps a, à peu près, le volume de celui de la tourterelle.

En été, elle a la tête et le dessus du cou d'un noir pur.

Le bec est très long, fort, pointu, rouge cramoisi, avec la base noire. L'iris est noirâtre.

Le dessus du corps est bleu cendré, la queue blanche, très fourchue, mais plus courte que les ailes. Les dessous du corps sont blancs, moirés de gris argenté. Les ailes sont gris-clair, avec la pointe blanche.

Les pieds, petits, échancrés aux palmures, sont rouges.

En hiver, la tête blanchit.

Les jeunes ont le dos tacheté de brun.

Cette hirondelle de mer fréquente également le Nord et le

Midi. Elle niche quelquefois en France, souvent sur les côtes sud et ouest de l'Angleterre et sur les *Farne Islands*, en mai et juin.

Elle façonne, sur le sol, dans les rochers ou dans les dunes, une sorte de nid qu'elle tapisse avec de l'herbe et du gazon sec et dans lequel elle dépose deux à trois œufs jaunâtres ou verdâtres, très tachetés, dont la couleur s'harmonise avec celle du sol.

Elle quitte les lieux où elle a élevé ses petits en juillet et croise sur nos côtes jusqu'en septembre ou octobre.

Elle repasse en mai.

Son cri est perçant et peut se traduire par le mot : *Pirre!* prononcé d'une façon saccadée. Son vol est semblable à celui de certaines mouettes mais bien plus rapide.

La Pierre-Garin porte aussi en France les noms de *goëlette, petit criard, hirondelle de fleuve, étaillet.*

Les Anglais la nomment *common tern*.

LA STERNE ARCTIQUE

Sterna Paradisea.

(Brünn.)

La Sterne arctique. (*Taille*, 0ᵐ.39)

La sterne arctique est une des plus gracieuses hirondelles de mer. Elle est un peu plus petite que la Pierre-Garin, avec laquelle on l'a souvent confondue.

Mais, ses pattes beaucoup plus courtes, sa queue bien plus longue et son bec plus petit, l'en différencient notablement.

Sa tête est noire, son bec, plus court et plus fin que celui de la Pierre-Garin, est tout rouge. L'iris est brun-noir.

Le cou est blanc, le dessus du corps bleu-cendré; la queue gris-argenté, très longue, très fourchue, se termine par deux pointes en forme d'alène qui dépassent l'extrémité des ailes. Le dessous du corps est blanc-bleuâtre au lieu d'être blanc pur.

Les ailes, très longues et très aiguës, sont entièrement gris-cendré.

Les pattes, extrêmement courtes, font paraître l'oiseau comme porté au ras du sol. Les pieds qui sont très petits sont rouges.

L'hiver la tête se nuance de blanc.

Les jeunes ont des taches brunes sur les ailes.

La sterne arctique niche au nord, dans le golfe de Bothnie et dans les îles des côtes de la Grande-Bretagne, aux *Farne Islands* notamment, en mai et juin.

Elle ne fait pas de nid, elle dépose simplement sur le sable deux ou trois œufs couleur de terre, très tachetés et qui se confondent avec le sol sur lequel ils reposent.

On appelle aussi cette hirondelle de mer *sterne Paradis*. Les Anglais la nomment *arctic tern*.

Son cri est : *Krr! ie!* très traîné.

Elle passe régulièrement en France en mai, août et septembre. Elle fréquente surtout nos côtes nord.

LA STERNE DE DOUGALL

Sterna Dougallii.

(Montagu.)

Plus petite que la Sterne arctique, avec le corps gros comme celui d'une grive, cette hirondelle de mer a la tête et la nuque d'un beau noir, le bec long, fin, noir et rouge, l'iris brun.

La Sterne de Dougall. (*Taille*, 0ᵐ.37)

Le dessus de son corps est blanc-bleuté très clair, la queue, de même couleur, dépassant les ailes, est très longue, fourchue et terminée par deux pointes aiguës.

Le dessous du corps, gorge comprise, est blanc-rosé, les ailes, longues, sont pareilles au manteau, les pattes sont de hauteur normale, les pieds rouge-orangé.

L'hiver la tête est mouchetée de blanc.

La sterne de Dougall, nommé en Angleterre *roseate stern* ou *sterne rosée*, est assez commune en Grande-Bretagne et en France surtout sur les côtes de l'Atlantique.

Elle a le vol moins vif et plus moëlleux que les autres hirondelles de mer.

Son cri est à peu près semblable à celui de la sterne arctique, un : *Krie! ie!* traîné.

Elle niche en mai et juin dans les îles du nord de l'Europe et en France dans les îles de Bretagne.

Elle construit, à terre dans les pierres, un petit nid très-bien fait, caché sous les herbes qui croissent dans les interstices des rochers. Il contient de deux à trois œufs, quelquefois quatre, d'un gris jaune, marqués de gris violet et de taches noires.

Si la sterne arctique est une des plus gracieuses, la sterne Dougall est la plus élégante des hirondelles de mer.

LA STERNE MINULE

Sterna minuta.

(Linn.)

Sterne minule, sterne naine, little stern ou *petite sterne* en anglais, ces noms indiquent clairement que l'oiseau est de dimension exiguë. Cette petite hirondelle de mer est de la

La Sterne minule. (*Taille,* 0m.24)

taille d'une alouette, mais avec une queue et des ailes très longues. Elle a une grosse tête noire, avec tout le front *blanc*. Le bec est long, pointu, fort, jaune, avec du noir vers la pointe. L'iris est noir.

Le dessus du corps est cendré-bleuâtre, la queue fourchue et blanche, les ailes sont gris-bleuâtre, avec les grandes pennes brun-cendré.

Les pattes sont médiocrement hautes, les pieds petits et jaune-orangé.

L'hiver le dessus de la tête blanchit. J'ai vu des sternes minules entièrement blanches.

La sterne naine niche en mai et juin en Hollande, en Angleterre, en France, surtout au midi. Elle pond à terre, sans préparation aucune, de deux à quatre œufs, d'un gris jaunâtre ou verdâtre, pointillés de noir.

Son cri est : *Pirre! pirre!* très criard.

Elle est très répandue en France.

Elle fréquente non seulement les bords de la mer mais aussi les fleuves, les lacs de l'intérieur et les rivières ; on la voit sur l'Orne, la Loire, le Cher, elle est rare à l'embouchure de la Seine.

LA STERNE FULIGINEUSE

Sterna fuliginosa.

(Gmel.)

(*Taille,* 0^m.38)

Ce nom indique suffisamment que cette hirondelle de mer a le plumage très sombre. Son nom anglais, *sooty tern*, est la traduction du nom français.

Le front est blanc, mais tout le dessus du corps est brun-noir, le dessous gris-blanc moiré, rappelant un peu le plumage du grèbe.

La queue est fourchue, noire, avec les bordures blanches; elle est plus courte que les ailes, qui sont noires.

Les jeunes sont brun-noir en dessus, gris en dessous.

Cette hirondelle de mer est rare en France.

LA GUIFETTE FISSIPÈDE

Hydrochelidon fissipes.

(G. R. Gray.)

La Guifette fissipède. (*Taille*, 0^m.25)

Les guifettes se distinguent des sternes en ce qu'elles ont le bec court, mince, un peu courbé, les ailes plus longues que la queue qui est peu fourchue. Les pieds sont peu palmés, ils semblent n'avoir les doigts que frangés.

Le dessous du corps est presque toujours plus foncé que le dessus.

Enfin les guifettes au lieu de nicher à terre sur les plages nichent dans les roseaux des marais.

Trois espèces de guifettes fréquentent les côtes de France.

La plus connue est la guifette fissipède ou épouvantail qu'on ne doit pas confondre cependant avec le petit pétrel.

A peu près de la taille de la sterne naine, elle a en été, la tête et le cou noirs, l'iris noir, le bec de même couleur, avec les commissures rouges, le dessus du corps est gris brun, le bas ventre blanchâtre, les dessous sont noirs, les ailes gris foncé aux couvertures, noires au bout, les pieds rouge-obscur.

En hiver ces teintes deviennent plus claires et tournent au gris.

Les jeunes ont le dos piqueté de blanc, le front est de cette même couleur et leur poitrine blanchâtre.

La guifette fissipède niche dans les marais, au bord des étangs et des rivières. Elle construit un nid avec des roseaux et y dépose trois ou quatre œufs roussâtres ou olivâtres très tachetés.

Elle est très répandue tant sur les côtes du nord que sur celles de l'ouest et du midi de la France, on la nomme sterne ou hirondelle de mer *épouvantail, épouvantail satanite, gachet, guifette noire*, nom qu'on donne aussi à la sterne leucoptère.

Les Anglais la nomment sterne noire, *black tern*.

LA GUIFETTE LEUCOPTÈRE

Hydrochelidon leucoptera.

(Boie.)

La Guifette leucoptère. (*Taille*, 0ᵐ.25)

On la nomme aussi *guifette noire*, appellation qu'on applique aussi à la guifette fissipède et qui a le tort de créer une confusion entre les deux espèces.

Conservons-lui donc le nom de leucoptère qui signifie à ailes blanches et qui a l'avantage de parfaitement caractériser l'oiseau.

Les Anglais lui donnent le même nom dans leur langue, *white ringed tern*, ou hirondelle de mer à ailes blanches.

Tout son corps est noir, mais elle a la queue blanche et les couvertures des ailes blanches variées de gris clair.

L'iris est noir, le bec et les pieds sont rouges.

Les jeunes ont le noir du plumage lavé de blanc.

Cet oiseau niche dans les roseaux et pond trois ou quatre œufs brunâtres très tachetés.

On rencontre la guifette leucoptère plutôt au midi qu'au nord qu'elle visite cependant quelquefois.

LA GUIFETTE HYBRIDE
OU HIRONDELLE DE MER MOUSTAC

Hydrochelidon Hybrida.

(G. R. Gray.)

Cette guifette a le dessus de la tête et celui du cou noirs, le bec rouge et fin, l'iris noir.

Le dessus du corps est gris cendré, la queue, un peu échancrée, est grise bordée de blanc, le ventre est gris, la poitrine gris ardoise, le cou et la gorge sont blanchâtres, les ailes sont gris-cendré, avec l'extrémité brune en dessous, les pieds sont rouges.

La Guifette hybride. (*Taille*, 0m.27)

L'hiver, la tête devient complétement blanche, avec une tache noire derrière l'œil.

Les jeunes ont la tête brune et le dessus du corps brun grivelé de roux, leurs pieds sont couleur chair et leur bec est brun.

L'hirondelle de mer moustac, appelée en Angleterre *whiskered tern* ou *sterne à moustaches* est de la taille de la grive.

Elle se rencontre plus souvent au midi, dans la Camargue, que dans le nord de la France. Elle y couve dans les marais, dans les roseaux où elle construit un nid, elle y dépose trois ou quatre œufs vert-clair, pointillés de noir.

CHAPITRE VI

FAMILLE DES PROCELLARIDÉS

Sous-famille des Procellariens

Les procellaridés comptent parmi leurs représentants le plus grand des oiseaux de mer, l'albatros dont nous ne parlerons point, puisqu'il ne fréquente pas les côtes de France, et le plus petit, le thalassidrome tempête.

Tous les oiseaux qui composent cette famille ont le bec surmonté de petits tuyaux qui forment leurs narines, ce qui sert à les faire distinguer des autres longipennes.

Parmi les espèces françaises, ou du moins visitant plus ou moins régulièrement nos côtes, nous pouvons faire figurer les pétrels, les puffins et les thalassidromes. Tous ces oiseaux voyagent la nuit aussi bien que le jour. Ils sont crépusculaires. Tous se montrent en grand nombre au moment des ouragans, d'où leur nom d'oiseaux des tempêtes plus particulièrement appliqué au petit pétrel.

Les pétrels, puffins et thalassidromes sont de bons voiliers, mais ils ne peuvent supporter les grandes tempêtes qui en détruisent un grand nombre.

Ils ont la singulière habitude, en rasant l'eau, de laisser pendre leurs pattes, ce qui a pu faire croire pendant longtemps qu'ils avaient la faculté de courir sur les flots.

Il se pourrait même que les pétrels dussent leur nom à cette légende. Petrel vient en effet de Petrus ou Pierre en latin, et on sait que saint Pierre aurait un jour pu marcher sur les eaux pour rejoindre sa barque.

Les procellaridés sont divisés en deux sous-familles : les Diomédiens ou albatros et les Procellariens ou pétrels, puffins et thalassidromes. Nous ne nous occuperons que de la dernière.

LES PÉTRELS

Les pétrels proprement dits se distinguent des autres procellaridés par leurs formes plus massives et par leur bec gros, court et surmonté de deux tuyaux bien plus longs que chez les autres espèces.

LE PÉTREL GLACIAL OU FULMAR

Procellaria glacialis.

(Linn.)

Le Pétrel glacial. (*Taille*, 0ᵐ.46)

Le pétrel glacial ou fulmar est de la taille du goéland cendré ou à pieds bleus, soit de celle d'une forte mouette.

Il a, en été, la tête et le cou blancs, le manteau, couvertures des ailes comprises, bleu cendré avec les grandes pennes des ailes brunâtres. La queue est de la même couleur que le manteau et de forme arrondie. Tout le dessous du corps est blanc pur.

L'iris est brun, les pieds, aux doigts très longs et largement palmés, sont jaunâtres.

Le bec, conformé comme celui de tous les pétrels, est court, gros, épais, portant à l'extrémité de la mandibule supérieure un crochet surajouté très recourbé. La mandibule inférieure paraît avoir la pointe enchâssée comme un coin dans la base du bec. Les narines sont formées de deux petits tubes, courbes à l'orifice, dirigés en l'air et surplombant la base supérieure du bec pour s'allonger jusqu'à la moitié de la longueur de cet organe : deux vrais petits canons de pistolet.

Le bec est jaune, les narines sont de couleur orange-rouge.

Le fulmar niche en mai et juin au Nord, dans les îles de l'Écosse, aux *Farne-Islands*.

Son nid, formé d'herbes sèches, de plantes marines desséchées, est aménagé dans un petit trou ou une petite excavation insuffisante pour cacher l'oiseau en entier.

Il ne contient qu'un œuf blanc.

Ce pétrel porte le nom de *fulmar* en Angleterre et en France.

Il est plus commun sur les côtes de la Grande-Bretagne que dans nos contrées, où cependant on le rencontre au large.

LE PÉTREL DU CAP OU PÉTREL DAMIER

Procellaria Capensis.

(Linn.)

(*Taille,* 0^m.35).

Ce pétrel a la tête noirâtre, le dos varié de taches plus ou moins carrées, noires et blanches, d'où son nom de damier.

La queue est blanche et noire, le dessous du corps blanc. Les couvertures des ailes sont blanches, tachetées de noir; les grandes pennes sont noires à l'extrémité, blanches à la base.

Le bec, semblable comme forme à celui du fulmar, est noir.

L'iris et les pieds sont également de cette dernière couleur.

La dénomination de pétrel du Cap, donnée à cet oiseau, indique assez qu'il est un habitant des régions australes. Il n'a été rencontré en France que d'une façon très accidentelle.

Il en est de même pour une troisième espèce de pétrel nommé *pétrel Hasite.* Cet oiseau a les dessus noirâtres et les dessous blancs.

Les marins le nomment *le diable.* Il aurait été, paraît-il, rencontré aux environs de Dieppe, de Boulogne et sur les côtes anglaises.

LES PUFFINS

Les puffins se distinguent des pétrels par la forme de leur bec qui est beaucoup plus long et plus fin, par celle de leurs narines qui sont composées de deux tubes bien moins longs, enfin par leur coloration toujours très foncée sur le dessus du corps et d'un blanc pur ou ondé de roussâtre à reflets, comme celui du plumage des grèbes en dessous.

LE PUFFIN MAJEUR

Puffinus major.

(Faber.)

(*Taille*, 0m.62)

Le puffin majeur est de forte taille. Il est de la grosseur d'un grand goéland.

En été, il a la tête et le haut du cou noirs, le bas du cou blanc, le dos noir, grivelé de gris, blanchâtre vers le bas, la queue noire, le dessous du corps blanc argenté, rappelant un peu le plumage du grèbe, avec les flancs tachetés de brun. Les ailes sont noires, variées de blanc aux couvertures, noires à l'extrémité.

L'iris est brun, les pieds sont longs, très palmés et grisâtres, le bec est noir beaucoup plus long et plus fin que celui des pétrels, sa mandibule inférieure est terminée en pointe et les narines, disposées aussi en tubes, sont plus courtes que celles des pétrels dont nous avons parlé.

En hiver et chez les jeunes oiseaux, le dos devient plus noir, les ailes restent variées de gris et de brun noir.

Ce puffin est originaire du Nord, de l'Islande. Il se montre quelquefois au large des côtes anglaises et françaises, notamment de celles de Bretagne.

Les Anglais le nomment *great shearwater* ce qui veut dire : *grand coupeur* ou *tondeur d'eau*, probablement à cause de l'habitude qu'ont les puffins de raser la surface des flots.

LE PUFFIN CENDRÉ

Puffinus cinereus.

(Degland.)

(*Taille,* 0ᵐ.50)

Le puffin cendré fréquente de préférence la Méditerranée, aussi les Anglais l'ont-ils nommé *Mediterranean shearwater*.

On le trouve sur nos côtes du midi et en Corse.

Il paraît cependant qu'il remonte quelquefois au nord.

Il est de la taille d'une grosse mouette.

Tous ses dessus sont noirs et bruns, ses dessous blancs; le bec et les pieds sont jaunes.

Il niche au Midi et pond sur les rochers un seul œuf blanc.

LE PUFFIN DE MANX OU DES ANGLAIS

Puffinus Anglorum.

(Boie.)

(*Taille*, 0ᵐ.45)

Cet oiseau a le dessus du corps, tête comprise, brun-noir ; le ventre et la poitrine sont d'un blanc argenté et moiré avec des lignes noirâtres vers la gorge.

Le bec est brun, les pieds sont jaunes.

Ce puffin niche au nord, aux îles Féroë, de Farn, dans toutes les îles anglaises et écossaises, en mai et juin.

Il creuse un trou, une espèce de terrier, dans les falaises, ou se contente d'une crevasse de rocher. Il ne pond qu'un œuf blanc.

On le rencontre assez fréquemment sur nos côtes de la Manche et de l'Ouest.

Les Anglais le nomment *Manx shearwater*.

LE PUFFIN YELKOUAN

Puffinus yelkouan.

(Bp.)

Le Puffin Yelkouan. (*Taille*, 0ᵐ,31)

Il est plus petit qu'une tourterelle et bien moins long.

La tête est noire à son sommet, blanche vers la gorge; le dos est noir-brun luisant, le dessous du corps blanc, les pieds sont jaunâtres, le bec est long, assez fin, brunâtre en dessus, blanc en dessous, l'iris est clair.

Ce puffin habite la Méditerranée et la mer Noire.

L'individu dont nous donnons la figure fait partie de la collection du Muséum de Paris et a été tué sur la Méditerranée.

LE PUFFIN FULIGINEUX

Puffinus Fuliginosus.

(Strickland.)

(*Taille*, 0ᵐ.45)

Ce puffin, ainsi que l'indique son nom français, est d'un plumage sombre.

De la taille d'une grosse mouette, il a tous les dessus brun-foncé, les dessous gris-ardoisé, son plumage rappelle un peu celui de la poule d'eau.

Les pattes sont brunes et les pieds noirs ou couleur chair; le bec est verdâtre, plus court que celui des autres puffins.

Cet oiseau niche quelquefois dans les îles du nord de la Grande-Bretagne et pond un œuf blanc marqué de brun.

Il descend parfois sur nos côtes de la Manche. En Angleterre on le nomme *sooty shearwater*.

LES THALASSIDROMES.

On aurait peut-être pu appeler les Thalassidromes hirondelles de mer. Plus que les sternes ces oiseaux ont l'apparence de véritables hirondelles. La taille, la coloration se rapprochent de celles de nos hirondelles terrestres.

Mais leurs habitudes sont bien différentes et si les hirondelles sont à juste titre considérées comme les messagères des beaux jours, les thalassidromes ou petits pétrels peuvent passer pour les indicateurs de la tempête et des orages.

Oiseaux singuliers qui suivent les ouragans et que les ouragans dévorent. Ils ne peuvent supporter les grands vents et viennent sur les côtes et autour des navires chercher un abri contre les fureurs des éléments.

Ils voyagent la nuit aussi bien que le jour et si on doit se méfier des légendes, il ne faut pas non plus les repousser de parti pris. On a dit que les petits pétrels étaient des oiseaux de nuit. Cette assertion a été démentie. Je serais cependant disposé à croire que, comme les pétrels, les thalassidromes peuvent parfaitement voyager pendant l'obscurité. En effet, une nuit que j'étais dans un gabion au bord de la mer, mon compagnon tua vers minuit un oiseau qu'il me rapporta avec une terreur superstitieuse : une hirondelle aux pieds palmés, qui nageait sur la mare au milieu des appelants ! Le brave homme était disposé à croire qu'il avait occis le diable en personne ! Je le détrompai, et lui appris que l'oiseau qu'il avait tué et que j'avais du reste déjà pu observer, était l'oiseau des tempêtes, si redouté, mais si respecté cependant des marins parce qu'il leur annonce le mauvais temps, en venant en troupes serrées, entourer leur navire à l'approche des ouragans : le petit pétrel ou épouvantail, sombre avant-coureur de la tempête, sinistre précurseur du naufrage et de la mort !

LE THALASSIDROME TEMPÊTE

Thalassidroma Pelagica.

(Selby.)

Appelé en France *oiseau des tempêtes, épouvantail* comme la guifette, nommé *storm petrel* ou *petrel de tempête* par les Anglais, c'est ce petit palmipède, à peine gros comme une hirondelle, qui a valu aux pétrels leur réputation.

Le Thalassidrome tempête. (*Taille*, 0^m.16)

Il a la tête et le dessus du corps d'un brun noir, la queue blanche à la base, noire à l'extrémité, égale, non échancrée, ne dépassant pas les ailes.

Tout le dessous du corps est noir de suie, légèrement ardoisé, le bas ventre est blanchâtre, les ailes sont noires avec une sorte de miroir oblique blanc-grisâtre.

L'iris est noir, le bec noir et crochu, les narines paraissent ne former qu'un seul tuyau, au lieu de se séparer en double tube.

Les pattes sont de moyenne hauteur, les pieds sont noirs et bien palmés.

Cet oiseau couve, paraît-il, quelquefois en Bretagne et sur les îles de la Méditerranée, mais il se cantonne aussi en

Irlande et ne semble pas nicher ailleurs en Grande-Bretagne.

Il fait plusieurs pontes en mai, juillet et septembre, mais chaque fois il ne pond qu'un œuf blanc tacheté de rougeâtre.

Il le dépose sur la terre nue, au fond d'un trou dans les rochers.

C'est le plus répandu des Thalassidromes, il fréquente à la fois la Manche, l'Océan, la Méditerranée.

Il vit en société et, comme ses congénères, se montre surtout au moment des ouragans.

LE THALASSIDROME DE WILSON

Thalassidroma oceanica.

(Schinz.)

(*Taille*, 0ᵐ.17)

Semblable comme formes, coloration et taille au précédent, quoique un peu plus gros, ayant comme lui la queue non fourchue, ce thalassidrome s'en distingue par la hauteur de ses jambes qui sont fort longues. Les pieds sont noirs avec les palmures jaunes.

Il couve aux Antilles et pond un œuf blanc, tacheté de rougeâtre, qu'il dépose dans un trou de rocher.

Il fréquente surtout les côtes de l'Amérique, mais visite les nôtres de temps en temps.

On l'appelle aussi *oiseau de tempête*, *thalassidrome océanien*, les Anglais le nomment *Wilson's petrel*.

LE THALASSIDROME CUL-BLANC OU DE LEACH

Thalassidroma leucorhoa.

(Degland.)

(*Taille*, 0^m.20)

De la taille du merle, cet oiseau a la tête grisâtre, le dos brun, la queue fourchue, contrairement à ce qui existe chez les espèces précédentes, et de couleur blanche à la base, brune aux pointes.

Le bas ventre est blanchâtre, les dessous du corps sont gris ardoise, les ailes brunes, avec un miroir grisâtre.

Le bec est noir, ainsi que les pieds. Les pattes sont de hauteur moyenne.

Ce thalassidrome niche en juin aux îles Hébrides dans des trous de rochers, il tapisse son nid de gazon et pond un œuf blanc, tacheté de rougeâtre et couvert d'une sorte de couche de chaux.

Son cri est : *Pirre! ouit!*

Les Anglais le nomment *Leach's fork tailed petrel* c'est-à-dire pétrel de Leach, à queue fourchue.

Il fréquente la Manche, l'Océan, la Méditerranée, où on le nomme *Pétrel Lach*, par corruption de son véritable nom.

LE THALASSIDROME DE BULWER

Thalassidroma Bulweri.

(Bp.)

(Taille 0m.30)

Infiniment plus rare que les précédents, ce thalassidrome est beaucoup plus gros. Il est de la taille d'une tourterelle, entièrement noir et gris ardoise sans blanc. Il a la queue fourchue et les pattes de hauteur moyenne.

Il niche à l'île Madère et aux Canaries et ne pond qu'un œuf blanc.

Il s'égare rarement en France.

GROUPE DES TOTIPALMES

CHAPITRE VII

FAMILLE DES PÉLECANIDÉS

Les Totipalmes sont remarquables par leurs doigts qui sont tous palmés, le pouce compris.

Ce pouce, par la disposition des palmures, au lieu d'être directement opposé aux autres doigts, paraît se diriger en avant. Les pattes sont situées de façon à permettre à l'oiseau de marcher à terre.

Les Totipalmes sont représentés en France par les fous, les cormorans et les frégates.

Les cormorans sont de beaucoup les plus communs sur nos rivages et à l'embouchure de nos fleuves.

Sous-famille des Pélécaniens

LES FOUS ET LES CORMORANS

LE FOU DE BASSAN

Sula Bassana.

(Briss.)

Le Fou de Bassan. (*Taille*, 0^m.89)

Le nom de fous a été donné à ces oiseaux par les navigateurs auxquels ils viennent parfois se livrer eux-mêmes. Inconscients, pour ainsi dire, de la présence de l'homme sur les navires, ils se posent, en pleine mer, sur les vergues, sur le pont même des bâtiments de long cours et comme, une fois posés, la longueur de leurs ailes les empêche de s'enlever facilement, ils se laissent prendre sans pouvoir opposer une bien grande résistance.

Leur apparente étourderie leur a donc fait donner par les marins français le nom de fous, par les matelots anglais celui de *boobies* qui signifie nigauds. Le nom exact du fou en Angleterre est *gannet*.

J'ai été témoin, du reste, de la persistance avec laquelle ces oiseaux suivent parfois les navires. Un jour que je me rendais en Angleterre, un fou vint planer sur le steamer faisant le service de Calais à Douvres. Il nous accompagna pendant toute la traversée, ne s'élevant jamais à plus de cent mètres au-dessus du pont. L'approche des côtes lui fit reprendre le large.

Les fous de Bassan qui tirent leur qualification de leur ancien pays d'origine, l'île de Bass ou Bassan, dans le golfe d'Édimbourg, couvent en mai et juin, en Irlande, en Écosse et dans les îles des côtes du nord de l'Angleterre; les Farne-Islands sont pour eux un pays de prédilection.

Leur nid, tapissé de varech, de gazon et de mousse, est situé sur les anfractuosités et les pentes des rochers ou des précipices. Il contient deux œufs de couleur blanchâtre.

Ces oiseaux sont, en apparence, de la taille de l'oie sauvage, mais leur corps est plus allongé et leur poids souvent inférieur à celui de l'oie. Leur envergure est considérable.

Ils sont entièrement blancs, à l'exception des grandes pennes de l'aile qui sont noires et du derrière de la tête qui est jaunâtre.

Les jeunes sont bruns, grivelés de blanc.

Le bec, très fort, est verdâtre. Les yeux, qui sont blancs ou d'un jaune clair, sont entourés d'une peau bleuâtre qui rejoint la base du bec.

Ils ont les quatre doigts réunis par une même membrane comme tous les totipalmes.

C'est en mer qu'on peut surtout espérer rencontrer à portée un fou de Bassan et on en tue tous les ans quelques-uns sur le littoral de la Manche et de l'Océan. Cependant, par les grands vents, ces oiseaux se rapprochent des côtes et offrent quelquefois au chasseur de grèves l'occasion d'enrichir sa collection d'une pièce fort belle et très enviée.

Les fous de Bassan, quoique grands voiliers, ne peuvent résister aux violents ouragans.

M. de Perpigna, qui a beaucoup chassé sur le littoral du sud-ouest de la France, m'a assuré qu'après les tempêtes on trouve souvent sur les plages des fous de Bassan harassés de fatigue et qui se laissent prendre sans peine.

Le cri du fou rappelle celui de l'oie.

Sa chair, qui sent le musc, n'est pas fameuse, cependant elle est servie parfois à Paris dans des restaurants à bon marché, car j'ai vu des fous pompeusement exposés à l'étalage de plusieurs de ces établissements où on a dû les offrir aux consommateurs comme gibier de mer. A mon avis le fou de Bassan fait meilleure figure dans un parc ou dans une collection que sur la table (1).

---

(1) Autrefois en Écosse on faisait une grande consommation de jeunes fous de Bassan qu'on nommait alors « *Soland geese* ».

LES CORMORANS

Qui voudrait régaler le diable, lui faudrait bièvre ou cormoran. C'est un vieux dicton.

Le cormoran est en effet un piètre gibier.

Vivant, il répand une odeur infecte; sa chair cuite n'est pas fameuse. J'ai connu des marins qui n'en voulaient pas goûter. Cependant les jeunes cormorans sont mangeables.

Ces oiseaux sont assez recherchés à cause de la difficulté qu'on éprouve à pouvoir les approcher et les tirer à portée.

Le mot cormoran, s'écrivait, paraît-il, autrefois, *cormarin* ce qui signifiait *corbeau marin*. L'assimilation était inexacte comme l'est aussi la désignation scientifique de l'oiseau : *Phalacrocorax* ou corbeau chauve.

Les cormorans sont des pêcheurs émérites, bien qu'ils ne puissent tenir longtemps la mer; leurs immersions sont assez courtes, et, de temps à autre, ils sont obligés de se poser, soit sur les rochers, soit sur les bancs pour se secouer, car, contrairement à ce qui se passe chez les autres oiseaux plongeurs, leurs plumes ne sont pas imperméables et finissent par se mouiller, mais ils ont soin de se tenir toujours éloignés des endroits accessibles à l'homme et il est fort rare d'en surprendre un à portée. Je n'ai jamais pu en approcher que deux : un qui se tenait sur des « martouses » grandes plaques de tourbe échancrées par les eaux de la mer et que j'ai surpris en me couvrant des galets du rivage et un autre qui s'était aventuré à l'embouchure d'une petite rivière où il se trouvait en contrebas de la berge.

Par les gros temps, les cormorans s'approchent quelquefois du bord de la plage et paraissent même affectionner les endroits où les lames déferlent avec le plus de violence.

J'ai passé de longs moments, par les temps de grand vent, à observer des cormorans se jouer dans les vagues. Secouant leur torpeur habituelle, ils paraissaient attendre les fortes lames pour se précipiter le cou en avant dans leur volute et reparaître sur leur crête, portant haut la tête, la tournant dans toutes les directions, comme s'ils étaient fiers de leur audace.

Dans ces conditions, ils entrecoupent leurs immersions de vols fort courts et se replongent ensuite dans l'écume.

Les autres plongeurs, au contraire, craignent le grand vent et s'éloignent des côtes quand le temps est mauvais. J'ai déjà indiqué que cette différence doit provenir de ce que les cormorans peuvent se mouvoir à terre avec plus de facilité que les autres oiseaux dont les pattes sont situées très à l'arrière du corps et qui craignent d'être jetés sur la rive. Les cormorans se tiennent dans une position moins verticale que les autres plongeurs et ils marchent, lourdement il est vrai, mais d'une façon soutenue.

En bateau, il est assez difficile de les atteindre.

Les cormorans se cantonnent pendant quelque temps dans certaines contrées, surtout à l'embouchure des fleuves. Ils vont et viennent alors pendant toute la durée de la haute mer et font de longues traites au vol qu'ils ont rasant quoique très soutenu. A marée basse, ils se posent sur les bancs où ils ressemblent de loin à de grands corbeaux, n'interrompant leur immobilité que pour lustrer leurs plumes ou étendre leurs ailes.

Les pêcheurs prennent quelquefois des cormorans dans les filets qu'ils disposent pour le poisson.

On sait que les cormorans ont la singulière faculté, comme les harles et les plongeons, de nager la tête et le cou seuls hors de l'eau. Ils se perchent assez fréquemment.

Ils peuvent être dressés pour la pêche. Les Chinois les ont depuis longtemps employés comme auxiliaires et en France, quelques amateurs entretiennent dans le même but des cormorans ordinaires, soigneusement dressés, dont ils font, suivant l'expression pittoresque du plus habile et du plus sympathique d'entre eux, le plus merveilleux de tous les engins de pêche.

Trois espèces de cormorans visitent la France plus ou moins assidûment.

LE CORMORAN ORDINAIRE

Phalacrocorax Carbo
(*Leach.*)

Le cormoran ordinaire est un grand oiseau à l'aspect sombre et qui mesure plus de deux pieds de longueur totale.

Sa tête et son cou sont d'un noir vert à reflets métalliques, avec, au printemps seulement, des plumes effilées, striant de blanc le fond verdâtre des parties supérieures. Les plumes de la tête sont allongées et forment

Le Cormoran ordinaire. (Taille, 0^m.80)

une sorte de huppe tombante. Le cou est chiné, grivelé de blanc sur noir. Le dos est bronze-cuivré, tacheté de noir.

Le ventre et la poitrine sont noirs avec des reflets verts et bleus. La gorge est blanche, le bec long, fort, terminé par un crochet acéré, est garni en dessus d'une membrane jaunâtre, dégarnie de plumes et qui va rejoindre le hausse-col blanc. Les joues et le tour des yeux sont dénudés et de couleur verdâtre. Les ailes sont noirâtres, les pieds, aux quatre doigts réunis par une même membrane, sont noirs. L'iris est vert très clair.

La femelle et les jeunes sont grivelés de noir sur fond brun-clair, comme la cane sauvage.

Ce cormoran, appelé aussi *cropêcherot* en France et *cormorant* en Angleterre, niche en avril, mai et juin, sur presque toutes nos côtes de la Manche et de l'Océan, sur celles de l'Écosse, et dans les îles des côtes anglaises.

Son nid est situé sur le bord des rochers, le plus souvent dans le voisinage de la mer, mais quelquefois dans l'intérieur des îles et plus rarement dans les arbres. Il est large, tapissé de plantes marines, d'herbes sèches, de brindilles de bois mort, et contient de trois à six œufs, d'un bleu vert, recouverts d'une épaisse couche de chaux rugueuse et blanche.

C'est ce cormoran qui est le plus connu en France.

LE CORMORAN HUPPÉ

Phalacrocorax cristatus

(Steph.)

(Taille, 0ᵐ.55 à 0ᵐ.60)

Ce cormoran, plus petit que le précédent, est entièrement noir-vert-bronzé, avec les couvertures des ailes portant une bande d'un noir pur.

Il n'a pas de col blanc, mais seulement une membrane jaunâtre sous le bec.

Sa tête est surmontée d'une huppe bien dessinée, d'où son nom de cormoran huppé, *crested cormorant* en anglais.

Son bec est plus fin et aussi long que celui du cormoran ordinaire.

Il ne porte sa huppe qu'en mars et avril. En mai elle disparaît.

Les jeunes sont grivelés de blanc sur fond sombre.

Le cormoran huppé est plus commun dans le Midi qu'au Nord. Cependant on le rencontre quelquefois sur les côtes de la Manche et de l'Océan. Il niche même dans les îles qui garnissent ces régions et pond deux ou trois œufs semblables à ceux de son congénère le cormoran ordinaire, mais plus petits.

LE CORMORAN PYGMÉE

Phalacrocorax Pygmœus.

(Dumont.)

(*Taille*, 0^m.50)

Ce cormoran, appelé aussi *petit cormoran*, le *pygmy cormorant* des Anglais, est plus petit que le canard. Il est rare au nord et se cantonne plus volontiers au sud-est de l'Europe. Il est d'un noir vert à reflets cuivrés, avec un toupet de plumes effilées et des grivelures blanches à la tête et au cou.

La membrane qui entoure le bec et les yeux est noire, le bec court, l'iris bleuâtre-foncé.

A l'automne, les grivelures de la tête et du cou disparaissent.

Il paraît que ce cormoran couve au sud-est de l'Europe et que ses œufs, plus petits, ressemblent comme coloration à ceux des autres cormorans.

Sous-famille des Frégatiens

LA FRÉGATE MARINE

Fregata Marina

(Barrère.)

(*Taille*, 1 mètre.)

Faut-il mentionner la frégate parmi les oiseaux qui peuvent être considérés comme faisant partie de la Sauvagine de France ? Je ne le pense pas. Mais comme je me souviens avoir entendu dire qu'une frégate avait été tuée aux environs de Cherbourg il y a quelques années et comme je ne veux pas être accusé d'être volontairement incomplet, je dirai seulement que ce grand oiseau, qui mesure un mètre de l'extrémité du bec à celle de la queue et dont l'envergure atteint 3 mètres cinquante et même 4 mètres, est entièrement noir, avec une plaque dénudée sous la gorge de couleur rouge sanglant. Le bec est de la même teinte, long et droit, avec un crochet très recourbé à sa pointe. La queue est longue et fourchue. Les pattes sont courtes, les pieds, dont les quatre doigts sont réunis par une membrane, sont semi-palmés et de couleur rouge-foncé.

La frégate ne quitte jamais les océans.

Elle peut voler nuit et jour pendant cent-soixante-huit heures consécutives, ainsi qu'il résulte d'une observation faite récemment.

Les chasseurs des côtes de France auront certainement peu de chances de rencontrer ce grand voilier qui est un habitant des tropiques.

CHAPITRE VIII

OISEAUX DIVERS

Il ne faudrait pas croire que sur les marais, la mer et les rivières, on ne rencontre absolument que les espèces faisant partie de la Sauvagine. On peut, dans ces endroits privilégiés, trouver tous les oiseaux; certains d'entre eux, qui font partie de ceux classés comme oiseaux de plaine ou de bois, y viennent même faire des apparitions régulières. Je n'étudierai pas tous ces volatiles. Il me faudrait recommencer un ouvrage complet.

Les Rapaces fréquentent tous les marais, la buse, le balbuzard, les faucons, les milans, le pygargue même, car j'en ai rencontré un à l'embouchure de la Seine, ne dédaignent pas de faire des incursions sur les marécages et sur les grèves.

Les oiseaux de nuit, surtout les moyens ducs et les hibous, passent souvent leur journée dans les roseaux. Ils cèdent leur place, le soir, à des bandes innombrables d'étourneaux.

Les corneilles ordinaires et les corneilles à manteau infestent les plages et les marais.

La huppe elle-même, dont j'ai pu me procurer de beaux échantillons au bord de la mer, les pigeons, les tourterelles, viennent picorer jusque sur le sable ou dans la vase.

Mais tous ces oiseaux ne font point partie de la Sauvagine. Je ne ferai donc que mentionner leur présence sur les marais et les rivages.

Cependant, je m'arrêterai un instant devant deux espèces

qui, si elles ne peuvent prendre place à côté des volatiles que j'ai décrits, méritent cependant une mention particulière, parce que c'est dans les lieux humides et au bord des rivières seulement qu'on rencontre la première, et sur les dunes, au moment de ses passages, qu'on peut espérer trouver la seconde.

Je veux parler du martin-pêcheur et du syrrapte paradoxal :

Au bord des rivières et le long des fossés des marais, le chasseur est parfois surpris par le brusque départ d'un tout petit oiseau qui file droit comme une flèche, en poussant un cri répété : *Ki, ki, ki, ki,* d'une sonorité argentine, et qui va se percher plus loin sur une branche sèche ou un poteau à découvert. Son vol est rapide pour sa taille. Il parcourt 600 mètres par minute, 36 kilomètres à l'heure.

C'est un des oiseaux les plus brillants de nos contrées qui a causé cette surprise : le martin-pêcheur (*Alcedo ispida*). L'alcyon des anciens. Il est à peine de la taille de l'alouette, mais son bec long, droit, fort et robuste le fait paraître un peu plus gros qu'il est réellement.

Son manteau est bleu-tendre à reflets changeants, ses ailes sont bleu-sombre, perlées de bleu-vert-clair, sa tête et le dessus de son cou sont d'un bleu noir tacheté et pointillé de bleu clair. Sa poitrine est jaune-rouge ardent, sa gorge est blanche, ses pattes sont très courtes et ses pieds fort petits ont deux des doigts réunis, ce qui leur donne une apparence singulière.

Les Anglais nomment cet oiseau *king fisher*, ou roi-pêcheur, tant il est vrai que les brillantes couleurs du costume évoquent toujours une idée de supériorité.

Triste roi, toutefois, qui niche au bord des eaux, dans les trous des arbres ou dans ceux creusés par les rats le long des rives.

On le rencontre sur les bords des rivières, des ruisseaux et des fossés remplis d'eau.

Il reste en France pendant l'été et l'hiver mais paraît changer souvent de résidence.

Durant les neiges, il descend aux marais, ce qui m'a permis de faire un jour, par un froid épouvantable, un coup de fusil assez rare : deux martins-pêcheurs partirent tout à coup devant moi, l'un suivant l'autre, je les tuai tous deux du même coup ; on ne doit pas tirer les martins-pêcheurs, mais j'étais jeune, et une jolie bouche avait prononcé l'arrêt de mort de mes deux victimes en insinuant devant moi, la veille, que ces oiseaux ornent fort gracieusement un chapeau de jeune fille.

Le martin-pêcheur est très farouche mais son vol est droit, ce qui permettrait facilement de le tuer si, comme gibier, il valait le coup de fusil et si sa gentillesse ne lui faisait trouver grâce auprès de tous les chasseurs.

Je ne serais pas complet si je ne signalais encore le passage intermittent, et combien intermittent ! sur nos côtes de la Manche et de l'Océan d'un oiseau bien extraordinaire, puisque les savants lui ont donné le nom de syrrapte paradoxal (*Syrraptes paradoxus*). Cet oiseau, qui n'est autre que la poule des steppes, est originaire de la Chine et de la Mongolie. Bien que n'ayant aucun droit à figurer parmi la Sauvagine, le syrrapte paraît chez nous surtout sur les dunes ou les grèves, vers le mois de juin.

Mais il ne faut pas croire que ses apparitions concordent avec celles des autres migrateurs qui nous visitent tous les ans à la même époque.

Le syrrapte lui, ne nous arrive que tous les vingt-cinq ans ! On l'avait rencontré en 1863. Il avait quitté nos contrées avec l'hiver et on avait oublié jusqu'à son existence quand en 1888 un nouveau passage de syrraptes fut signalé sur les côtes de l'Océan, d'abord, de la Manche ensuite.

Plusieurs bandes se fixèrent dans les dunes et y couvèrent.

L'hiver emmena toutes les familles et nous ne reverrons, paraît-il, leurs descendants que dans seize ans.

Aussi, si en 1913, il vous arrive de tuer sur les rivages un oiseau de la taille d'un pigeon, à large envergure, aux ailes et à la queue terminées par de longues plumes effilées, de couleur généralement isabelle coupée de traits noirs, au plastron entouré d'un collier noir et blanc, au bec très court et très fin, aux pattes courtes, dont les trois doigts sont couverts de poils fauves, vous aurez tué un syrrapte paradoxal.

CONCLUSION

J'ai terminé l'étude très rapide des divers oiseaux qui composent la Sauvagine en France. Je ne crois pas avoir laissé de côté beaucoup des espèces qui doivent figurer dans ce groupe si important, mais dont la composition est absolument conventionnelle. En effet, l'expression de sauvagine veut bien dire l'ensemble des oiseaux de mer, de rivière et de marais, mais elle doit être limitée, en ce qui concerne les chasseurs, aux oiseaux considérés comme gibier.

Bien des auteurs, assurément plus compétents que je puis l'être, ont écrit sur les chasses de marais et de mer des ouvrages avec lesquels celui que je livre à la publicité ne peut rivaliser, mais je ne crois pas que, jusqu'à présent, on ait jamais pensé sérieusement à faire concorder des études pratiques avec celles de l'ornithologie proprement dite.

Ainsi que je l'ai annoncé en commençant je n'ai voulu entreprendre ni une étude purement didactique ni un traité de chasse.

Mon désir a été d'écrire une histoire naturelle de la sauvagine à l'usage des chasseurs.

Puissent les lecteurs de ce modeste ouvrage savoir gré à l'auteur de leur avoir épargné des recherches scientifiques toujours assez arides et d'avoir essayé de leur permettre de comparer leurs observations personnelles avec les études des naturalistes qui, seuls, sont à même de décrire et de classifier d'une façon exacte les variétés infinies des êtres que la nature a répandus à profusion à la surface de la Terre.

Admirer la création, c'est rendre hommage au Créateur! Et quel autre sentiment que celui d'une admiration sans bornes peut nous inspirer la constatation de la sagacité merveilleuse qui a présidé à la répartition raisonnée des attributs de chacun des oiseaux dont nous venons d'étudier la structure et les mœurs? Quels hommages ne devons-nous point, nous autres chasseurs, à Celui qui a su prévenir nos désirs, pourvoir à nos besoins, nous offrir la variété et l'imprévu et nous donner les moyens de satisfaire notre passion pour la chasse, le plus noble, le plus sain et le plus moral de tous les délassements de l'homme!

TABLE ALPHABÉTIQUE

DES NOMS D'OISEAUX FIGURANT DANS CE VOLUME

A

	Pages.
Actiture Rousset	233
Aigrette blanche	81
Aigrette garzette	83
Avocette	242

B

Barge à queue noire ou grande Barge	178
Barge rousse	181
Barge de Téreck	184
Bécasse	156
Les Bécassines	157
Bécassine double	159
Bécassine ordinaire	164
Bécassine sourde	173
Les Bécasseaux	211
Bécasseau Brunette ou à collier	224
Bécasseau cincle	221
Bécasseau cocorli ou falcinelle	219
Bécasseau minule ou Échasse	231
Bécasseau Platyrhynque	227
Bécasseau de Temminck	229
Bécasseau violet ou Maubèche maritime	215
Bernache cravant	273
Bernache nonette	270
Bernache à cou roux	275
Bihoreau	91
Blongios	91
Brante roussâtre ou Siffleur huppé	327
Butor	87

C

Les Canards	277
Canard franc ou sauvage	296
Canard siffleur	314
Chevalier aboyeur	192
Chevalier arlequin	194
Chevalier à pieds rouges ou Gambette	197
Chevalier des étangs	200
Chevalier sylvain	202
Chevalier cul-blanc	204
Chipeau bruyant	307
Cigogne blanche	100
Cigogne noire	102
Combattant variable	187
Corlieu ou Livergin	149
Cormorans	499
Cormoran ordinaire	502
Cormoran huppé	504
Cormoran pygmée	505
Courevite gaulois	110
Les Courlis	144
Courlis cendré	144
Courlis à bec grèle	154
Courlis Corlieu ou Livergin	149
Crabier chevelu	85
Cygne sauvage	252
Cygne de Bewick	255

E

Échasse blanche	240
Eider vulgaire	343
Eider à tête grise	347

F

Flamant rose	245
Fou de Bassan	496
Foulque	69
Frégate marine	506

Fuligule Miquelonnaise......... 341
Fuligule nyroca................ 335

G

Garde-bœuf Ibis................ 84
Garrot vulgaire................ 337
Garrot histrion................ 339
Glaréole....................... 141
Goélands et Mouettes........... 422
Goéland bourgmestre 430
Goéland leucoptère............. 432
Goéland à manteau noir......... 433
Goéland à pieds jaunes ou Goéland brun.................... 436
Goéland à manteau bleu ou argenté....................... 439
Goéland railleur............... 441
Goéland cendré ou à pieds bleus. 442
Les Grèbes..................... 369
Grèbe huppé.................... 373
Grèbe jougris.................. 376
Grèbe esclavon................. 378
Grèbe à cou noir............... 379
Grèbe castagneux............... 381
Grue cendrée................... 97
Guifette fissipède............. 473
Guifette leucoptère............ 475
Guifette hybride ou moustac.... 476
Guignard....................... 120
Guignette vulgaire............. 208
Les Guillemots................. 391
Guillemot troïle............... 396
Guillemot bridé................ 398
Guillemot grylle ou à miroir... 399

H

Harelde glaciale (ou Fuligule miquelonnaise)................. 311
Les Harles..................... 358
Harle bièvre................... 360
Harle huppé.................... 363
Harle piette................... 365
Héron cendré................... 74
Héron pourpré.................. 78
Héron mélanocéphale............ 80
Hirondelles de mer (Sternes et Guifettes).................... 456
Huîtrier-pie................... 136

I

Ibis falcinelle................ 107

L

Labbes ou Stercoraires......... 412
Labbe Cataracte................ 416
Labbe Pomarin.................. 418
Labbe parasite................. 420
Labbe longicaude............... 421
Livergin ou Corlieu............ 149

M

Macareux arctique.............. 402
Macreuses...................... 348
Macreuse ordinaire............. 352
Macreuse double................ 351
Macreuse à lunettes............ 356
Macroramphe gris............... 177
Marouette...................... 58
Maubèche canut................. 212
Maubèche maritime.............. 215
Mergule nain................... 401
Milouin........................ 331
Milouinan...................... 333
Mouettes (et Goélands)......... 422
Mouette tridactyle............. 444
Mouette atricille.............. 446
Mouette mélanocéphale.......... 450
Mouette rieuse................. 447
Mouette pygmée................. 452
Mouette de Sabine.............. 454
Morillon....................... 329

O

Œdicnème criard................ 111
Les Oies....................... 256
Oie cendrée.................... 261
Oie des moissons ou sauvage.... 263
Oie rieuse..................... 245
Oie à bec court................ 267
Oie naine...................... 269
Oie d'Égypte................... 276
Oiseaux divers................. 507

P

Pagophile blanche.............. 429

TABLE ALPHABÉTIQUE.

Pétrels	478
Pétrel glacial	479
Pétrel du Cap	481
Phalarope dentelé	235
Phalarope hyperboré	237
Pilet acuticaude	317
Pingouin macroptère	405
Pingouin brachyptère	407
Plongeons	383
Plongeon Imbrin	385
Plongeon Lumme	387
Plongeon cat-marin	390
Pluviers et Vanneaux	109
Pluvier doré	114
Pluvier varié	117
Pluvier à collier (grand)	122
Pluvier à collier (petit)	125
Pluvier de Kent (ou à collier interrompu)	127
Poule d'eau	64
Puffin majeur	483
Puffin cendré	484
Puffin de Manx ou des Anglais	485
Puffin Yelkouan	486
Puffin fuligineux	487

R

Râles	43
Râle noir ou Râle d'eau	45
Râle rouge	53
Râle Baillon	61
Râle poussin	63

S

Sanderling des sables	217

Les Sarcelles	319
Sarcelle d'été	321
Sarcelle d'hiver	323
Siffleur ou Vingeon	314
Siffleur huppé ou Brante roussâtre	327
Souchet	305
Stercoraires	412
Sternes ou Hirondelles de mer	456
Sterne arctique	466
Sterne Caujeck	462
Sterne Dougall	468
Sterne Hansel	460
Sterne fuligineuse	472
Sterne Hirondelle ou Pierre Garin	464
Sterne minule	470
Sterne Tschegrava	458
Spatule blanche	103
Symphémie semipalmée	210

T

Tadorne de Bélon	309
Thalassidrome tempête	490
Thalassidrome de Wilson	492
Thalassidrome cul-blanc ou de Leach	493
Thalassidrome de Bulwer	494
Tournepierre	133

V

Vanneau huppé	129
Vingeon ou Canard siffleur	314

TABLE DES MATIÈRES

	Pages.
PRÉFACE DE M. OUSTALET	1
PRÉFACE DE M. E. BELLECROIX	V
AVANT-PROPOS	IX

PREMIÈRE PARTIE

Considérations générales sur la sauvagine et sur les endroits qu'elle visite en France.

CHAPITRE I

Les marais, les prairies et les bancs d'alluvion 3

CHAPITRE II

Les étangs 10

CHAPITRE III

Les fleuves et les rivières 12

CHAPITRE IV

La mer et ses rivages 14

CHAPITRE V

La sauvagine 19

CHAPITRE VI

Quelques mots d'ornithologie et classification de la sauvagine au point de vue de la chasse 26

DEUXIÈME PARTIE

ORDRE DES ÉCHASSIERS

Pages.

Les Échassiers.. 41

CHAPITRE I

Famille des Rallidés.

Les râles et autres coureurs de roseaux........................... 43

Sous-famille des Ralliens....................................... 43

    Le Râle noir ou Râle d'eau. — Le Râle rouge. — La Marouette ou Porzane. — Le Râle Baillon. — Le Râle poussin. — La Poule d'eau ou Gallinule.

Sous-famille des Fuliciens...................................... 69

    La Foulque ou Macroule.

CHAPITRE II

Famille des Ardéidés.

Sous-famille des Ardéiens. Hérons............................... 74

    Le Héron cendré. — Le Héron pourpré. — Le Héron mélanocéphale. — *Aigrettes*. L'Aigrette blanche. — L'Aigrette garzette. — Le Garde-bœuf ibis. — Le Crabier chevelu. — Le Butor. — Le Blongios. — Le Bihoreau.

CHAPITRE III

Famille des Gruidés.

La Grue cendrée.. 97

CHAPITRE IV

Famille des Ciconiidés.

Cigognes et spatules... 99

Sous-famille des Ciconiens..................................... 100

    La Cigogne blanche. La Cigogne noire.

Sous-famille des Plataléiens........................... 103
    La Spatule blanche.

CHAPITRE V

Famille des Tantalidés.

Sous-famille des Ibiens 107
    L'Ibis falcinelle.

CHAPITRE VI

Famille des Charadriidés.

Les Charadriidés. — Les Pluviers et leurs congénères.......... 109
Sous-famille des Cursoriens............................ 110
    Le Courvite gaulois.
Sous-famille des Œdicnémiens........................... 111
    L'Œdicnème criard.
Sous-famille des Charadriens. Pluviers et Vanneaux................ 114
    Le Pluvier doré. — Le Pluvier varié. — Le Guignard. — Le grand Pluvier à collier. — Le petit Pluvier à collier. — Le Pluvier de Kent ou Pluvier à collier interrompu. — Le Vanneau huppé.
Sous-famille des Strepsiliens 133
    Le Tournepierre.
Sous-famille des Hæmatopodiens........................... 136
    L'huîtrier-pie.

CHAPITRE VII

Famille des Glaréolidés.

La Glaréole..................................... 141

CHAPITRE VIII

Famille des Totanidés.

Sous-famille des Numéniens. Les Courlis.......................... 144
    Le Courlis cendré. — Le Corlieu ou Livergin. — Le Courlis à bec grêle.

Sous-famille des Scolopaciens. Bécasses et Bécassines............ 155
La Bécasse. — Les Bécassines. — La double Bécassine. — La Bécassine ordinaire. — La Bécassine sourde. — Le Macroramphe gris.

Sous-famille des Limosiens................................. 178
La Barge à queue noire ou grande Barge. — La Barge rousse. — La Barge de Tereck.

Sous-famille des Totaniens. Combattants et Chevaliers........... 186
Le Combattant variable. — Le Chevalier aboyeur. — Le Chevalier arlequin. — Le Chevalier à pieds rouges ou Gambette. — Le Chevalier des étangs. — Le Chevalier sylvain. — Le Chevalier cul-blanc. — La Guignette vulgaire. — La Symphémie semipalmée.

Sous-famille des Tringiens. Maubèches et Bécasseaux........... 211
La Maubèche Canut. — La Maubèche maritime ou Bécasseau violet. — Le Sanderling des sables. — Le Bécasseau cocorli. — Le Bécasseau cincle. — Le Bécasseau Brunette. — Le Bécasseau Platyrhynque. — Le Bécasseau Temmink. — Le Bécasseau minule ou échasse. — L'Actiture Roussel.

Sous-famille des Phalaropodiens............................. 234
Le Phalarope dentelé. — Le Phalarope hyperboré.

CHAPITRE IX

Famille des Récurvirostridés.

Sous-famille des Himantopodiens............................. 240
L'Échasse blanche.

Sous-famille des Récurvirostriens............................ 242
L'Avocette.

CHAPITRE X

Famille des Phénicoptéridés.

Le Flamant rose.. 245

TROISIÈME PARTIE

ORDRE DES PALMIPÈDES

Les Palmipèdes... 249

TABLE DES MATIÈRES.

GROUPE DES LAMELLIROSTRES

CHAPITRE I

Famille des Anatidés.

    Pages.

Sous-famille des Cygniens.. 252
    Le Cygne sauvage. — Le Cygne de Bewick.

Sous-famille des Ansériens. Les Oies.. 256
    L'Oie cendrée. — L'Oie des moissons ou Oie sauvage vulgaire. — L'Oie rieuse. — L'Oie à bec court. — L'Oie naine. — La Bernache nonette. — La Bernache cravant. — La Bernache à cou roux. — L'Oie d'Égypte.

Sous-famille des Anatiens. Les Canards. (Chasse de jour, à la volée, au huteau, en mer, au gabion).. 277
    Le Canard franc ou canard sauvage. — Le Souchet. — Le Chipeau bruyant. — Le Tadorne de Bélon. — Le Canard siffleur ou vingeon. — Le Pilet acuticaude. — Les Sarcelles. — La Sarcelle d'été. — La Sarcelle d'hiver.

Sous-famille des Fuliguliens. Brantes, Morillons, Milouins, Fuligules, Garrots, Eiders et Macreuses.. 326
    La Brante roussâtre. — Le Morillon. — Le Milouin. — Le Milouinan. — La Fuligule Nyroca. — Le Garrot vulgaire. — Le Garrot histrion. — La Fuligule Miquelonnaise ou Harelde glaciale. — L'Eider vulgaire. — L'Eider à tête grise. — Les Macreuses. — La Macreuse ordinaire. — La double Macreuse. — La Macreuse à lunettes.

Sous-famille des Mergiens. Les Harles...................................... 358
    Le Harle bièvre. — Le Harle huppé. — Le Harle Piette.

GROUPE DES PLONGEURS BRACHYPTÈRES

CHAPITRE II

Famille des Podicipidés.

Les Grèbes.. 369
    Le Grèbe huppé. — Le Grèbe Jougris. — Le Grèbe esclavon. — Le Grèbe à cou noir. — Le Grèbe castagneux.

TABLE DES MATIÈRES.

CHAPITRE III

Famille des Colymbidés.

Pages

Les Plongeons 383
    Le Plongeon Imbrin. — Le Plongeon Lumme. — Le Plongeon Cat-marin.

CHAPITRE IV

Famille des Alcidés.

Sous-famille des Uriens. Les Guillemots 394
    Le Guillemot troïle. — Le Guillemot bridé. — Le Guillemot grylle. — Le Mergule nain.

Sous-famille des Alciens. Macareux et Pingouins 402
    Le Macareux arctique. — Le Pingouin macroptère. — Le Pingouin brachyptère.

GROUPE DES LONGIPENNES

CHAPITRE V

Famille des Laridés.

Sous-famille des Lestridiens. Les Labbes ou Stercoraires 412
    Le Labbe cataracte. — Le Labbe Pomarin. — Le Labbe parasite. — Le Labbe longicaude.

Sous-famille des Lariens. Les Goélands et les Mouettes 422
    La Pagophile blanche. — Le Goéland bourgmestre. — Le Goéland leucoptère. — Le Goéland à manteau noir. — Le Goéland à pieds jaunes ou Goéland brun. — Le Goéland à manteau bleu ou argenté. — Le Goéland railleur. — Le Goéland cendré ou à pieds bleus. — La Mouette tridactyle. — La Mouette atricille. — La Mouette rieuse. — La Mouette mélanocéphale. — La Mouette pygmée. — La Mouette de Sabine.

Sous-famille des Sterniens. Les Hirondelles de mer, Sternes et guifettes 456
    La Sterne Tschegrava. — La Sterne hansel. — La Sterne caujeck. — La Sterne hirondelle ou Pierre-Garin. — La Sterne arctique. — La Sterne de Dougall. — La Sterne minule. — La

TABLE DES MATIÈRES.

Sterne fuligineuse. — La Guifette fissipède. — La Guifette leucoptère. — La Guifette hybride ou hirondelle de mer moustac.

CHAPITRE VI

Famille des Procellaridés.

Sous-famille des Procellariens. Les Pétrels............................. 477
    Le Pétrel glacial. — Le Pétrel du Cap. — Les Puffins. — Le Puffin majeur. — Le Puffin cendré. — Le Puffin de Manx ou des Anglais. — Le Puffin yelkouan. — Le Puffin fuligineux. — Les Thalassidromes. — Le Thalassidrome tempête. — Le Thalassidrome de Wilson. — Le Thalassidrome cul-blanc ou de Leach. — Le Thalassidrome de Bulwer.

GROUPE DES TOTIPALMES

CHAPITRE VII

Famille des Pélécanidés.

Sous-famille des Pélécaniens. Fous et Cormorans................... 496
    Le Fou de Bassan.
    Les Cormorans. — Le Cormoran ordinaire. — Le Cormoran huppé. — Le Cormoran pygmée.
Sous-famille des Frégatiens. La Frégate marine..................... 506

CHAPITRE VIII

Oiseaux divers... 507
Conclusion... 511

Typographie Firmin-Didot et Cⁱᵉ. — Mesnil (Eure).

www.ingramcontent.com/pod-product-compliance
Lightning Source LLC
Chambersburg PA
CBHW071014240426
43667CB00037B/1890